ANSYS HFSS

实战应用高级教程

谢文宣　朱永忠　刘晓宇　著

西安电子科技大学出版社

内 容 简 介

全书以新型天线设计、微波滤波器设计和 HFSS 联合仿真设计为基础，对 ANSYS HFSS 的基本操作、高级使用技巧及实操应用进行了全面介绍。

在天线应用方面，本书重点研究了当前几类热门天线，对其实现的设计思路与方法进行了深入分析；在微波器件方面，本书重点探讨了小型化和可调性两个方面，对实现小型化和可调性的最新技术和结构进行了详细阐述；在联合仿真方面，本书通过 ANSYS HFSS 与 Python、MATLAB、Designer、optiSLang 和 Maxwell 相结合的综合应用，对天线和滤波器的联合建模、仿真和优化进行了全面探索。

本书可作为高等学校电子信息专业硕博士研究生的参考读物，也可供广大微波设计人员参考。

图书在版编目(CIP)数据

ANSYS HFSS 实战应用高级教程 / 谢文宣，朱永忠，刘晓宇著. --西安：西安电子科技大学出版社，2023.11
ISBN 978-7-5606-6931-1

Ⅰ. ①A… Ⅱ. ①谢… ②朱… ③刘… Ⅲ. ①天线设计—计算机仿真—应用软件—教材②微波滤波器—设计—计算机仿真—应用软件—教材 Ⅳ.①TN82②TN713

中国国家版本馆 CIP 数据核字(2023)第 115441 号

策　　划　陈　婷
责任编辑　陈　婷
出版发行　西安电子科技大学出版社(西安市太白南路 2 号)
电　　话　(029) 88202421　88201467　　　　邮　　编　710071
网　　址　www.xduph.com　　　　　　　　电子邮箱　xdupfxb001@163.com
经　　销　新华书店
印刷单位　陕西天意印务有限责任公司
版　　次　2023 年 11 月第 1 版　　2023 年 11 月第 1 次印刷
开　　本　787 毫米×1092 毫米　1/16　印张 24.5
字　　数　584 千字
印　　数　1～2000 册
定　　价　63.00 元
ISBN　　978-7-5606-6931-1 / TN
XDUP 7233001-1
如有印装问题可调换

前　言

HFSS 是美国 ANSYS 公司开发的一款基于有限元法的全波三维电磁仿真软件，可精确仿真天线的各种性能，为天线、微波器件、天线系统综合设计提供全面的解决方案，帮助相关学者、工程师、高校学生等实现各种微波结构的高效设计。本书汇集了作者及其指导的硕士研究生、博士研究生近年来在天线和滤波器方面的研究成果。全书从天线理论及新型结构设计、微波滤波器设计、HFSS 联合仿真设计出发，力求将 HFSS 在新型、复杂天线及微波器件中的综合应用介绍给读者，希望读者在读完本书后能够对 HFSS 的高级使用技巧有更深层次的认识，为以后从事有关天线及滤波器设计方面的研究打下基础。

全书共分为四篇 18 章。ANSYS HFSS 使用综述篇包括第 1、2 章，主要介绍了 ANSYS HFSS 软件的基础知识和使用技巧；ANSYS HFSS 天线篇包括第 3～8 章，给出了 HFSS 软件应用在印刷全向天线阵、全向圆极化宝塔天线、螺旋轨道角动量天线、球形龙伯透镜天线、有限大阵列天线、天线相位中心的工程案例(包括从设计背景、设计原理到仿真实现的完整流程)；ANSYS HFSS 微波元件篇包括第 9～12 章，分别从设计背景、设计原理和建模流程及仿真等方面探讨了 HFSS 软件应用在腔体滤波器、基于 YIG/PZT 磁电层合材料的双可调滤波器、四分之一模基片集成波导可调滤波器和双重折叠四分之一模基片集成波导全可调滤波器的工程实例；ANSYS HFSS 联合仿真、优化篇包括第 13～18 章，分别给出了 ANSYS HFSS 与 Python、MATLAB、Designer、optiSLang、Maxwell 的联合仿真实例，并探索了 MATLAB 辅助建模与场数据后处理功能，突出了 HFSS 软件面向工程的各种高效、多样的解决方案。

本书的内容都是作者团队近几年的研究成果，除署名作者外，还有许多研究生的贡献，他们是左开伟博士、党唯菓硕士、余阳硕士、李哲宇硕士、周余昂硕士、唐澜菱硕士、赵贺峰硕士、杨于飞硕士、卜立君硕士、臧雅丹硕士和赵妤婕硕士等。

与本书内容有关的研究工作得到了国家自然科学基金重点项目(No:61771490)、国家自然科学基金项目(No：61302051)及陕西省自然科学基金项目(No:2018JM6055)的资助，在此，向国家自然科学基金委和陕西自然科学基金委表示衷心的感谢。本书在编写和出版过程中，还得到了各级领导、兄弟院校及许多老师的支持和帮助，谨在此一并表示衷心的感谢！

由于微波技术发展日新月异，加上编者水平有限，因此书中不妥之处在所难免，敬请广大读者批评指正。

作　者

2023 年 8 月于西安

目　　录

ANSYS HFSS 使用综述篇

ANSYS HFSS 天线篇

ANSYS HFSS 微波元件篇

ANSYS HFSS 联合仿真、优化篇

ANSYS HFSS

使用综述篇

第 1 章　ANSYS HFSS 软件的使用介绍

1.1　ANSYS HFSS 软件的发展历程

1967 年 P. Silverster 发表了《电磁场有限元算法》一文，之后学界展开了对电磁场有限元求解算法的研究。在理论逐渐发展完善的过程中，Zoltan Cendes 博士在 1984 年创建了 Ansoft 公司，之后在 1986 年推出了第一代电磁场有限元仿真软件。该软件主要应用于电机和变压器的电磁分析。1988 年，著名的微波测试仪器和电路设计软件公司——HP(Hewlett Packard)公司与 Ansoft 公司合作开发了二维和三维射频微波电磁场软件，并将其命名为 HFSS(High Frequency Structure Simulation)。在 HFSS 版本正式发布的前两年，研发人员实现了 HFSS 工具对端口特性的快速精确计算，提出了切向矢量有限元算法，开发了直接矩阵求解技术，解决了求解收敛性问题，还开发了自适应网格剖分等技术。这意味着三维高频结构全波仿真的时代开始了。1992 年，Ansoft 公司发布了信号完整性分析软件 Maxwell Spicelink。1996 年，Ansoft 公司收购了当时拥有有限元法仿真王者地位的 MSC 公司的 EBU 分部，为 HFSS 计算辐射问题求解和本征模求解技术的发展注入了活力。就在同年，Ansoft 与 HP 公司的协议终止。由于 HFSS 商标并未注册，因此一度存在两个版本的 HFSS 软件。直至 2001 年，随着 HP 的子公司 Agilent 将其 HFSS 业务出售给 Ansoft 公司，HFSS 软件割裂的局面才得到破解。2008 年，美国著名的 CAE 公司 ANSYS 将 Ansoft 公司收购，继续开发 HFSS 等电子与电磁仿真产品，并与结构、流体仿真工具集成，实现了电磁、结构、热和流体等多物理场耦合仿真，从此 HFSS 走上了多元化、多功能的发展道路。

2011 年，HFSS 推出了时域有限元算法。2012 年，HFSS 推出了基于区域分解法(Domain Decomposition Method)的有限元电磁场并行求解技术，大大拓展了 HFSS 的计算规模，提高了求解速度。2014 年，HFSS 推出了基于 DDM 的有限大阵列求解技术，并成功求解了大规模阵列天线。2015 年，HFSS 积分方程法与有限元算法的混合求解和并行计算技术为反射面天线(包含复杂结构与电大尺寸金属结构的问题)提供了高效精确的算法。2016 年，HFSS 混合算法实现了直接定义 IE 区域，进一步提高了混合求解的效率。2019 年，HFSS 推出了电磁场有限元非匹配网格求解技术，实现了对 5G 阵列天线设计中常见的非规则阵列的高效求解。

在不断迭代更新下，HFSS 的功能更加强大，使用更加便利，应用更加广泛，这对科研人员和高校学生的软件运用能力提出了更高要求。

1.2　工作环境介绍

要应用 ANSYS HFSS 软件来分析高频电磁场问题，首先要熟悉 HFSS 的工作环境。ANSYS HFSS 软件的典型工作界面如图 1.2.1 所示。该工作界面由菜单栏、工具栏、状态栏、工程管理窗口、3D 模型窗口、特性窗口、进度窗口和信息管理窗口等部分组成。

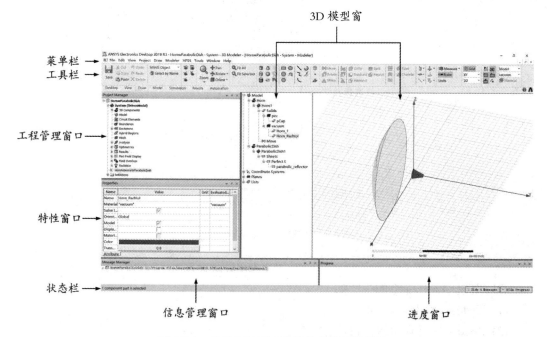

图 1.2.1　ANSYS HFSS 软件的典型工作界面

1.2.1　菜单栏

菜单栏中有 File、Edit、View、Project、Draw、Modeler、HFSS、Tools、Window、Help 等菜单，所有 HFSS 操作和命令都包含在这些菜单中。

1. File 菜单

File 菜单包括管理 HFSS 工程文件的操作，以及打印、归档、导入、导出等操作，其界面如图 1.2.2 所示。

2. Edit 菜单

Edit 菜单包括修正 3D 模型的操作，以及撤销、恢复、删除等操作，其界面如图 1.2.3 所示。

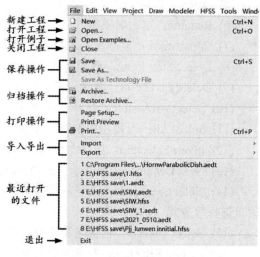

图 1.2.2　File 菜单界面

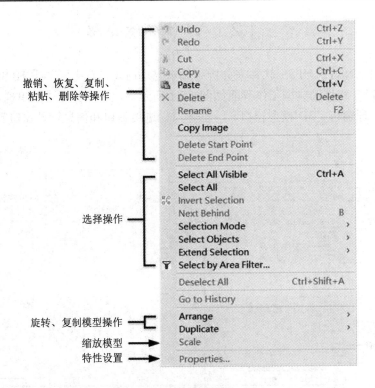

图 1.2.3　Edit 菜单界面

Edit 菜单中操作命令的说明如下：

(1) Undo：撤回到上一步。

(2) Redo：恢复到初始状态。

(3) Cut：剪贴操作。

(4) Copy/Paste：复制/粘贴操作。

(5) Delete：删除操作。

(6) Rename：重命名操作。

(7) Copy Image：复制模型窗口中的图像。

(8) Delete Start Point：删除折线的起点。

(9) Delete End Point：删除折线的终点。

(10) Select All Visible：选择在模型窗口中的所有可见模型。

(11) Select All：选择在模型窗口中的所有模型。

(12) Invert Selection：选择与当前所选内容相反的内容。

(13) Next Behind：选择位于已选对象(点、面、边)后方位置的对象。

(14) Selection Mode：设置选择方式，可以设置模型的体选择、表面选择、边选择、顶点选择等方式。

(15) Select Objects：根据名称选择对象、形状、材料和类型。

(16) Extend Selection：打开允许拓展当前选择的子菜单。

(17) Select by Area Filter：打开"按区域筛选器选择"窗口。

(18) Deselect All：取消在模型窗口中对所有模型的选择。

(19) Go to History：选择所选对象的历史树条目。

(20) Arrange：模型的移动操作，包含平移、旋转、镜像移动和偏移操作。

(21) Duplicate：模型的复制操作，包含平移复制、旋转复制和镜像复制。

(22) Scale：对于选中的模型，可以通过设置 X、Y、Z 轴的缩放数值对该模型沿 X、Y、Z 轴进行缩放设置。

(23) Properties：显示选中模型的属性对话框。

3. View 菜单

View 菜单包括选择显示工作环境中的子窗口，以及 3D 模型窗口中模型显示的相关操作，其界面如图 1.2.4 所示。

图 1.2.4　View 菜单界面

View 菜单中操作命令的说明如下：

(1) Docking Window Layouts：保存当前布局，或从子菜单列表中选择删除保存的布局，其子菜单界面如图 1.2.5 所示。

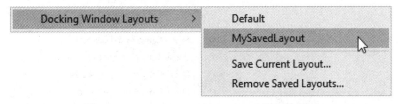

图 1.2.5　Docking Window Layouts 子菜单界面

(2) Variables：打开"项目和设计变量"窗口，允许设置变量。

(3) Undo/Redo View：撤销/重做视图。

(4) Clear Undo/Redo History：基于视图历史记录，改变设计区域的视图。

(5) Modify Attributes：子菜单列表中包含添加视角方向，查看方向列表，改变照明、投影或背景颜色，Z 方向上的缩放等操作命令，其界面如图 1.2.6 所示。

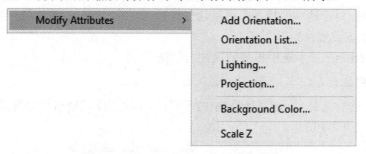

图 1.2.6　Modify Attributes 子菜单界面

(6) Interaction：子菜单列表中包含对模型的设计区域进行旋转、平移、缩放和翻转等操作命令，其界面如图 1.2.7 所示。

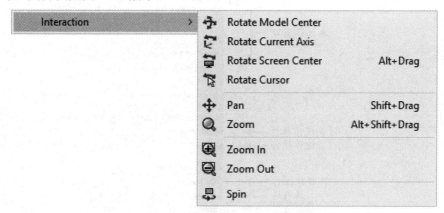

图 1.2.7　Interaction 子菜单界面

(7) Fit All：将所有对象的视图调整至适合于视图窗口的大小。

(8) Fit Selection：将所选对象的视图调整至适合于视图窗口的大小。

(9) Visibility：子菜单列表中包含显示和隐藏选择、对象、形状、标尺等选项，其界面如图 1.2.8 所示。

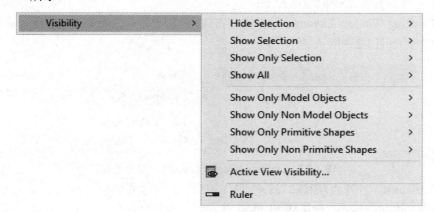

图 1.2.8　Visibility 子菜单界面

(10) Animate：设置后场处理中的场分布动态显示，可在 0°～180° 范围内设置帧数。每帧场分布连起来即完成了场分布的动态显示，其界面如图 1.2.9 所示。

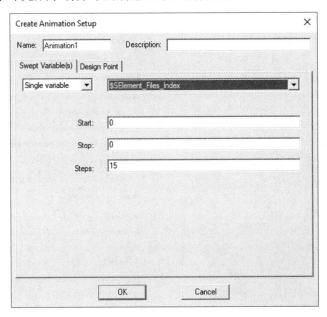

图 1.2.9　Animate 界面

(11) Clipping：根据设置的平面来裁剪模型。

(12) Render：选择模型显示的方式，子菜单列表中包含模型的实体显示或模型的框架显示，其界面如图 1.2.10 所示。

图 1.2.10　Render 子菜单界面

(13) Coordinate System：设置当前 3D 模型窗口中的坐标轴，可以将其隐藏或改为小坐标轴显示，其子菜单界面如图 1.2.11 所示。

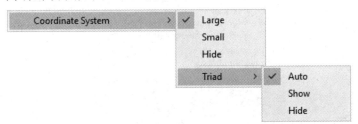

图 1.2.11　Coordinate System 子菜单界面

(14) Grid Settings：模型窗口中坐标平面的网格设置，其界面如图 1.2.12 所示。

(15) Options：设置三维 UI 的一些默认设置，如选中、非选中物体的透明度，默认旋转方式等，其界面如图 1.2.13 所示。

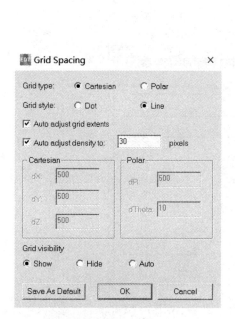

图 1.2.12 Grid Settings 界面

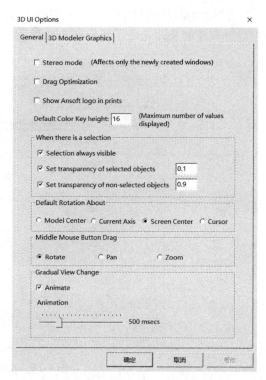

图 1.2.13 Options 界面

4. Project 菜单

Project 菜单包括在当前工程中添加设计或增加协同仿真设计的操作，以及管理工程变量的操作，其界面如图 1.2.14 所示。

图 1.2.14 Project 菜单界面

Project 菜单中操作命令的说明如下：

(1) Insert HFSS Design 至 Inset Icepak Design 共 12 个操作命令：在当前工程中选择要插入的项目。这些操作也可以通过单击希望创建的设计类型所对应的图标来实现。

(2) Insert Documentation File：在当前工程中插入一个文档文件，可作为该工程的技术说明文档。

(3) Analyze All：对工程中所有设计模型进行仿真分析。

(4) Submit Job：提交要启动的作业，其界面如图 1.2.15 所示。

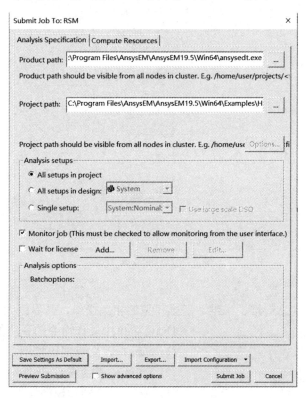

图 1.2.15　Submit Job 界面

(5) Project Variables：添加和显示该工程中的工程变量。工程变量名前必须冠以符号$，其界面如图 1.2.16 所示。

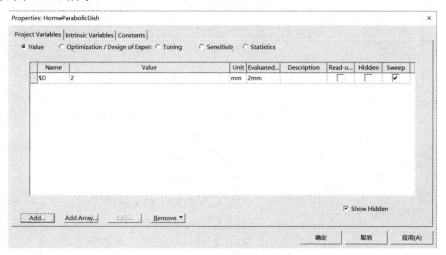

图 1.2.16　Project Variables 界面

(6) Datasets：根据输入的离散点的 X 和 Y 坐标分段拟出函数，该函数可作为材料分配与频率相关的特性参数。Datasets 界面如图 1.2.17 所示。

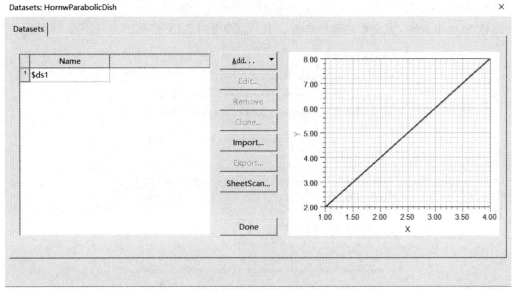

图 1.2.17　Datasets 界面

5. Draw 菜单

Draw 菜单包含建立一维、二维、三维模型的相关操作，其界面如图 1.2.18 所示。

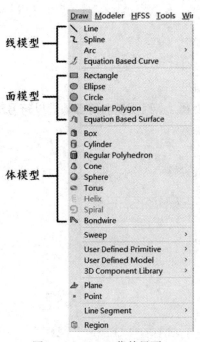

图 1.2.18　Draw 菜单界面

Draw 菜单中操作命令的说明如下：

(1) Line：建立直线段模型。

(2) Spline：建立曲线模型。

(3) Arc：建立圆弧模型，包含两种操作方式：📐是三点圆弧模型，以圆弧上的三个点确定该圆弧；⤵是中心圆弧模型，以圆弧的圆心和圆弧上的两个点确定该圆弧，其子菜单界面如图 1.2.19 所示。

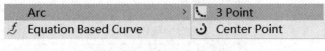

图 1.2.19　Arc 子菜单界面

(4) Equation Based Surface：设置变量及函数来绘制各种曲线，如在 Vivaldi 天线的建模中常常用到此功能，其界面如图 1.2.20 所示。

(5) ▢Rectangle：建立矩形面模型。

(6) ◇Ellipse：建立椭圆面模型。

(7) ◯Circle：建立圆面模型。

(8) ⬡Regular Polygon：建立正多变形面模型。

(9) ▢Box：建立长方体模型。

(10) ▨Cylinder：建立圆柱体模型。

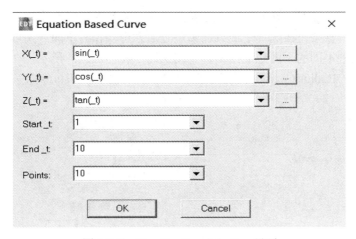

图 1.2.20　Equation Based Surface 界面

(11) Regular Polyhedron：建立正棱柱体模型。

(12) Cone：建立圆锥体模型。

(13) Sphere：建立球模型。

(14) Torus：建立圆形横截面的环状旋转体模型。

(15) Helix：建立螺旋结构，是以已经存在的线模型或面模型沿螺旋线扫描而成的螺旋结构。该按钮在选择了线或面模型之后才可操作。下面分别以线模型和面模型为例，创建了两种不同的螺旋结构如图 1.2.21 和图 1.2.22 所示。在其参数设置对话框与基础模型中，Pitch 代表螺距，N 代表螺旋的匝数。

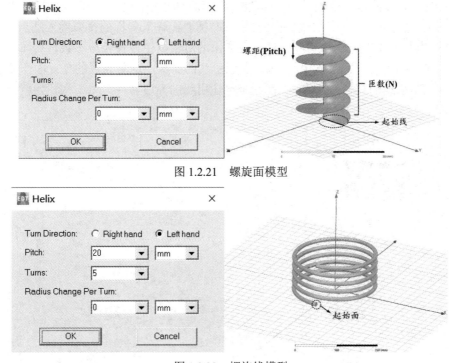

图 1.2.21　螺旋面模型

图 1.2.22　螺旋线模型

(16) Spiral：建立平面螺旋结构，是以已经存在的线模型或面模型沿平面螺旋线扫描而成的螺旋结构。该按钮在选择了线或面模型之后才可操作。下面分别以线模型和面模型为例，创建了两种不同的平面螺旋结构，如图 1.2.23 和图 1.2.24 所示，在其参数设置对话框与基础模型中，Radius Change 代表两条螺旋线之间的距离，Turns 代表螺旋的匝数。

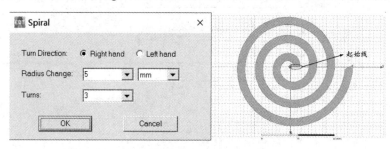

图 1.2.23　平面螺旋线模型

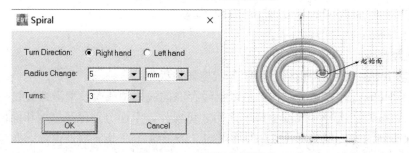

图 1.2.24　平面螺旋面模型

(17) Bondwires：建立引线模型，可建立 JEDEC 四点引线模型、JEDEC 五点引线模型和 LOW 模型。在 JEDEC 四点引线模型的建立中，需要在输入坐标的窗口键入基点坐标(Pad Position)和引线方向坐标(Direction)，然后在弹出的对话框中设置相应参数，其详细参数设置如图 1.2.25 所示。其中，No. of Facets 表示引线的面数，这里设置的是 6 面体的引线；Diameters 表示引线的直径；h1 和 h2 都用来描述引线的高度特性。图 1.2.26 为所建立的四点引线模型。

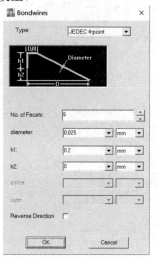
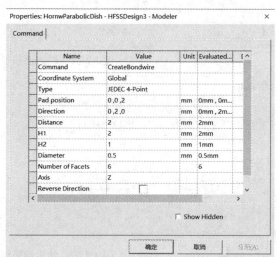

图 1.2.25　参数设置

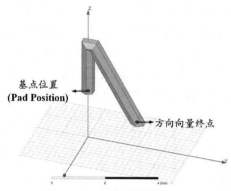

图 1.2.26　四点引线模型

同样，在 JEDEC 五点引线模型的建立过程中，首先在输入坐标的窗口中键入基点坐标(Pad Position)和引线方向坐标(Direction)，而后在弹出的对话框中设置相应参数，其详细参数设置如图 1.2.27 所示。其中，No. of Facets 表示引线的面数，这里设置的是 6 面体的引线；Diameters 表示引线的直径；h1 和 h2 用来描述引线的高度特性；Alpha 表示第一段引线与水平线的夹角；Beta 表示第五段引线与水平线的夹角。图 1.2.28 为通过参数建立的五点引线模型。

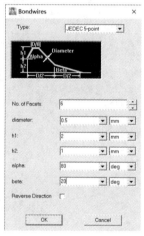

图 1.2.27　参数设置

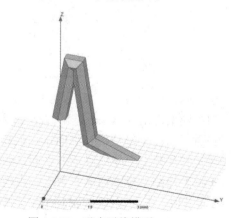

图 1.2.28　五点引线模型

同样，在 LOW 模型的建立过程中，首先在输入坐标的窗口中键入基点坐标(Pad Position)和引线方向坐标(Direction)，然后在弹出的对话框中设置相应参数，其详细参数如图 1.2.29 所示。其中，No. of Facets 表示引线的面数，这里设置的是 6 面体的引线；Diameters 表示引线的直径；h1 和 h2 用来描述引线的高度特性；alpha 表示第一段引线与水平线的夹角；beta 表示第三段引线与水平线的夹角。图 1.2.30 为通过参数建立的 LOW 模型。

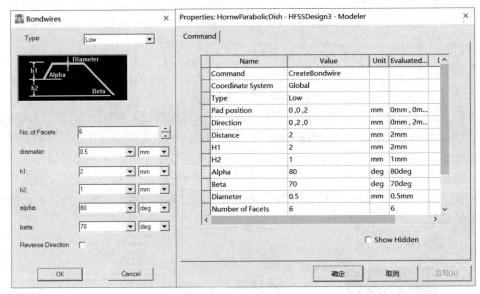

图 1.2.29　参数设置

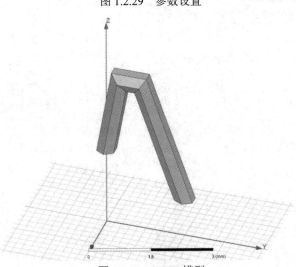

图 1.2.30　LOW 模型

(18) Sweep：建立扫描模型，是以已经创建的线模型或面模型为基准进行扫描生成新的模型。扫描的方式有三种：绕坐标轴扫描、沿向量扫描和沿路径扫描。

绕坐标轴扫描的步骤：首先建立一条线段或者平面，然后将其选中，选择【Draw】→【Sweep】→【Around Axis】命令，设置扫描的角度、拔模角度及类型和分割段数，点击【OK】按钮即可创建扫描模型。下面以绕坐标轴扫描方式为例，分别以线模型和面模型建立如图 1.2.31 和图 1.2.32 所示的模型。

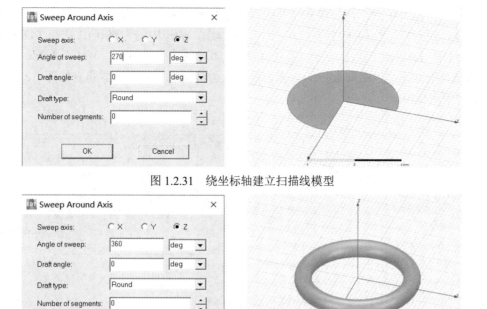

图 1.2.31　绕坐标轴建立扫描线模型

图 1.2.32　绕坐标轴建立扫描面模型

　　沿向量扫描的步骤：首先建立一条线段或者平面，再将其选中，选择【Draw】→【Sweep】→【Around Vector】命令，然后键入向量的始点和终点，设置拔模角度和类型后点击【OK】按钮，即可创建扫描模型。下面以沿向量扫描方式为例，分别以线模型和面模型建立如图 1.2.33 和图 1.2.34 所示的模型。

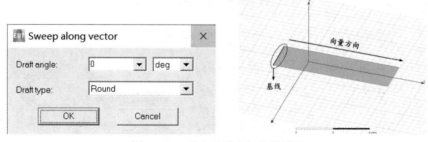

图 1.2.33　沿向量建立扫描线模型

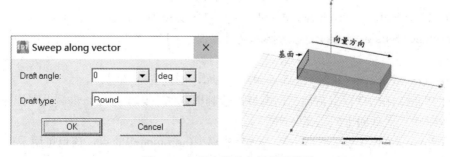

图 1.2.34　沿向量建立扫描面模型

沿路径扫描的步骤：首先建立一条线段或者平面作为基线、基面，再建立一条线作为扫描路径，然后将基线和路径选中(先选中的为基线，后选中的为路径)，选择【Draw】→【Sweep】→【Along Path】命令，点击【OK】即可创建扫描模型。其中，Angle of twist表示弯曲角度。下面以沿向量扫描方式为例，分别以线模型和面模型建立如图 1.2.35 和图 1.2.36 所示的模型。

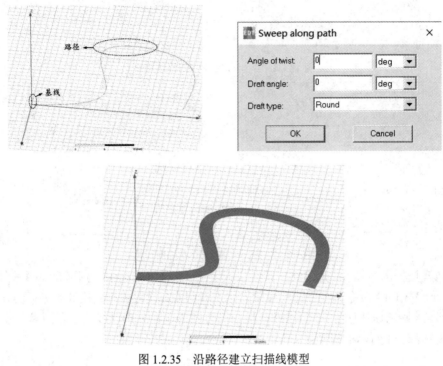

图 1.2.35　沿路径建立扫描线模型

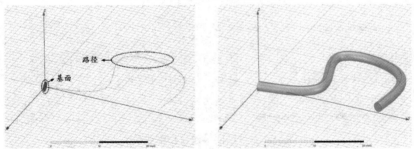

图 1.2.36　沿路径建立扫描面模型

(19) User Defined Primitive/Model：用户自定义模型。该模型可由 Microsoft Visual C++ Developer Studio 生成的动态链接库文件绘制，HFSS 提供了一个平面正方形螺旋电感的实例。

(20) 3D Component Library：打开 3D 组件库，创建三维模型。

(21) Plane：在 3D 模型窗口的问题域内绘制横截面，该横截面可供后处理计算使用，以观察绘制在该横截面上的场量分布。

(22) Point：在 3D 模型窗口中建立一个非模型(non-model)的点，该点可用于在后处理计算中计算出该位置的场量。

(23) Line Segment：插入线段操作。

(24) Region：对填充数据，填充百分比等参数进行设置，可用于辐射边界和其他边界的快速建立。

6. Modeler 菜单

Modeler 菜单用于导入及导出模型文件，模型的面操作、布尔操作以及设置建立模型的长度单位，其界面如图 1.2.37 所示。

(1) Import：导入模型操作，可以将外部模型文件导入该设计中。该功能提供了一个 HFSS 和其他 3D 建模软件的一个模型接口。该操作支持 ACIS SAB Files(*.sab)、ACIS SAT Files(*.sat)、ANSYS 3D Modeler Files (*.sm3)等多种模型格式。

(2) Export：导出模型操作，将 HFSS 中建立的模型以其他格式导出。该操作支持 ACIS SAB Files(*.sab)、ACIS SAT Files(*.sat)、ANSYS 3D Modeler Files (*.sm3)等多种模型格式。

(3) SpaceClaim Link：实现 SpaceClaim 与 ANSYS HFSS 的几何参数双向互动。

(4) Import From Clipboard：从剪切板中导入模型操作。

(5) History Tree Layout：设置历史树显示布局。

(6) Assign Material：为选中的三维模型分配材料。

(7) Movement Mode：鼠标移动模式，可以选择在平面或轴线上移动鼠标，固定鼠标移动轨迹。

(8) Grid Plane：选择当前建模的主平面，可以选择的主平面有 XY、YZ 和 XZ 平面。

(9) Snap Mode：捕捉模式。在建立模型时，当鼠标捕捉到不同类型的点时，会以不同的光标显示。捕捉点的模式有主平面网格点、模型的顶点、边的中点、面的中心、边的四分之一点、圆弧的中点等，相应的图标见图 1.2.38。

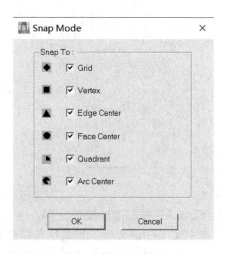

图 1.2.37　Modeler 菜单界面　　　　　　　图 1.2.38　Snap Mode 对话框

(10) New Object Type：选择建立模型(Model)物体或非模型(Non Model)物体，选择模型后即可对其材料进行设置。

(11) Group：创建群组。

(12) Coordinate System：选择全局坐标系或局部坐标系作为当前坐标系，也可建立新的局部坐标系。

(13) List：在操作历史树中的 List 下创建新的模型清单。

(14) Edge：模型的边操作。

(15) Surface：模型的面操作。

(16) Boolean：模型的布尔操作，包括模型的合并、相减。

(17) Units：选择当前建立 3D 模型的长度单位。

(18) Measure：在 3D 模型中测量模型的各种尺寸，包含坐标位置、长度、面积、体积等。

(19) Generate History：恢复操作历史树中的操作记录。

(20) Delete Last Operation：在 HFSS 内部建立面模型时，首先建立该面的边界曲线，然后将其封闭成面。在完成面模型的建立之后，点击 Delete Last Operation，则 HFSS 将封闭成面的操作删除，只保留边界曲线。

(21) Purge History：清除操作历史树中的操作记录。

(22) Upgrade Version：升级版本。

(23) Fillet：这项操作需要选中物体模型的一条棱边(Edge)后才能激活，执行 Fillet 操作是把与这条棱边相邻的两个面切成曲面，可以设置曲率半径和避让距离。其参数设置和模型建立的界面如图 1.2.39 所示。

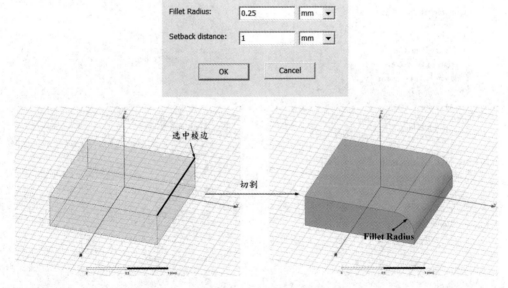

图 1.2.39　Fillet 操作界面

(24) Chamfer：同 Fillet 操作一样，这项操作需要选中物体模型的一条棱边(Edge)后才能激活，执行 Chamfer 操作是把与这条棱边相邻的两个面切成斜面，斜面大小和切割角度都可在对话框中设置。其参数设置和模型建立的界面如图 1.2.40 所示。

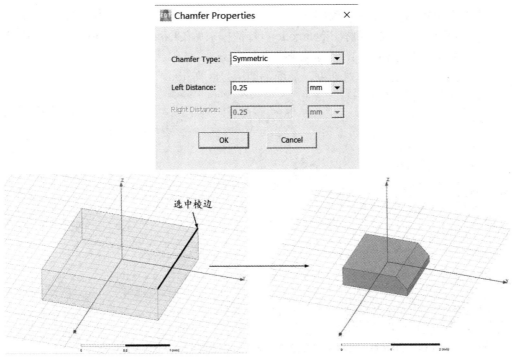

图 1.2.40　Chamfer 操作界面

(25) Model Analysis：物体模型分析和修复操作，帮助评估和解决物体模型在网格剖分时可能出现的问题。

(26) Model Preparation：模型简化等操作。

7. HFSS 菜单

HFSS 菜单包含设置边界、激励以及工程的求解等操作，界面如图 1.2.41 所示。

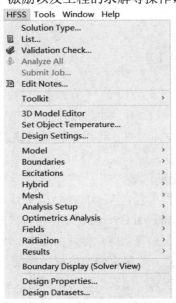

图 1.2.41　HFSS 菜单界面

(1) Solution Type：选择求解类型。可供选择的求解类型有激励求解(Modal)、激励终端求解(Terminal)、本征模求解(Eigenmode)、特征模求解(Characteristic Mode)、时域法求解(Transient)和瞬态求解(SBR+)，界面如图 1.2.42 所示。

(2) List：显示设计清单对话框，界面如图 1.2.43 所示。

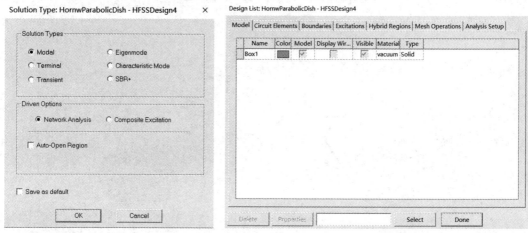

图 1.2.42 Solution Type 界面   图 1.2.43 List 界面

(3) Validation Check：工程的有效性检查。此功能可以检查当前 HFSS 工程操作的正确性与有效性，当所有选项显示对号时，表示该工程的所有操作是正确的。其界面如图 1.2.44 所示。

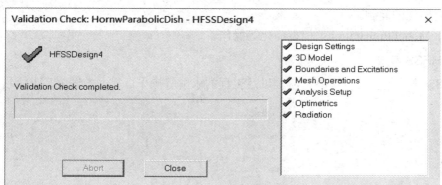

图 1.2.44 Validation Check 界面

(4) Edit Notes：编辑工程文本文件，可用于记录对该工程的描述信息。

(5) Toolkit：工具包。

(6) 3D Model Editor：模型编辑器。

(7) Design Settings：对话框中包含 Validations(验证)、S Parameters(S 参数)、Export S Parameters(导出 S 参数)、Set Material Override(设置材料覆盖)、Lossy Dielectrics(损耗电介质)、DC Extrapolation(直流外推法)等功能，界面如图 1.2.45 所示。Set Material Override 选项允许在网格中自动解析某些点，如果金属与电解质相交，金属将覆盖重叠区域中的电介质；如果具有相同材质的对象相交，则较小的对象将替代较大的对象，所有其他未设置的交叉口将被视为错误。Lossy Dielectrics 选项将使恒定材料介电常数大于 1 且介电损耗角正切大于零的对象视为频率相关对象，它们的实际介电常数和电导率将由 Djordjevic-Sarkar

算法确定。DC Extrapolation 选项包含标准和高级两种。

(8) Model：创建阵列和辐射边界。

(9) Boundaries：边界设置操作。

(10) Excitation：激励设置操作。

(11) Hybrid：设置混合积分法求解。

(12) Mesh：网格设置操作。利用此功能可以手动设置网格剖分标准。

(13) Analysis Setup：求解设置，即设置求解频率、扫频以及完成网格剖分计算。其界面如图 1.2.46 所示，自动求解设置可以输入尽量少的求解设置，由 HFSS 自动确定最佳网格剖分策略，只需输入频率扫描参数，通过拖动滑块对求解速度和精度进行设置。在早期，当设计需要快速迭代时，可通过设置更高的速度优化获得准确的快速结果；当需要对设计进行验证时，可通过设置更高的精度获得最可靠的结果。

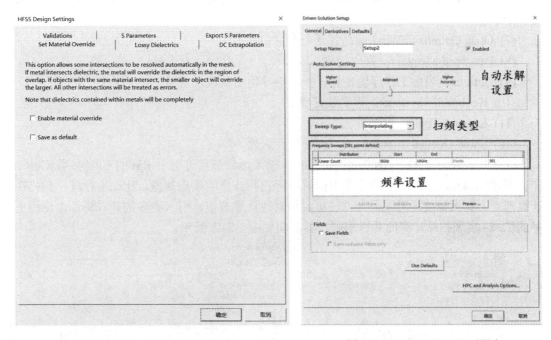

图 1.2.45　Design Settings 界面　　　　　图 1.2.46　Analysis Setup 界面

(14) Optimetrics Analysis：优化分析，包含参数扫描(Add Parametric)、参数优化(Add Optimization)、敏感性分析(Add Sensitivity)、统计分析(Add Statistical)、添加实验设计分析(Add Design of Experiments)以及模块优化设计(Add DesignXplorer)等操作。

(15) Fields：数据后处理时，与计算和显示场分布相关的操作。

(16) Radiation：辐射问题的数据后处理时，设置远场辐射表面(Insert Far Field Setup)和 近场辐射表面(Insert Near Field Setup)的相关操作，以及设置阵列天线排列方式(Antenna Array Setup)的操作。

(17) Results：计算结果显示与创建报告。

(18) Boundary Display (Solver View)：显示已经设置的边界，包含默认边界。

(19) Design Properties：添加和显示该工程中的设计变量。注意，在添加设计变量时必须为变量设置单位。

(20) Design Datasets：功能与 Project 菜单下的 Datasets 项相同，二者的区别在于 Project Datasets 作用于整个工程，而 Design Datasets 只作用于当前设计。

8. Tools 菜单

Tools 菜单包含修改当前物体材料的库文件、运行脚本文件等操作，其界面如图 1.2.47 所示。

(1) Edit Libraries：编辑当前设计的库文件。

(2) Library Tools：配置当前设计的库文件。

(3) Project Tools：配置当前设计的工程文件，包括更新库文件定义。

(4) Run Script：运行 ANSYS 宏脚本文件。

(5) Pause Script：暂停 ANSYS 宏脚本文件的执行。

(6) Record Script To File/Project：点击执行该操作后，可以将所有操作录入到宏脚本文件中。

(7) Open Command Window：打开命令窗口。

(8) Password Manager：密码管理。

(9) Options：当前工作环境设置，一般推荐使用默认设置。

(10) Keyboard Shortcuts：设置快捷键。

(11) External Tools：设置外部工具。

(12) Show Queued Simulations：查看仿真队列。

(13) Edit Active Analysis Configuration：输入计算节点可用于求解的 CPU 核数(Cores)和任务数(Tasks)，输入的任务数是可同时并行扫频计算的频点数量，相比串行频率扫描在计算速度上有大幅度提升；另外，还可添加其他计算节点，引入更多的计算资源，使用更多的 Tasks 实现扫频计算的并行求解。其界面如图 1.2.48 所示。

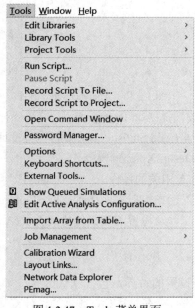

图 1.2.47　Tools 菜单界面

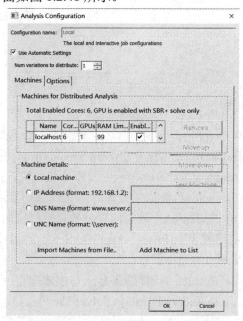

图 1.2.48　Analysis Configuration 界面

(14) Import Array from Table：从列表(.txt 和.csv)中导入数组。

(15) Job Management：工作管理。

(16) Calibration Wizard：校准向导。

(17) Layout Links：布局链接。

(18) Network Data Explorer：网络数据资源管理器。

(19) PEmag：与 ANSYS PExprt 联合仿真的操作端口。

9. Window 菜单

Window 菜单为 3D 模型窗口操作，界面如图 1.2.49 所示。

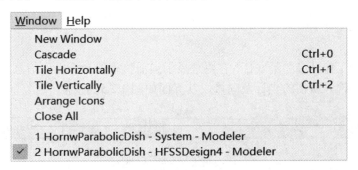

图 1.2.49　Window 菜单界面

(1) New Window：建立一个新的 3D 模型窗口，并显示当前工程模型。

(2) Cascade：将所有 3D 模型窗口层叠显示。

(3) Tile Horizontally：当前有多个 3D 模型窗口时，该操作将所有 3D 窗口以水平方式排列，并同时显示出来。

(4) Tile Vertically：当前有多个 3D 模型窗口时，该操作将所有 3D 窗口以垂直方式排列，并同时显示出来。

(5) Arrange Icons：重排图标。

(6) Close All：关闭当前环境下的所有 3D 模型窗口。

10. Help 菜单

Help 菜单为访问 HFSS 的帮助文档系统，包含 HFSS 的版本信息、License 以及 ANSYS 的官方网站，其界面如图 1.2.50 所示。

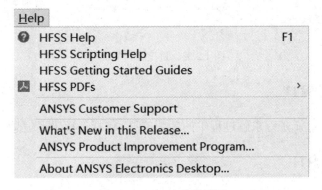

图 1.2.50　Help 菜单界面

1.2.2　工具栏

工具栏中的各按钮给出了 HFSS 常用操作的快捷运行方式，这些按钮都包含在各项下拉菜单中，界面如图 1.2.51 所示。

图 1.2.51　工具栏界面

1.2.3　状态栏

状态栏位于工作环境的最底部，它用来显示当前执行的命令操作信息。在建立模型时，可以在状态栏中输入所需的坐标及向量，其界面如图 1.2.52 所示。

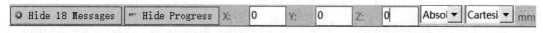

图 1.2.52　状态栏界面

1.2.4　工程管理窗口

工程管理窗口显示所有打开的 HFSS 工程。每个工程呈树形结构，包括几何结构、边界条件、材料分配和后处理信息。

1.2.5　特性窗口

特性窗口显示选中的工程树、操作历史树或 3D 模型的特性信息。

1.2.6　进度窗口

进度窗口反映了当前工程求解进度，界面如图 1.2.53 所示。

图 1.2.53　进度窗口界面

1.2.7　信息管理窗口

信息管理窗口显示工程求解过程中的各项信息，包括工程错误信息、分析进度信息等。

1.2.8　3D 模型窗口

3D 模型窗口显示 HFSS 所分析问题的几何模型。该窗口由两部分组成：左边的子窗口显示操作历史树，该树形结构包含了该工程中建立的所有几何模型；右边的子窗口显示所建立几何模型的 3D 视图。其界面如图 1.2.54 所示。

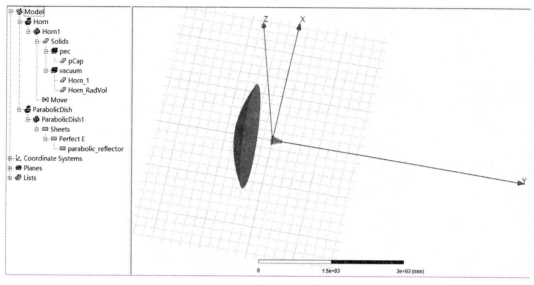

图 1.2.54　3D 模型窗口界面

1.3　ANSYS HFSS 项目的激励设置

在 ANSYS HFSS 软件中，激励设置就是在物体或者其表面上定义电磁场、电荷、电流或者电压。所有的激励类型都提供场信息，但是只有波端口、集总端口和 Floquet 端口这 3 种激励方式提供 S 参数。在大多数建模仿真中，经常用到的激励类型为波端口和集总端口，这两种端口可以提供完整的 S、Y 和 Z 参数，而波端口还可以提供波阻抗和传播常数等参数信息。当针对环形器等铁氧体材料元器件进行仿真时，磁偏置激励将与波端口和集总端口激励联合使用；当针对大的平面周期结构进行仿真时，如频率选择表面、无限大阵列，Floquet 端口有很大的用处。

在 ANSYS HFSS 19 版本中，常用激励有电路端口激励、波端口激励、集总端口激励、Floquet 激励、入射波激励、电压源激励、电流源激励和磁偏置激励。

1.3.1　电路端口激励

电路端口可以被认为是分配给一对边的集总端口，在设置电路端口时，需要先选中同一平面上两条相对的边作为参考线，而后单击右键，在弹出的菜单栏中选择【Assign Excitations】→【Circuit Port】命令，设置操作如图 1.3.1 所示。在驱动模式的解决方案中，电路端口的集成矢量的方向是从一条边的中点指向另一条边的中点。在驱动模式问题中，将两条边设置为电路端口下的终端和参考，因此删除任何一条边都会删除电路端口。在多端口激励中，电路端口往往可以与集总端口相互切换。

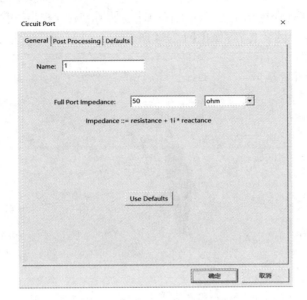

(a) 电路端口设置对话框

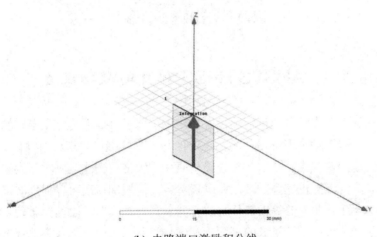

(b) 电路端口激励积分线

图 1.3.1　电路端口激励的设置

1.3.2　波端口激励

作为 HFSS 中最常用的激励方式之一，波端口广泛应用在微带、带状线、同轴和波导传输线中，其位置必须处于求解模型的外界面上。波端口表示能量可以进入的区域。HFSS在求解过程中计算 γ 常数，结果可以去嵌入进或去嵌入出端口，S 参数根据去嵌入化的长度自动计算得到。HFSS 假设波端口和与端口一样，具有相同横截面积和材料特性的半无限长的波导相连，支持多种模式、取嵌入和重新归一化，计算端口的特性阻抗和复传播常数，计算广义 S 参数。

设置波端口需要特别注意波端口的尺寸问题，对于封闭的传输线结构，如有导体边界的封闭传输线，其波端口的大小为传输线横截面的大小，传输线最外侧导体为端口边缘边界。而对于开放的传输线结构则有额外的要求，例如微带线、共面波导、槽线等，应确保传输线的场不与端口边缘的边界条件相互作用，若尺寸不合适会导致不正确的特性阻抗，令端口处产生额外的反射。

波端口位置的设置是另一个需要注意的问题，波端口需要定义在暴露于背景中的表面上，如果需要在结构内部使用波端口，则要创建一个导体块，将其表面定义为波端口。另外，端口必须设置在平面上，不允许弯曲。波端口前面需要有一段具有相同横截面的均匀传输线，确保凋落高阶模得到足够的衰减。在波端口与多模式传输中，每个高阶模式都具有不同的波导传输场分布。通常，在仿真中应包括所有的传输模式，默认求解模式数为 1，如果结构中存在传输的高阶模，则应该修改默认值，使其可以传输高阶模；如果传输模比设定值多，就容易产生错误结果。常见的波端口类型及尺寸见图 1.3.2。

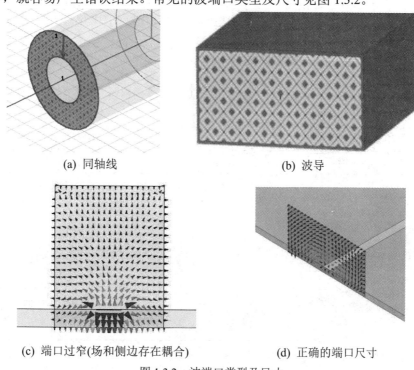

(a) 同轴线　　　　　　　　　　　　　(b) 波导

(c) 端口过窄(场和侧边存在耦合)　　　　　(d) 正确的端口尺寸

图 1.3.2　波端口类型及尺寸

1.3.3　集总端口激励

集总端口是 HFSS 中常用的一种端口类型，类似于面电流源，可以激励常见的多种传输线。集总端口仅用于模型内部，无法去嵌入，只求解单个 TEM 模或准 TEM 模，其端口面为均匀电场，能够支持用户自定义 Z_0 进行归一化。因此，集总端口仿真的信息没有波端口多，仿真结果包含 S、Y 和 Z 参数，没有 γ 参数或者波阻抗信息。另外，集总端口只能定义在二维的平面上，且该二维平面要和两个导体的边缘相连。

当创建集总端口时，需要在端口上绘制一条积分线，且积分线必须在连接两个导体边缘线的中点上。同时需要指定该端口的阻抗，作为生成的 S 参数的参考阻抗。图 1.3.3 为偶极子和微带线的集总端口。

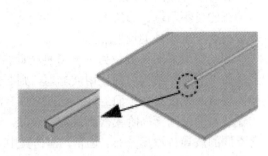

(a) 偶极子集总端口   (b) 微带线集总端口

图 1.3.3   集总端口

表 1.3.1 是以平面滤波器为例，对波端口和集总端口进行了比较。

表 1.3.1   波端口与集总端口的比较

波 段 口	集 总 端 口
S 参数以用户自定义的阻抗归一化	S 参数归一化计算特征阻抗
单一模式传输	可能存在多个传输模式
不支持去嵌入操作	后处理操作中有去嵌入操作
必须位于模型内部	必须接触到背景物体

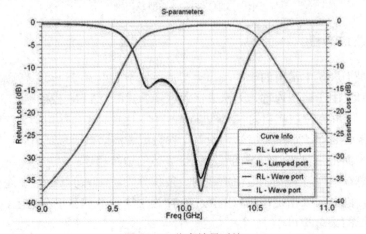

最后，对两种端口类型分别进行了仿真，并得出一致结果，见图 1.3.4。

图 1.3.4   仿真结果对比

1.3.4　Floquet 激励

Floquet 端口基于 Floquet 模式进行场求解，用于二维平面周期性结构的仿真设计，如平面相控阵列和频率选择表面等类型的问题。与波端口的求解方式类似，Floquet 端口求解的反射和传输系数能够以 S 参数的形式显示。使用 Floquet 端口激励并结合周期性边界，能够像传统的波导端口激励一样更容易分析出周期结构的电磁特性，从而避免了场求解器复杂的后处理过程。平面周期性结构可以看作由诸多单元组成，使用 Floquet 端口和主从边界条件分析平面周期结构，用户只需建立一个单元模型。在设置 Floquet 端口激励时需要指定端口的栅格坐标系统，该坐标系统得到的 a、b 轴分别表示单元的排列方向。

在使用 Floquet 端口时需要注意以下几点问题：

(1) 只有模式驱动求解类型(Driven Modal Solution)的设计可以使用 Floquet 端口。

(2) Floquet 端口不支持快速扫频方式，但支持离散扫频和插值扫频方式。

(3) Floquet 端口的四周必须与主从边界条件相连。

1.3.5　入射波激励

入射波激励(Incident Wave)是用户设置的朝某一特定方向传播的电磁波，其等相位面与传播方向垂直即入射波照射到器件表面时，入射波与器件表面的夹角称为入射角。入射波激励常用于电磁散射问题，如雷达反射截面(RCS)的计算。

入射波激励的电场：

$$E_{\text{inc}} = E_0 e^{-jk_0(\hat{k} \cdot \hat{r})} \tag{1.3.1}$$

式中，E_{inc} 表示入射波；E_0 是电场矢量；k_0 是自由空间波数，即在波的传播方向上单位长度内波的数目；$\hat{k}$ 是波的传播方向单位矢量；$\hat{r}$ 是单位坐标矢量。其中 k_0 是常数，E_0、$\hat{k}$ 需要用户在定义入射波激励时指定。在定义每种入射波激励的过程中，会弹出图 1.3.5 所示的对话框，要求用户指定入射波的电场矢量 E_0 的方向和传播方向 $\hat{k}$。

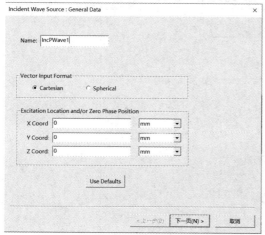
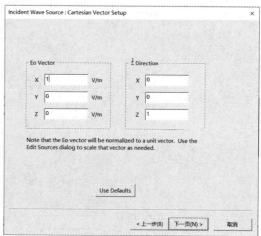

(a) 零坐标的设置　　　　　　　　　(b) 电场矢量和传播方向的设置

图 1.3.5　入射波激励的设置对话框

1.3.6 电压源激励

电压源激励(Voltage Source)是定义在两层导体之间的平面上,用理想电压源来表示该平面上的电场激励。定义电压源激励时,需要设置的参数有电压的幅度、相位和电场的方向,设置对话框如图 1.3.6 所示。

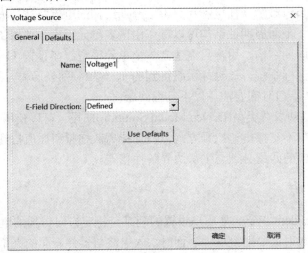

图 1.3.6 电压源激励的设置对话框

在使用电压源激励时,需要注意以下两点:

(1) 电压源激励所在的平面必须远小于工作波长,且平面上的电场是恒定电场。

(2) 电压源激励是理想的源,没有内阻,因此后处理时不会输出 S 参数。

1.3.7 电流源激励

电流源激励(Current Source)定义于导体表面或者导体表面的缝隙上,需要设定的参数有导体表面/缝隙的电流幅度、相位和方向,设置对话框如图 1.3.7 所示。

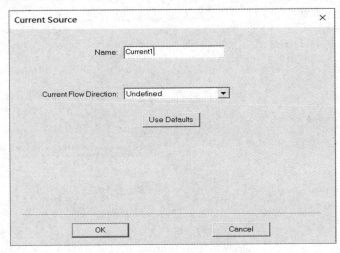

图 1.3.7 电流源激励对话框

电流源激励与电压源激励一样,在使用电流源激励时,也需要注意以下两点:

(1) 电流源激励所在的平面/缝隙必须远小于工作波长，且平面/缝隙上的电流是恒定的。

(2) 电流源激励是理想的源，没有内阻，因此后处理时不会输出 S 参数。

1.3.8　磁偏置源激励

创建一个铁氧体材料时，必须通过设置磁偏置激励来定义网格的内部偏置场。该偏置场使得铁氧体中的磁性偶极子规则排列，产生一个非零的磁矩。如果应用均匀磁偏置，张量坐标系可以通过旋转全局坐标系来设置；如果应用非均匀偏置场，不允许旋转全局坐标系来设置张量坐标系。

均匀偏置场的参数可以由 HFSS 直接输入，而非均匀偏置场的参数则需要从其他静磁求解器 Maxwell 3D 软件导入。

1.4　ANSYS HFSS 项目的边界条件

边界条件是用来表征表面、物体表面、物体间交界面的特性的。边界条件作为求解麦克斯韦方程组的基础，是非常重要的。HFSS 求解的波动方程来源于麦克斯韦方程组的微分形式，其表达式有效的条件是场矢量是单值、有界、连续、可求导。由于在边界或激励源处，场是不连续的，其导数无意义，这就需要边界条件来定义边界不连续处的场的变化特性。正确使用边界条件可降低模型的复杂度，而边界条件使用不当会导致得到同真实情况不一致的结果。模型的复杂程度直接决定求解所需的时间和计算机内存。因此可以尽可能多地使用边界条件来降低模型复杂度。

在 HFSS 软件中主要包括理想导体边界、阻抗边界、辐射边界、理想匹配层(PML)、有限导体、对称边界、主从边界、集总 RLC、分层阻抗边界、无限地平面等边界类型。

1.4.1　理想导体边界

在 ANSYS HFSS 中，可以通过设置理想导体边界(Perfect E)来描述电磁场中的理想导体表面。这种边界条件的电场矢量(E-field)垂直于物体表面，在 HFSS 中有两种情况物体边界会被自动设置为理想导体边界条件，分别如下：

(1) 任何与背景相关联的物体表面都将被自动定义为理想导体边界，并自动命名为外部边界条件；这种情况下，HFSS 假定整个结构被理想导体壁包围着。

(2) 材料属性为理想电导体也就是金属(pec)的物体模型表面，会被自动设置为理想导体边界。

1.4.2　阻抗边界

HFSS 常使用阻抗边界条件来描述一些具有阻抗特性的表面薄膜元器件，如薄膜方块电阻、电感和电容。在这里，也可以将电阻和电抗设置为变量，方便优化设计，具体的阻抗值可由薄膜长宽比计算获得。具体可参考的简要操作：选中面之后，选择【Assign Boundary】→【Impedance】命令，参数设置及模型见图 1.4.1。

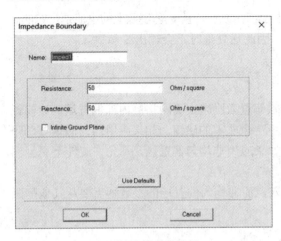 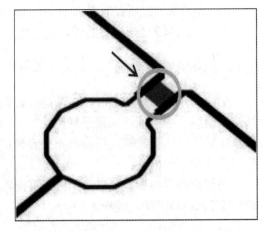

(a) 阻抗边界参数设置　　　　　　　　　(b) 阻抗边界条件的模型

图 1.4.1　阻抗边界条件的设置

如果用薄膜电阻实现，需要的阻值是 35 Ω，薄膜电阻的长度为 3.5 mil(沿着电流的流向)，宽 4 mil，长宽比 N 和方块电阻计算如下：

$$N = \frac{3.5}{4} = 0.875 \tag{1.4.1}$$

$$R_{\text{sheet}} = \frac{R_{\text{lumped}}}{N} = \frac{35}{0.875} = 40 \ \Omega / \text{square} \tag{1.4.2}$$

1.4.3　辐射边界

HFSS 中，辐射边界就是一种模拟波辐射到空间的无限远处的吸收边界条件。辐射边界条件在 HFSS 中通常用来设置开放的模型，HFSS 在边界条件处吸收电磁波就是为了达到电磁波传播到无穷远处的效果。这里需要强调的是：当入射波垂直于界面时吸收效果是最好的，因此模型的摆放应与辐射边界尽可能平行或垂直。应当注意的是：在天线的仿真中，辐射边界条件位置的设置必须与模型辐射表面相距一定距离，如距离强辐射结构至少 λ/4，距离弱辐射结构至少 λ/10。

1.4.4　理想匹配层

理想匹配层(PML)是一种可以完全吸收电磁波的假想各向异性材料边界条件。在 HFSS 软件中，PML 常有两种应用：一是自由空间的截断吸收边界；二是传输线的导波吸收负载。其中，设定 PML 的指导原则基本可分为两种：一是在大部分情况下使用 PML 设置向导；二是当结构是弯的或不均匀时，则需要手动设置 PML。

同样，当垂直入射的吸收效果最佳时，入射角度的增大也具有较好的吸收效果。具体而言，PML 边界在入射角小于 65°～70° 时表现良好，好的吸收效果使得不同夹角时的天线方向图一致性更好。PML 设置向导中需要定义的参数主要有：创建的 PML 厚度(建议大于 λ/3)，PML 吸收的最低频率，辐射体到 PML 的距离(建议大于 λ/8)。PML 边界设置见图 1.4.2。

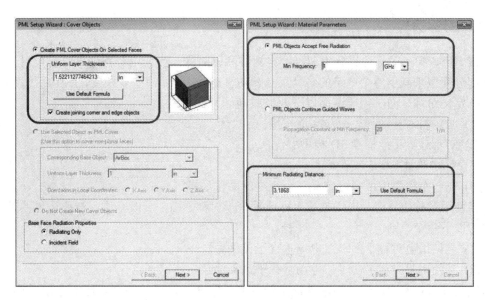

图 1.4.2　PML 边界条件的设置对话框

1.4.5　有限电导率边界

当创建二维平面模型需要模拟导体时，可以使用有限电导率边界条件，且在模拟薄带线时很有用。但有限电导率边界条件仅仅在模拟薄导带的厚度比趋肤深度厚的情况下才有效。其设置可参考的简要步骤如下：

(1) 直接定义面，选择【Assign Boundary】→【Finite Conductivity】命令。

(2) 可直接定义电导率和相对磁导率。当默认电导率数值小于 100 000 时会被判定为介质，则自动 solve inside。也可勾选 Use Material，在材料库中选择相应金属材料；可设置表面粗糙度 Surface Roughness；可设置 DC Thickness，设置界面见图 1.4.3。

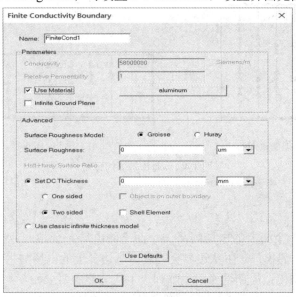

图 1.4.3　有限电导率边界设置

1.4.6　对称边界

在 HFSS 中，对称边界分为两种：电对称和磁对称。当使用对称边界时，可以通过构建一部分模型来减小整个电路的仿真尺寸和仿真时间，降低模型复杂度，并提高仿真效率。

在定义对称平面时需要遵循以下四点原则：

(1) 必须将对称边界表面与环境相接。

(2) 对称边界不能横穿 3D 模型中。

(3) 对称平面需要定义在模型表面上。

(4) 在一个模型中最多可定义三个正交的对称边界。

当使用对称边界时，电场被迫平行或垂直于对称平面，一般来讲，对称边界的确定可以参考以下两个原则：

(1) 当使用电对称平面时，电场垂直于该平面。

(2) 当使用磁对称平面时，电场平行于该平面。

如图 1.4.4 所示，一个简单的矩形波导表示了两种边界的差别。电场主模(TE_{10})如图 1.4.4(a)所示。波导有两个对称面，一个与中心垂直，一个平行。平行的对称面是理想电场表面，电场是法向的，磁场是切向的。垂直面是理想磁场表面，电场是切向的，磁场是法向的。

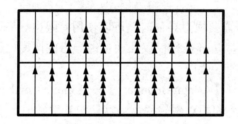

(a)　TE_{10} 模电场

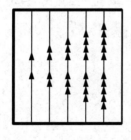

(b)　理想磁壁对称

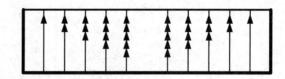

(c)　理想电壁对称

图 1.4.4　对称边界的设置

1.4.7　主从边界

当结构中存在一个面上的电场同另一个面上的电场完全相同或存在固定相差的周期结构时，可用主从边界模拟。主从边界会强制令从边界上的电场与主边界上的电场拥有固定相差。这可以用来模拟周期性无限大阵列。主从边界的要求如下：

(1) 只能设定在平面表面上，且主边界与从边界的几何结构必须完全一致。

(2) 需要创建 UV 坐标以定义主从边界面上的对应关系。

(3) 可在 Slave 边界中，定义斜入射扫描或单元间相差。

(4) 考虑单元间互耦，但不包含有限大阵的边缘效应。

主从边界与对称边界不同，电场不必成为这些边界的相切或垂直。只需要满足在两个边界上的场具有相同的幅度和方向(或者相同的幅度和相反的方向)即可。其简要操作步骤：选择【Assign Boundary】→【Master/Slave】命令，见图 1.4.5。

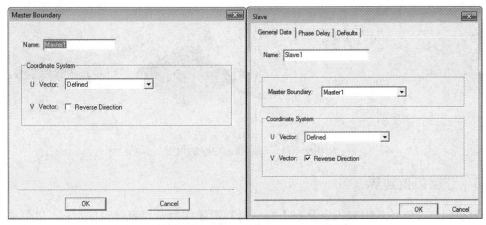

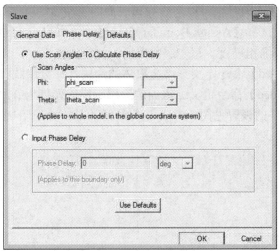

图 1.4.5　主从边界条件的设置

1.4.8　集总 RLC 边界

集成 RLC 边界的条件主要是模拟理想电阻、电感和电容等集总元器件，可以模拟单个元件或者 RLC 并联网络，基础结构见图 1.4.6。集总 RLC 可以直接定义电阻、电感和电容的值。针对无源的并联元器件可以直接对边界条件的值进行定义，而串联的元器件则需要在两个串联的二维平面上定义两个独立的 RLC 边界条件。其具体操作步骤：直接定

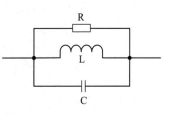

图 1.4.6　集总 RLC 电路

义面，选择【Assign Boundary】→【Lumped RLC】命令；需要定义积分线来表示电流方向时，选择【Current Flow Line】命令。

与阻抗边界不同，集总 RLC 边界不需要提供每方的阻抗，但是要给出 R、L 和 C 的真实值，如图 1.4.7 所示。

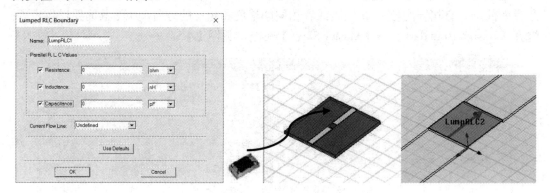

图 1.4.7　集总 RLC 电路的设置

1.4.9　分层阻抗边界

分层阻抗边界条件用来指定具有不同层材料的导体为一层等效阻抗，它可以单独定义每层的厚度和材料属性，同时也可以考虑导体表面的平整度。其具体操作步骤如下：

(1) 直接定义面，选择【Assign Boundary】→【Layered Impedance】命令。

(2) 可直接定义表面粗糙度、每一层的厚度、材料属性。

(3) 选择【One sided】命令定义三维金属体的涂层，计算趋肤状态下的损耗；

(4) 选择【Two sided】命令定义二维面的涂层，描述厚度为 0 的金属面。

分层阻抗边界条件的设置见图 1.4.8。值得注意的是，分层阻抗边界只支持单频求解、离散以及内插扫频。

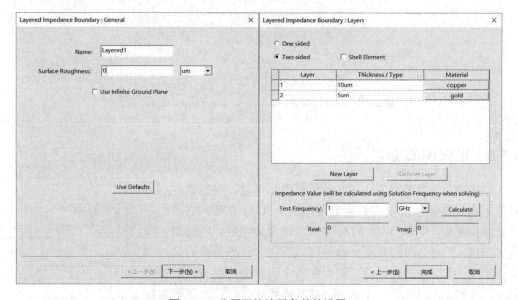

图 1.4.8　分层阻抗边界条件的设置

1.4.10 无限大地平面

如果要模拟无限大地平面的作用，就需要在设置理想导体、有限导体或阻抗边界时选取无限大地平面(Infinite Ground Plane)复选框，该选择在后处理中仅仅影响近、远场辐射的计算。3D 后处理器(3D Post Processor)将有限部分的边界模拟为无限的理想导电平面。

定义无限地平面时，必须满足以下条件：

(1) 模型中的无限地平面必须暴露在背景上。

(2) 无限地平面必须定义在平面上。

(3) 无限地平面和对称平面的总数不能超过 3 个。

(4) 所有的无限地平面和对称平面必须互相垂直。

1.5 ANSYS HFSS 项目的求解设置

1.5.1 自适应迭代求解分析过程

自适应分析过程是在误差大的区域内对网格多次迭代细化的求解过程，该方法增强了解的精确性。在自适应求解领域中可设置一个标准来控制网格的细化，仅用自适应网格细化就可解决许多问题。自适应分析的一般步骤如下：

(1) HFSS 生成初始网格。

(2) 在求解频率激励下，HFSS 利用初始网格计算结构内部的电磁场。如果正在进行扫频，自适应求解仅在指定频率上进行。

(3) 基于当前有限元的解，用 HFSS 估算与精确解有较大误差的问题区域。这些区域的四面体网格会得到细化。

(4) HFSS 利用细化过的网格产生新的解。

(5) HFSS 重新计算误差，重复迭代过程(求解—误差分析—细化)直到满足收敛标准，或达到最大迭代步数。

(6) 如果正在进行扫频，则 HFSS 在其他频点求解问题，而不再进一步细化网格。

具体的误差判断方法有：

(1) ΔS 最大值。ΔS 是连续的两步中 S 参数值的差别。如果两步迭代之间 S 参数大小和相位总的变化比"Maximum Delta S Per Pass"中的值要小，将停止自适应分析；否则，分析将一直进行到完成所需步数。例如，如果指定每步的 ΔS 最大值为 0.1，HFSS 将持续细化网格，直到完成所需步数或直到所有的 ΔS 的误差小于 0.1 为止。

ΔS 的最大值定义为

$$\text{Max}_{ij}[\text{mag}(S_{ij}^{N} - S_{ij}^{N-1})] \tag{1.5.1}$$

其中，i 和 j 遍历所有矩阵元素；N 表示步数。

注意：ΔS 的计算是在已移动参考面和归一化后的 S 参数下计算的。

(2) ΔE 最大值。ΔE 是一步自适应解到下一步自适应解的相对能量误差。这是每步之间衡量场量的一个稳定计算标准。随着解的收敛，ΔE 趋于零。

"Maximum Delta E per Pass"为自适应解法停止的标准。如果 ΔE 小于此值，自适应分析则停止；否则，分析将一直进行达到收敛标准。数据表现了所有的四面体的 ΔE。

(3) 四面体每步细化的百分比。设定的四面体每步细化的百分比"Percent Refinement Per Pass"决定了在自适应网格细化过程中的需要增添的四面体数量。例如，输入 10 则在剖分的每一步大概增加 10 个百分点。误差最大的四面体将得到细化。如果网格由 1000 个单元构成，则在剖分中将会增加 100 个新单元对四面体进行细化。一般来讲，可以接受系统的默认值。

1.5.2　单个频率求解和扫频解

HFSS 可以给出所研究问题单个频率上的解，也可以利用扫频方法给出宽带内的解。

1. 单一频率解

在某一频率下，单一的频率求解生成一个自适应或非自适应解，该频率解在 Solution Setup 对话框中指定，且通常是进行扫频操作的第一步。

2. 扫频

如果希望在一个频率范围内产生一组解可以通过扫频操作来完成，则可以选择如下几种扫频类型。

(1) 快速扫频(Fast)：在频率范围内只生成一次完成的场求解。这种情况对于在频率范围内有突变的谐振点或变化较大时最好。快速扫频可以准确地表现近谐振特性。

快速扫描产生某一频率范围区域内的唯一的全场解。如果模型在频带内会突然谐振或改变工作状态，那么选择快速扫描。快速扫描将对谐振附近频率附近的工作状态做一个精确的描述。

HFSS 采用频带的中心频率来选定一个恰当的本征值问题，应用该问题产生整个快速扫描的解；然后应用基于 ALPS 的求解工具，从中心频率场解外推出被求频率范围内的场解。

当解频率在频率范围内(大于起始频率且小于终止频率)时，HFSS 将其视为中心频率；反之，则选定频率范围的中心作为中心频率。

注意：在适应求解的过程中，HFSS 采用精确的有限元网格。然而，如果不要求适应求解，HFSS 采用由该问题产生的初始网格，即直接采用这些网格，不对其进行精确化。由于中心频率处的场解是最精确的，根据在频率范围内要求的精度，可以在其他中心频率上运行更多的快速扫描。

只有中心频率处的全场解得到保存，而每个频点上的 S 参数都将被保存。然而，快速扫描是能够经过后处理得到扫描范围内的任何一个频率上的场。快速扫描需要的时间远大于单个频率求解所需要的时间。

(2) 离散扫频(Discrete)：在频段内的所有指定频点处均产生解。最好在频段内只有少数点需要准确计算的情况下使用。

例如，若指定 1000 MHz 到 2000 MHz 的频率范围，步长设为 2.5，则会在 1000 MHz、1250 MHz、1500 MHz、1750 MHz 和 2000 MHz 处产生解。默认情况下，只会保存最后一

个频点的场的解，这里即 2000 MHz。也可以在设置频段内频点时选择 Save Fields，则每个频点的 S 参数均会保存。步数设计越多，完成扫频所花的时间越长。

如果频段内只有少量频点并要求准确计算时，可选择离散扫频。

要想知道 HFSS 求解频率的自适应求解过程，就要利用有限元网格。如果不要求自适应求解，则该问题产生初始网格后，在扫频过程中不再进行网格细化。因为自适应求解仅在设置的求解频率上进行网格优化，在远离该频率时结果可能发生显著的变化。如果希望变化最小，可以使用频带的中心频率为求解频率；然后，在观察得到的结果之后，在重要的频点将其设置为求解频率。

(3) 内插扫频(Interpolating)：估计整个频段内的解。最好在频段宽、频率响应光滑或者快速扫频超出计算机资源的情况下使用。

内插扫描计算整个频率范围内的解。HFSS 选择求解的频率解以使整个内插解在一定的误差范围内。当解满足误差范围的要求或者产生最大数量的解时，扫描完成。若为了观察解的更多信息，增加求解步数，可再次进行扫描。在每一点的场解被删除之后，在下一个点会产生新解，因此只有最后频点上的全场解会被保存下来。但是每一个频点的 S 参数都会得到保存。

如果频带范围很宽并且频率响应光滑，或者快速扫频超出计算机资源的情况下，可以选择内插扫频方法。内插扫频方法比离散扫频所花费的时间要少，因此其基于最少的频点在整个频段上内插产生解。内插扫频需要的时间是单频点求解时间乘以最大求解频点数目。

第 2 章　ANSYS HFSS 软件的使用技巧

2.1　ANSYS HFSS 的简要建模过程

ANSYS HFSS 的简要建模过程如下：

(1) 运行 Ansoft HFSS，界面如图 2.1.1 所示。

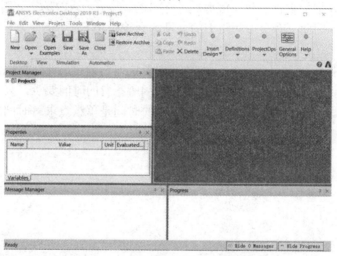

图 2.1.1　运行 Ansoft HFSS 的界面

(2) 点击 按钮，在当前工程中插入一个设计，界面如图 2.1.2 所示。

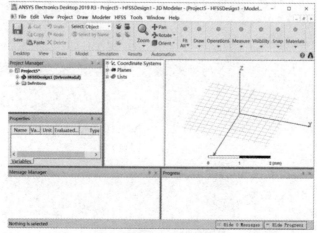

图 2.1.2　插入设计的界面

(3) 选择求解类型，界面如图 2.1.3 所示。

(4) 为建立模型设置合适的单位，界面如图 2.1.4 所示。

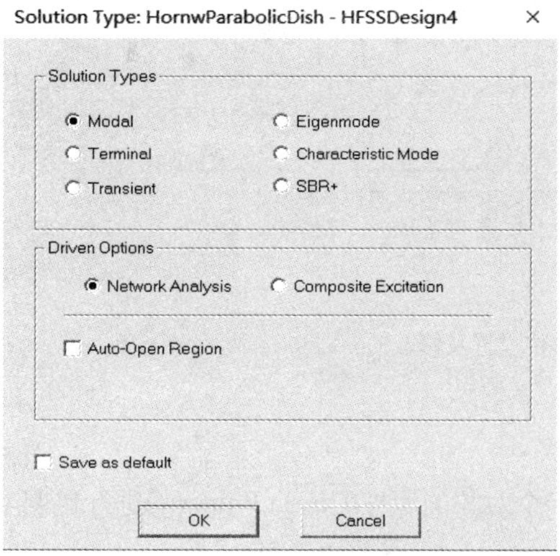

图 2.1.3　选择求解类型的界面

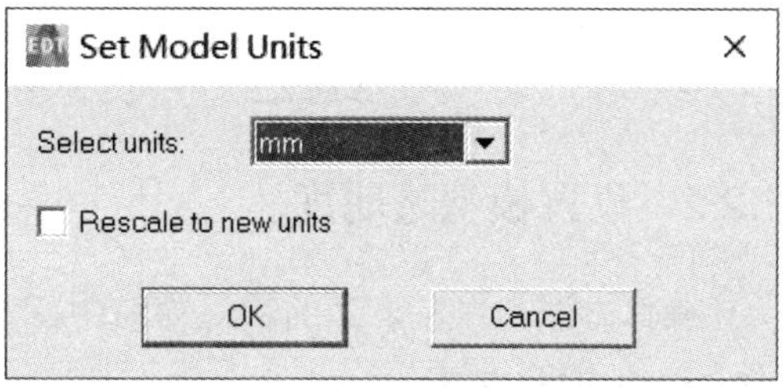

图 2.1.4　设置单位的界面

(5) 在 3D 窗口中建立模型。

(6) 设置需要的辐射边界。

(7) 如果选择激励求解或激励终端求解，则需要为模型设置激励。

(8) 设置求解频率及扫频等操作。

(9) 点击 ✔ 按钮检查当前工程的有效性。

(10) 点击  按钮求解当前工程。

(11) 对已求解的工程创建结果报告。

2.2　ANSYS HFSS 的建模技巧

2.2.1　设置标准单位

操作方法：选择【Modeler】→【Units】命令。

软件默认推荐的是米或毫米作为计量单位，而 mil 或英寸也是可以被选择使用的。单位使用世界通用计量单位的标准，如图 2.2.1 所示。需要强调的是：当单位改变时，模型结构的每段长度将自动修改为新单位下的数值(如英寸与毫米的转换为 1 英寸 = 25.4 毫米)。也就是说，设置的单位无论是 mm 还是 mil，物体的物理尺寸不会改变。因为长度数值随着单位的设定自动变化，所以当使用者改变单位时不需要修改物体尺寸。尽管如此，若是一个关于小数点的复杂计算，如 mm 和 mil 单位互换时，则因小数值误差网格剖分功能可能无法恰当地运行。因而，请尽可能保持单位不变，最好在建模时从始至终设置同一单位。

如果使用者勾选调节到新单位(Rescale to new units)并且改变了单位，如图 2.2.1 所示，则仅仅改变单位而不修改数值，即物体尺寸的数值是相同的，如 1 英寸改成 1 毫米，这样模型的物理尺寸会随之发生变化，但是在一些应用场景中此操作比较方便。

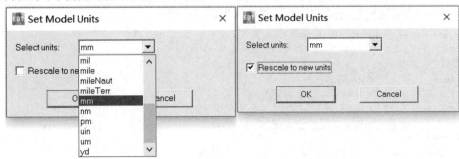

图 2.2.1 HFSS 建模中的单位设置及修改的界面

2.2.2 设置模型透明度

操作方法：在左下角的特性窗口中，对每一个对象的属性(Object Property)进行透明度(Transparent)的设置。

当绘制新的对象时，有可能看不到其他结构的内部，因为它们的透明度默认设为 0。在这种情况下，如图 2.2.2 所示，软件可以通过在对象特性窗口中调整外部物体的透明度，使用户容易观察内部物体，效果如图 2.2.3 所示。

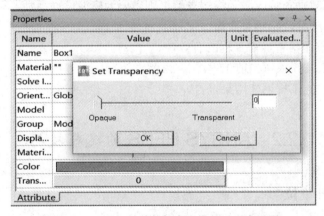

图 2.2.2 HFSS 软件特性窗口中的透明度设置

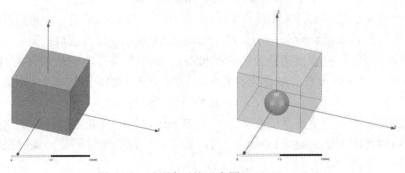

图 2.2.3 透明度对比示意图

注意：除了建模后可更改透明度之外，还有一种观察内部结构的方式，即通过勾选外部物体属性(Properties)对话框里的显示线框(Display Wireframe)，或者在工具(Tools)→选项(Options)→模型选项(Modeler Options)→显示(Display)对话框里将默认透明度替换为一个特定值，这样在物体被创建时透明度就已经设好了。

2.2.3　改变模型可见性

操作方法：选择【View】→【Active View Visibility】命令。

如果对象的数目增多或者不再需要编辑的对象妨碍了目标对象的编辑，如图 2.2.4 所示，可以使它们消失在模型窗口中。通常，使用工具条上的眼睛按钮 优于使用下拉菜单。

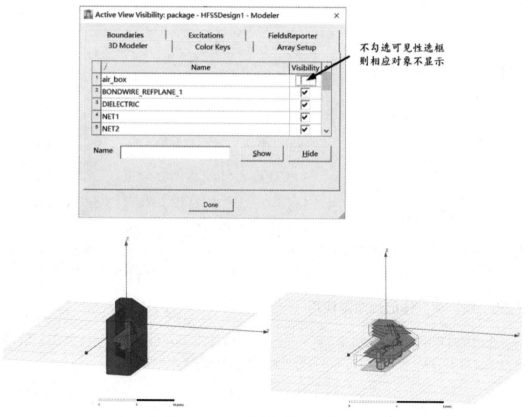

图 2.2.4　HFSS 软件模型的可见性设置

注意：这个功能对于天线仿真中辐射边界必须设定为远离天线的情况非常有用。这个功能使对象临时不可见，并不是真正消失，因此这些不可见的对象仍然会参加仿真。

2.2.4　定位功能的使用

操作方法：选择【Modeler】→【Snap Mode】命令。

HFSS 中绘制 3D 模型同平面模型一样拥有定位功能,可以使鼠标指针自动移动到一个精确的位置,可以非常方便地选择坐标、边线、边线中心点、面中心等，而不需要再次建立坐标，这极大地方便了模型的建立。

如图 2.2.5 所示，在定位模式(Snap Mode)下只需要勾选/取消选项框来调整定位模式开启/关闭。定位对象主要有五种：

(1) 网格(Grid)：方格坐标定位。

(2) 预点(Vertex)：顶点定位。

(3) 边线中心(Edge Center)：线中点定位。

(4) 面中心(Face Center)：面中心定位。

(5) 四分之一点(Quadrant)：在圆周的每 90°点定位。

值得注意的是，在栅格定位时，每个栅格的间隔和类型可以在 View 下拉菜单中的 Grid 项中进行设置，如图 2.2.6(a)所示。使用定位功能的另一种方法则是在工具栏中点击相应的图标，如图 2.2.6(b)所示。

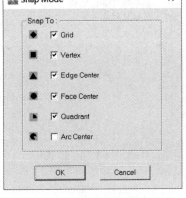

图 2.2.5　HFSS 软件定位模式的对话框

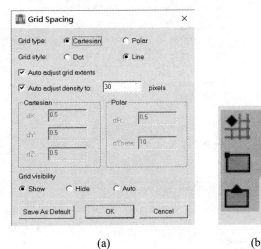

(a)　　　　　　　　　　　(b)

图 2.2.6　栅格定位及定位功能快捷键

2.2.5　线、面、体的快捷键使用

在建模过程中，若想选择一个点、线、面、体，可以使用键盘上的快捷键来完成，依次对应键盘上的 V、E、F、O(大小写皆可)字母键，如图 2.2.7 所示。

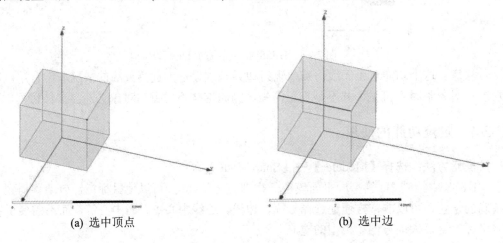

(a) 选中顶点　　　　　　　　　　　　(b) 选中边

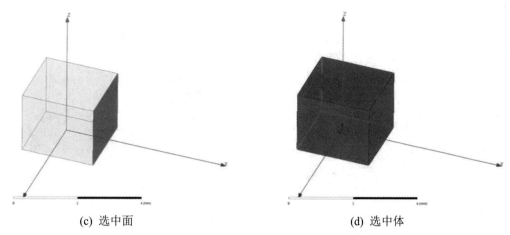

(c) 选中面　　　　　　　　　　　　　(d) 选中体

图 2.2.7　选择对象的快捷键使用

这里还有一个使用技巧，当在设置边界条件时，有些面在复杂结构下难以选中，就可以先选中其相邻两侧的面，而后按住"B"键，同时鼠标放在选中面的一条棱边上，点击鼠标选中的面就会产生"传递"到达我们需要的表面上，此项功能在实际应用中十分便捷，需要多次练习方可掌握此技巧。

2.2.6　模型的组合和削减

操作方法：选择【Modeler】→【Boolean】命令。

选中两个对象后，有如下选项和功能，如图 2.2.8 所示。

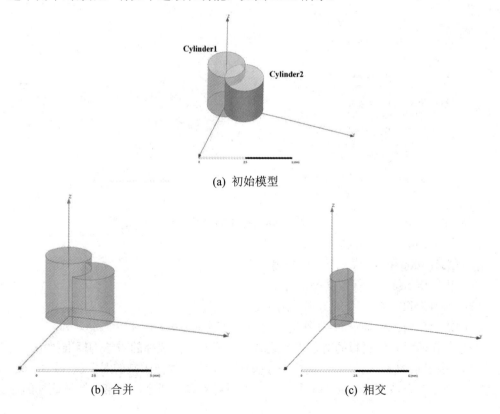

(a) 初始模型

(b) 合并　　　　　　　　　　　　　(c) 相交

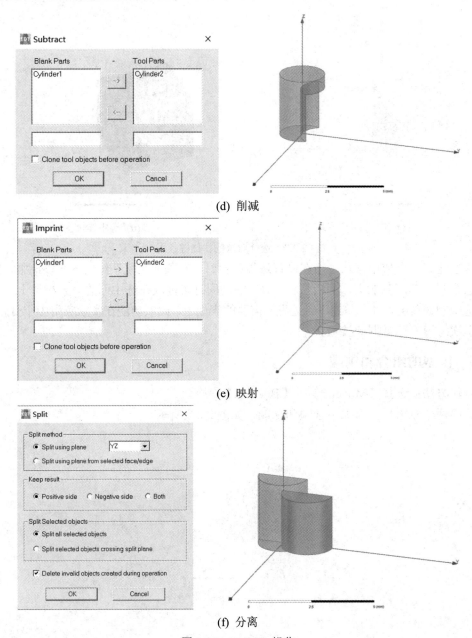

(d) 削减

(e) 映射

(f) 分离

图 2.2.8　Boolean 操作

(1) 合并(Unite)：将所选对象组合起来。

(2) 削减(Subtract)：从一个中减去另一个。

(3) 相交(Intersect)：保留交叠部分。

(4) 分离(Split)：将一个对象切成两半。

(5) 映射(Imprint)：将一个对象映射到另一个对象上。

注意：在两种不同材料的对象进行组合时，第一个被选择的对象为标准材料，组合后的材料和它相同；削减时，在弹出的削减设置窗口中将需要被削减的对象放在【Blank Parts】下方，削减的对象放在【Tool Parts】下方，如果对象只有两个，则第一个被选择的对象为被削减的对象；分离是一项用特定的面来切割一个或多个对象的功能，可以选择 XY、XZ 和 YZ 三种平面或自建面，也可以对保留部分进行选择；映射操作则是将一个对象映射到另一个对象上，先选中的为主体，两对象相交的痕迹即为映射痕迹。

2.2.7　HFSS 软件的截图技巧

操作方法：选择【Edit】→【Copy Image】命令。

在编辑文档和图片时，常常需要用到 HFSS 模型或仿真结果图表，可以在模型窗口中单击右键，并选择下拉菜单的最后一项，如图 2.2.9 所示。或者在菜单栏中选择【Edit】后单击复制图像，模型窗口的视图会自动保存到剪切板中，可以直接粘贴到文档或其他图像处理项目中。

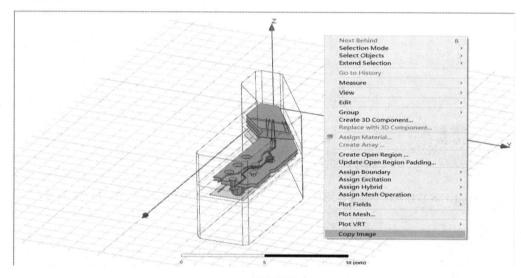

(a) 模型截图

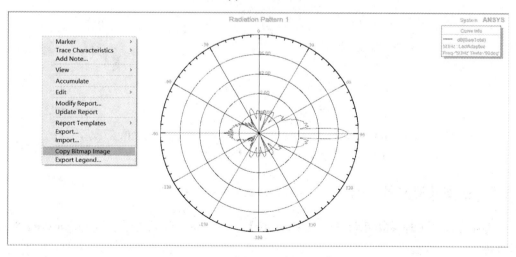

(b) 图表截图

图 2.2.9　HFSS 软件截图技巧

2.2.8 HFSS 模型窗口中网格和坐标的隐藏

操作方法：选择【View】→【Coordinate System】和【Grid Settings】命令。

(1) 选择视图菜单【View】中坐标系【Coordinate System】里的隐藏键【Hide】，坐标就会被隐藏，如图 2.2.10(a)所示。

(2) 选择视图菜单【View】中网格设置【Grid Spacing】的选项，在弹出的选项框中选择隐藏选框【Hide】，则网格就会被隐藏，如图 2.2.10(b)所示。

(3) 如图 2.2.10(c)和(d)所示，分别为坐标系和网格隐藏前后的图示。

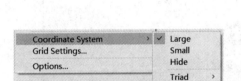

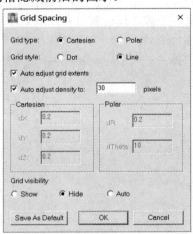

(a) HFSS 软件视图中的坐标隐藏　　　　(b) HFSS 软件视图中的网格隐藏

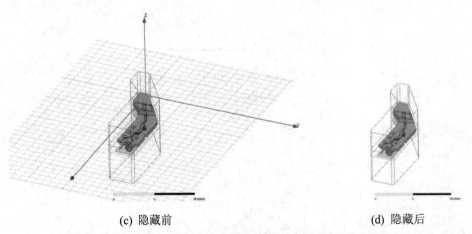

(c) 隐藏前　　　　　　　　　　(d) 隐藏后

图 2.2.10　　HFSS 软件视图中坐标与网格的隐藏功能

2.2.9　模型几何参数的测量

操作方法：选择【Modeler】→【Measure】命令，或点击工具栏中与【Measure】对应的按钮。

(1) 位置(Position)：显示一个点的坐标，如图 2.2.11(a)所示。

(2) 线(Edge)：显示一条线的长度，如图 2.2.11(b)所示。

(3) 面(Face)：显示一个面的区域，如图 2.2.11(c)所示。

(4) 体(Object)：显示一个对象的体积，如图 2.2.11(d)所示。

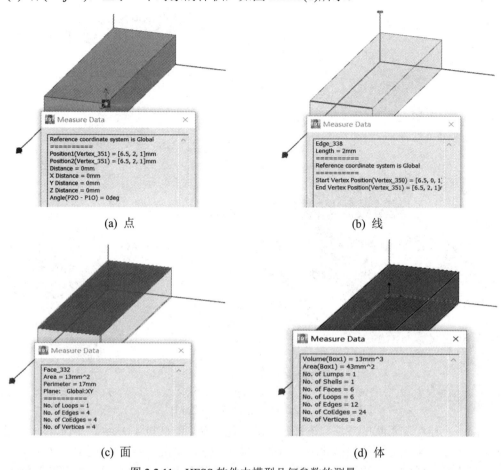

(a) 点　　　　　　　　　　　　　　　　(b) 线

(c) 面　　　　　　　　　　　　　　　　(d) 体

图 2.2.11　HFSS 软件中模型几何参数的测量

2.2.10　绘制复杂形状

操作方法：选择【Draw】→【Line】和【Sweep】命令。

在日常的建模中，常用的模型主要为规则图形，而有时是需要绘制较多不规则形状的，如三角形、梯形等。在绘制任意形状时，可以使用各种布尔操作来进行拼接组合，但其效率往往较慢，因此可以采用另一种较好的办法，就是运用线条和扫描功能来实现。下面以三角形为例对其操作步骤进行概括。

(1) 点击【Draw】→【Line】命令，在每个端点处单击鼠标，如图 2.2.12(a)所示。

(2) 单击第一个起始点，则会在平面上绘制一个闭合图形，如图 2.2.12(b)所示。

(3) 选择画好的三角形平面，点击【Draw】→【Sweep】→【Along Vector】命令，输入矢量坐标和拔模角，如图 2.2.12(c)所示。

(4) 绘制任意形状时，线条功能结合扫描功能就能绘制出任意的平面图形和三维形状，如图 2.2.12(d)所示。

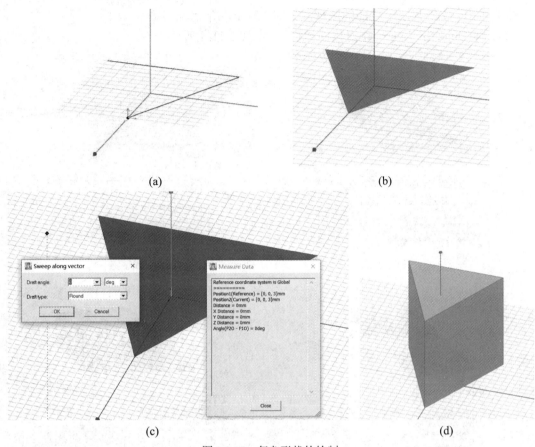

(a)

(b)

(c)

(d)

图 2.2.12　复杂形状的绘制

除了上述绘制形状的方法，还有一种函数建模法，即通过【Draw】→【Equation Based Surface】命令来建立。首先需要将目标图形的函数表达式键入到对画框中，这往往是最难的一步也是最关键的一步，但用其建立复杂曲线及模型是很方便实用的。现以简单实例演示其用法，如图 2.2.13 所示。

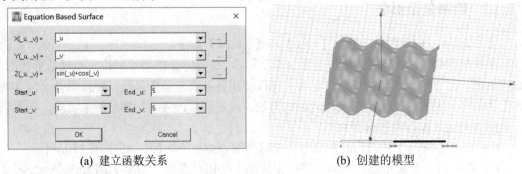

(a) 建立函数关系　　　　　　　　　　(b) 创建的模型

图 2.2.13　利用函数关系建模

2.2.11　自动设置辐射边界

操作方法：选择【Draw】→【Region】命令。

在自由空间中计算微波问题时，在计算区域的边缘必须使用辐射边界吸收电磁波。通常，HFSS 辐射边界的大小需要在结构变化时进行调整，但对于优化和调试是十分不便的，因此"Region"就能很好地解决这个问题。此功能可以自动建立一个包裹住内部结构且与其保持相同距离的外部条件，如图 2.2.14 所示。

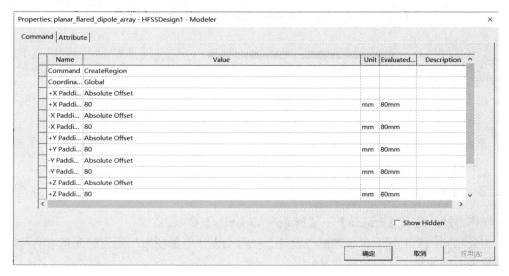

(a)

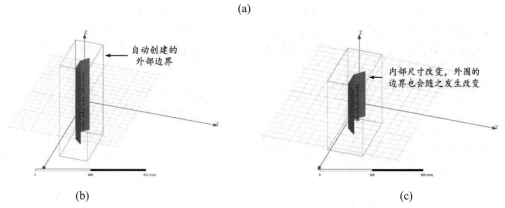

(b)　　　　　　　　　　　　　　　　　　(c)

图 2.2.14　HFSS 软件中辐射边界的参数设置及自动改变

注意：此功能除了用于辐射边界还可以用于任意边界。例如，若将一个边界设为 PEC，则可通过使用此功能自动生成一个外围边界。

2.2.12　部分模型的剔除

操作方法：选择【Edit】→【Properties】命令，或选中模型后在左下角的属性窗口对其进行剔除，如图 2.2.15 所示。

在建立模型时，有时需要绘制一些不需要分析的对象，但这些对象又必包含于整体结构中。因此，如果在每一次仿真分析中都将其剔除的话，会十分不方便。在这种情况下，建立全部模型结构后再将某些模型取消勾选模型，则在仿真分析中会将其视为非模型。一旦对象被设置为非模型，就不能设置它的材料属性并将其剔除到仿真分析外。

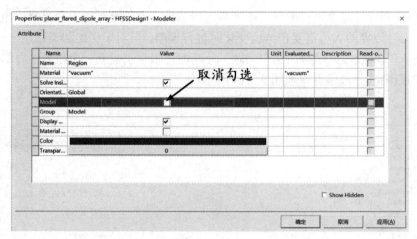

图 2.2.15　HFSS 软件中部分模型在仿真中剔除的操作

2.2.13　全局变量的设置

操作方法：选择【Project】→【Project Variables】命令。

如果在同一个工程下有很多模型设计，在每个设计中都使用相同值的变量，就可以将其设置为工程变量，又叫全局变量。

若全局变量是由工程【Project】→工程变量【Project Variables】操作方法设置的，则这个变量将应用于所有设计中，且变量前标有"$"符号，如图 2.2.16 所示。此功能在所有相关设计中十分有用，特别是在为某些变量设置相应材料时，但这些变量必须设置为全局变量。

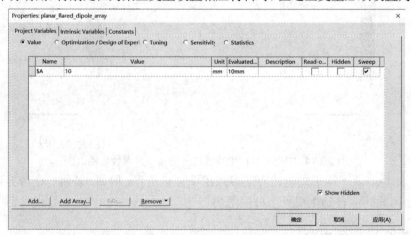

图 2.2.16　全局变量的设置

2.2.14　变量的函数化

操作方法：选择【HFSS】→【Design Property】命令。

单击设计属性【Design Property】里的添加【Add…】按钮，如图 2.2.17 所示，就可以将一个变量表示为函数。当然，函数中的变量必须在定义之后才能使用。这样做的好处就在于所有变量是相关的，只要改变某个变量，整体模型的尺寸便会发生变化，避免了模型内部出现断层、不衔接的情况，便于后期的优化调整。

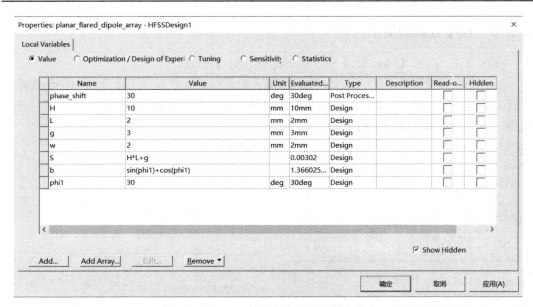

图 2.2.17　HFSS 软件中变量的函数化定义

2.2.15　频变材料的设置

操作方法：选择【Modeler】→【Assign Material】→【Add Materials】→【Frequency Dependency Material】命令。

当材料的主要特征属性如介电常数、磁导率或者电导率随频率变化时，在材料设置窗口添加一种新的材料，并在窗口底部选择【Set Frequency Dependency Material】，即可将材料设为可频变。其中有五种频变方式，可根据设计需求进行选择，如图 2.2.18 所示。

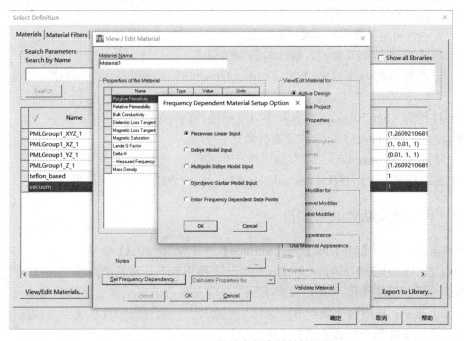

图 2.2.18　HFSS 软件中频变材料的设置

2.2.16 模型分析功能的应用

操作方法：选择【Modeler】→【Model Analysis】命令。

当一个三维模型从不同的 CAD 工具中导入时，可能存在某些不适合在 HFSS 软件中进行分析的内容，因此，使用模型分析功能可以发现并修改这些三维 CAD 模型中存在的问题，设置方法如图 2.2.19 所示。

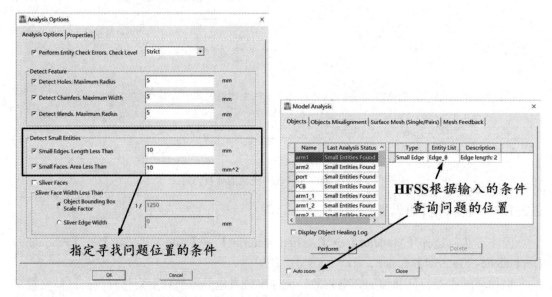

图 2.2.19　HFSS 软件中的模型分析功能

模型分析功能可以完成以下几种任务：

(1) 分析对象(Analyze Object)：检测非常小的边或矛盾。

(2) 显示分析对话(Show Analysis Dialog)：显示分析和修改结果。

(3) 修复(Heal)：离开分析，修改检测到的问题。

(4) 分析错位的内部对象(Analyze Inter Object Misalignment)：检测略有重叠或交叉的面。

(5) 对齐面(Align Faces)：对齐两个以上错位的面。

(6) 移除面(Removes Faces)：移除轻微产生的面。

(7) 移除线(Remove Edges)：移除轻微产生的线。

(8) 最终仿真剖分网格(Last Simulation Mesh)：检查错误发生的位置。

2.2.17 利用缠绕功能共形建模

操作方法：选择【Modeler】→【Surface】→【Wrap Sheet】命令。

使用 HFSS 的缠绕功能(Wrap Sheet)可一次性将多个分离的平面以某一待缠绕物体的表面为缠绕进行缠绕操作，如图 2.2.20 所示，先将待缠绕的平面和被缠绕的物体正对放置，然后将两者选中，按给出的操作方法选择缠绕功能，一次性将贴片缠绕至主体圆柱上。这种方法常常用于共形天线的建模仿真中。

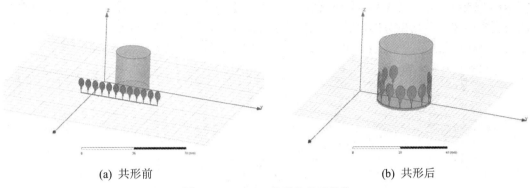

(a) 共形前   (b) 共形后

图 2.2.20   HFSS 软件的共形操作

2.2.18   编辑激励源

操作方法：在工程树下选择【Field Overlays】，再点击右键选择【Edit Sources】命令。

在阵列设计的前期，通常需要对每个单元进行单独馈电来验证馈电网络的预期，此时，为了设计出符合相位和幅度要求的馈电网络，就可以通过对每个激励源的幅度和相位进行设置来进行验证。这一方法相比馈电网络的设计要简单很多，可以极大地提高仿真设计的工作效率。在打开【Edit Sources】对话框后就可以进行单独设置，如图 2.2.21 所示。

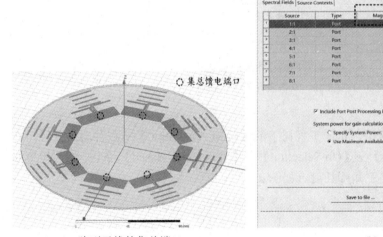

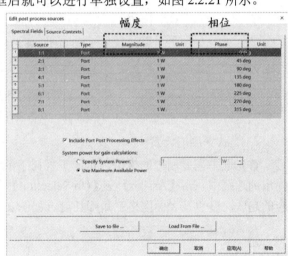

(a) 阵列天线的集总端口   (b) 激励源编辑

图 2.2.21   HFSS 软件的激励源设置

2.2.19   手动网格剖分设置

HFSS 作为电磁仿真常用的工具，确保其仿真计算准确的前提是网格剖分要正确。本例将讲解使用 HFSS 时如何设置手动网格剖分。

操作方法：在工程树下选择【Mesh Operation】→【Assign】命令。

1. 模型的表面剖分

首先选中需要剖分的模型表面，点击工程树下的【Mesh Operation】节点并右击鼠标，在弹出的选框中点击【Assign】→【Om Selection】→【Length Based】命令，然后在弹出的对话框中设置网格剖分的名称和网格剖分的长度，如图 2.2.22 所示。

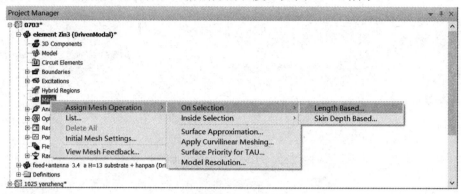

(a) 设置表面剖分对话框

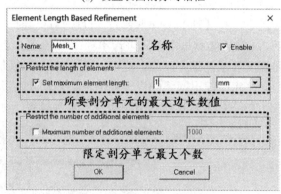

(b) 设置网格三角形的长度

图 2.2.22　网格表面剖分的设置

2. 趋肤深度的设置

首先选中需要剖分的模型，点击工程树下的【Mesh Operation】节点并右击鼠标，在弹出的选框中点击【Assign】→【On Selection】→【Skin Depth Based】命令，然后设置对应的趋肤深度以及表面网格三角形长度，如图 2.2.23 所示。

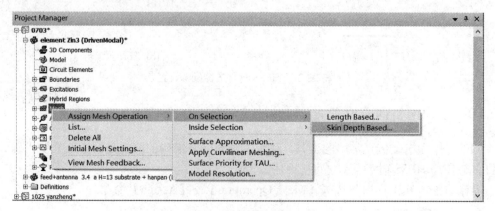

(a) 设置趋肤深度对话框

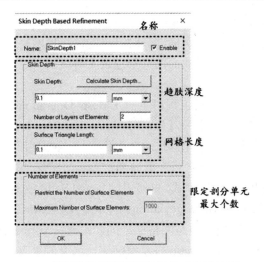

(b) 设置趋肤深度和网格剖分三角形长度

图 2.2.23　趋肤深度的设置

3. 模型内部网格设置

首先选中需要剖分的模型，点击工程树下的【Mesh Operation】节点并右击鼠标，在弹出的选框中点击【Assign】→【Inside Selection】→【Length Based】命令，然后在弹出的对话框中设置网格三角形长度，如图 2.2.24 所示。

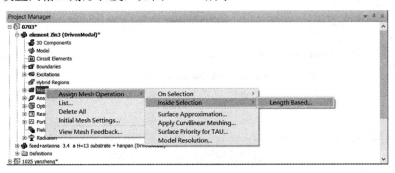

(a) 设置内部网格剖分对话框

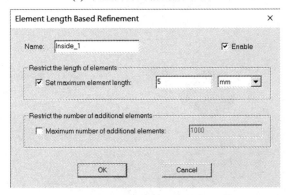

(b) 设置内部剖分的最大单元长度

图 2.2.24　模型内部网格设置

4. 近似曲面的网格剖分

当模型的表面是真圆弧面时，网格剖分时产生的三角形网格或者四面体网格并不是真实的圆弧形共面网格，而是通过对曲面的共形逼近来等效的，这就是近似曲面网格剖分的意义所在。

首先选中曲面模型表面，点击工程树下的【Mesh Operation】节点并右键单击竖边，在弹出的菜单栏中选择【Assign】→【Surface Approximation】命令，在弹出的设置对话框中可以看到有两种设置模式，如图 2.2.25(a)所示。一种是使用滑块设置模式，即选中 Use Slider 选框，滑块向右移动会使网格更加细密，而向左移动会使网格变得稀松，如图 2.2.25(b)所示；另一种是手工设置模式，即选中 Manual Settings 选框，如图 2.2.25(c)所示。在手工设置模式中，需要对 Surface Deviation、Normal Deviation 和 Aspect ratio 进行设置。其中，Surface Deviation 代表选定面与网格面之间的距离；Normal Deviation 表示相邻两网格对应的法线之间的夹角；Aspect ratio 表示宽高比，这个值决定了网格三角形的形状，值越高则三角形越薄。这三个值越小就意味着采用越多的网格去逼近曲面，剖分也就越准确，但需要占用的内存也就越大。另外，HFSS 对圆弧进行网格剖分时的默认圆心角为 22.5°，可以通过修改表面近似的设置来生成更加合理的初始网格，从而在确保精度的前提下提高计算效率。

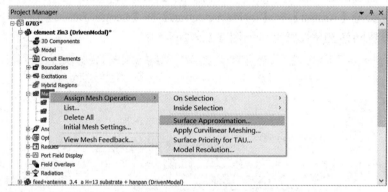

(a) 设置近似曲面的网格剖分对话框

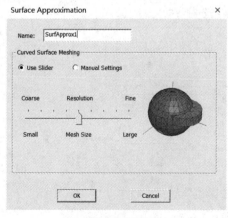

(b) 滑块设置模式　　　　　　　(b) 手动设置模式

图 2.2.25　近似曲面剖分设置

5. 应用曲线单元剖分设置

此网格操作时全局曲面近似设置，用于为模型中所有真实曲面提供曲线剖分单元。如果采用此网格操作命令，将使用更高阶的剖分单元或者曲线单元来表示几何图形，则网格四面体曲面的中点会被拉至真实曲面上，确保更好地表示几何体，如图 2.2.26 所示。

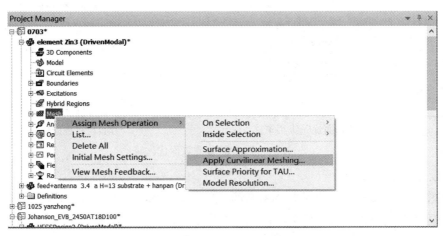

(a) 曲线单元剖分菜单栏

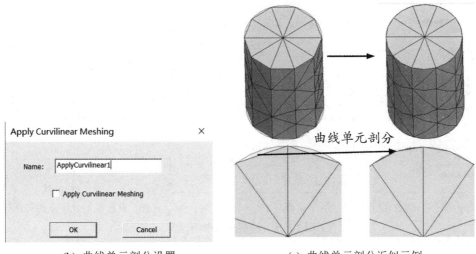

(b) 曲线单元剖分设置　　　　　(c) 曲线单元剖分近似示例

图 2.2.26　曲线单元剖分的设置及原理

注意：曲线单元网格剖分仅可用于 FE-BI、IE-Region 和 SBR+ 表面。

6. 为 TAU 设置表面优先级

该功能可以选择为 TAU 介质指定表面来表示优先级。对于大多数设计，可以通过让求解器预测平衡网格的可靠性、速度、质量、尺寸和设计特性，评判哪一个能给出最佳的结果，从而自动选择两种网格方法中最优的那一种。在大多数情况下，求解器常使用 TAU 网格，而不是经典网格，使用者可以根据仿真经验为 TAU 网络设置表面优先级，如图 2.2.27 所示。

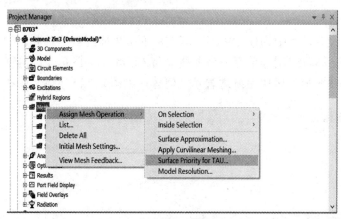 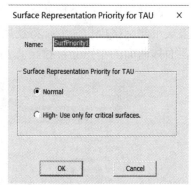

(a) 设置表面优先级菜单栏   (b) 设置表面优先级对话框

图 2.2.27 为 TAU 设置表面优先级

7. 设置模型分辨率

HFSS 剖分模块利用模型分辨率参数的方法来区分模型中的大特征和小特征。例如，如果将模型分辨率长度设置为 20 mm，则网格中不表示小于 20 mm 的任何模型特征。分辨率仅控制模型的网格的表示方式，设置操作如图 2.2.28 所示。

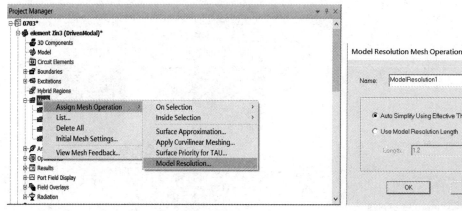

(a) 设置模型分辨率菜单栏   (b) 设置模型分辨率的对话框

图 2.2.28 模型分辨率的设置

2.3 ANSYS HFSS 模型的优化分析过程

2.3.1 添加参数扫描分析

以编辑激励源中阵列天线的单元为例，来讲解使用 Optimetrics 中参数扫描分析功能的技巧，分析微带八木天线的特性阻抗随着反射器的长度 b1 和宽度 b2 改变的变化关系。

1. 添加参数扫描分析设置

右键单击工程树下的【Optimetrics】→【Add】→【Parametric】命令，打开【Setup Sweep

Analysis】参数分析扫描设置对话框，然后单击【Add】按钮，打开【Add/Edit Sweep】对话框，对扫描变量进行添加操作。在【Add/Edit Sweep】对话框中的 Variable 项中选择变量 b1，然后选中 Linear Step 项，并在 Start、Stop 和 Step 项中分别输入 35.73 mm、37.73 mm 和 0.5 mm，最后点击【Add】按钮，将变量 b1 添加为扫描变量，扫描范围为 35.73～37.73 mm，扫描间隔为 0.5 mm。再按同样的步骤，将变量 b2 添加为扫描变量，扫描范围为 8.33～10.33 mm，扫描间隔为 0.5 mm。变量 b1 和 b2 都添加为扫描变量后，点击对话框中的【OK】按钮，退出对话框，返回到【Setup Sweep Analysis】对话框，点击【确定】按钮，完成参数扫描设置，如图 2.3.1 所示。

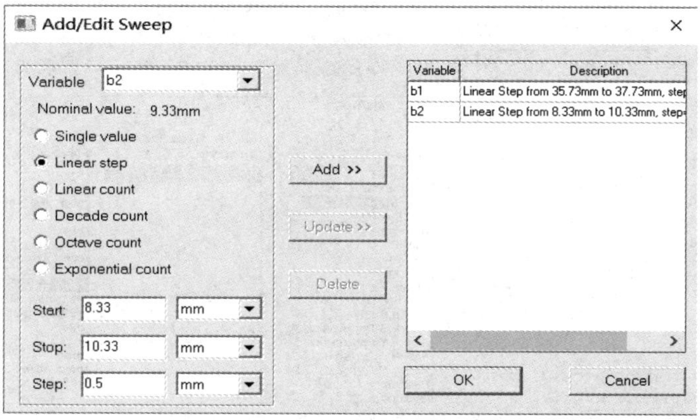

(a) 添加参数扫描变量

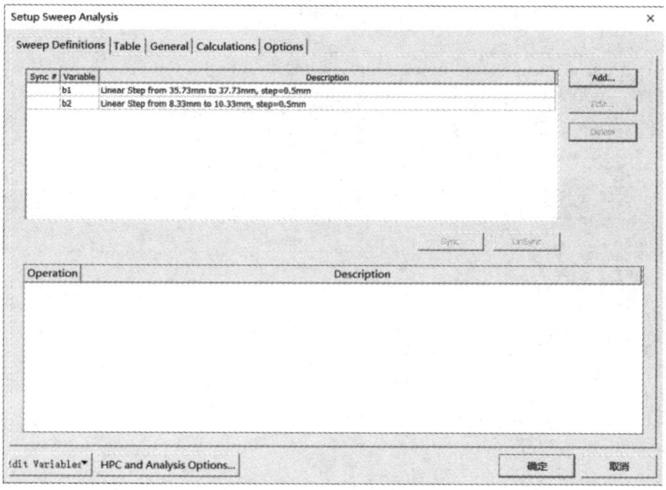

(b) 参数扫描分析设置操作

图 2.3.1　参数扫描设置

2. 运行参数扫描分析

点击工具栏中的 ✔ 按钮，检查设计完整性以及设计中是否存在错误，检查完毕后点击 按钮，运行参数扫描分析。

3. 查看参数扫描分析结果

扫描分析完成后，可以通过 HFSS 数据后处理模块查看微带八木天线的端口回波损耗随着 b1 和 b2 的变化关系。

右键单击工程树下的【Results】→【Create Modal Solution Data Report】→【Rectangular Plot】命令，打开 Report 设置对话框，如图 2.3.2(a)所示。

在该对话框中，Primary Sweep 处选择频率(Frequency)，Category 处选择 S 参数 (Parameters)，Quantity 处选择 S(1,1)，Function 处选择 dB，随后单击 Families 处选择 b1 和 b2 的取值，这里采用控制变量的方法进行分析，即确定 b2 的值，将 b1 设为需要分析的变量如图 2.3.2(b)所示。

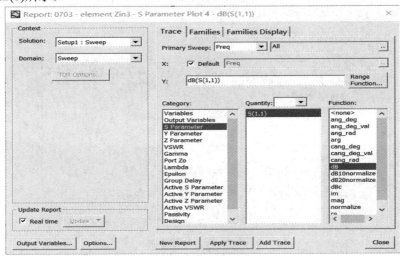

(a) Report 对话框

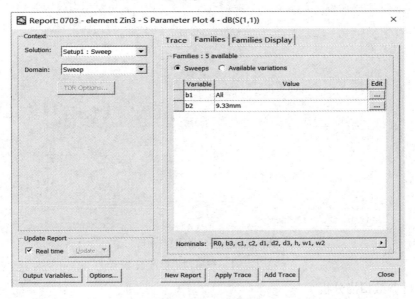

(b) Families 选项卡

图 2.3.2　参数扫描分析报告的设置

最后单击【New Report】按钮来新建一个结果报告窗口，显示在不同的 b1 值时回波损耗和频率之间的关系曲线，结果如图 2.3.3(a)所示。从图中可以看出，在反射器宽度一定的情况下，随着反射器长度的变长，谐振频点向右移动，并且能够得到更好的阻抗匹配。重复上述步骤，新建报告结果窗口，显示在不同的 b2 值时回波损耗与频率之间的关系曲线，只需要在 Families 列表框中将 b1 设置为固定值即可，得出的关系曲线如图 2.3.3(b)所示。从图中可以看出，在反射器长度一定的情况下，随着宽度的增加，在变量取值范围中间的点阻抗匹配达到最佳。

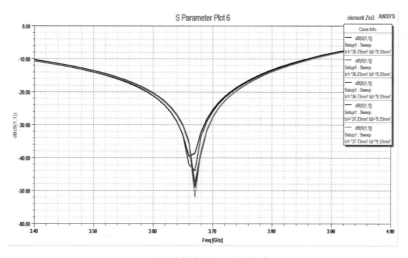

(a) 回波损耗和 b1 的关系

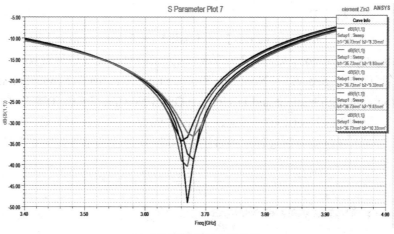

(b) 回波损耗和 b2 的关系

图 2.3.3　回波损耗与变量 b1 和 b2 之间的关系

2.3.2　添加优化设计分析

本次优化设计的目标：当工作频率在 3.66 GHz 时，在保持反射器宽度 b2 = 9.33 mm 不变的情况下，改变反射器的长度 b1，使微带八木天线的驻波趋于 1。因为在 HFSS 数据后处理模块是用 VSWR(1)表示端口 1 驻波的，所以可以构造目标函数 VSWR(1) − 1 = 0。

1. 添加优化变量 b1

由图 2.3.3 中的参数扫描分析结果可知，当 b2 = 9.33 mm 时，b1 值在 37.73 mm 时回波损耗达到最佳，并且在 b1 值增大时回波损耗有优化的趋势，因此可以将变量 b1 的优化范围设置为 37.73～39.73 mm。单击【HFSS】→【Design Properties】命令，打开如图 2.3.4 所示的属性对话框。在该对话框中，单击选择 Optimization 选项，在变量列表中勾选变量 b1 对应的 Include 复选框，并设置 Min 值和 Max 值分别为 37.73 mm 和 39.73 mm，而 b2 的初始值为 9.33 mm，单击【确定】结束设置。

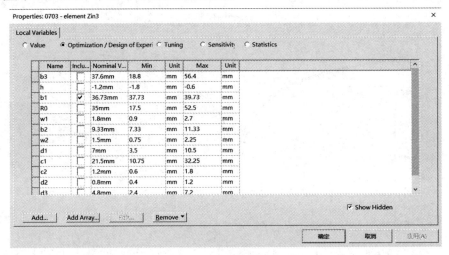

图 2.3.4 "设计属性"对话框

2. 添加优化分析设置

右键点击工程树下的【Optimetrics】→【Add】→【Optimization】命令，打开优化设置对话框 Setup Optimization，如图 2.3.5 所示。在弹出的对话框中进行设置，即【Optimizer】处选择优化算法，包括 Sequential Nonlinear Programming(Gradient)、Sequential Mixed Integer Nonlinear Programming(Gradient and Discrete)、Quasi Newton(Gradient)等 12 种优化算法，此处选择拟牛顿法(Quasi Newton)。在 Max.No.of Iterations 列表框设置最大迭代次数，这里默认为 1000，表示在优化分析过程中最多进行 1000 次迭代，不管优化是否达到目标，优化分析进程都会结束。

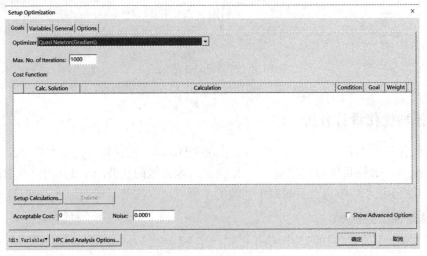

图 2.3.5 优化设置操作

点击【Setup Calculations】按钮打开"Add/Edit Calculation"对话框，添加目标函数。在该对话框中，Category 项选择 S Parameters，Quantity 项选择 VSWR，Function 项选择 None，然后单击【Add Calculation】按钮，添加 VSWR(1)到"优化设置"对话框的目标函数栏，即 Cost 栏。单击【Done】按钮，完成目标函数的设置，如图 2.3.6 所示，然后返回到优化设置对话框 Setup Optimization。此时，目标函数已经添加到优化设置对话框中的 Cost Function 栏，点击 Cost Function 栏下的 Calculation，在下拉菜单中点击【Edit】命令对目标函数进行编辑，输入目标函数 VSWR(1) − 1= 0，Condition 项选择"="，Goal 项输入"0"，Weight 项输入加权系数"1"，Acceptable 输入优化阈值 0.0005，Noise 项输入目标函数的噪声"0.1"，设置结果如图 2.3.7 所示。然后，单击顶部的 Variables 选框对变量的范围进行确定及对步进值进行设置。这里想要设置步进值需要勾选对话框右下角的 View All Columns，勾选后会显示出 Min Step 和 Max Step 项，用于设置优化变量变化的最小和最大步进值。在本例中分别设置 Min Step 和 Max Step 项的值为 0.01 mm 和 0.1 mm，设置结果如图 2.3.8 所示。至此，优化分析设置完毕。

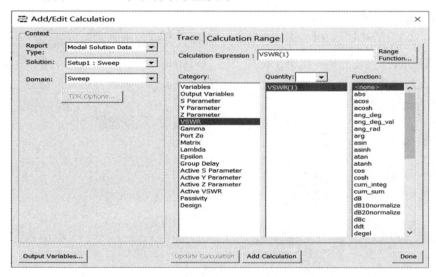

图 2.3.6　Add/Edit Calculation 对话框

图 2.3.7　在"优化设置"对话框中添加目标函数和优化变量

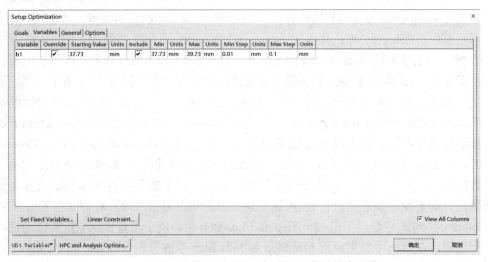

图 2.3.8　在"优化设置"对话框中设置变量的步进值

3. 运行优化分析

单击工具栏中的 按钮，检查设计的完整性以及设计中是否存在错误，如果设计完整无误，则可进行优化分析。点击工程树下的 Optimetrics 节点，在下拉菜单中找到刚才设置的优化设置项并右键单击，在弹出的菜单中选择 Analyze 项，即可开始运行优化分析，如图 2.3.9 所示。

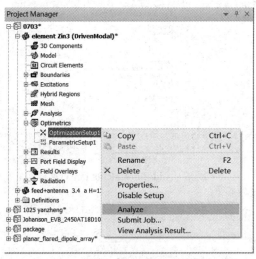

图 2.3.9　运行优化仿真分析

4. 查看优化结果

优化分析过程中，可以单击工程树下 Optimetrics 节点下的 OptimizationSetup1 项，在弹出的菜单中选择【View Analysis Results】命令，打开 Post Analysis Display 对话框，选中该对话框中的 Table 选框，查看每次优化迭代结果，结果如图 2.3.10 所示。本例中，完成第三次优化迭代后，目标函数的误差值为 0.000 044 8，小于设置的优化阈值 0.0001，达到优化目标，优化完成。此时的变量 b1 值为 37.83 mm，此值即为优化结果。优化完成后，设计中变量 b1 的值也会自动更新为优化结果值 37.83 mm。

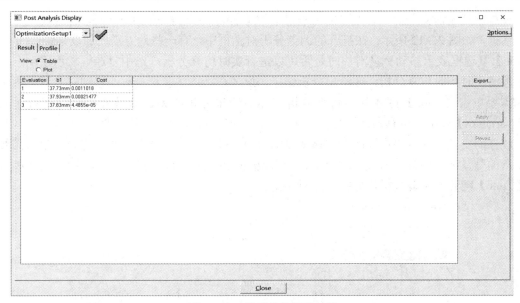

图 2.3.10　查看优化迭代结果

2.3.3　添加调谐分析

操作方法：选择【HFSS】→【Design Properties】→【Tuning】选框→选择需要分析的参数→工程树下【Optimetrics】→【Tuning】→分析。

调谐分析功能是指用户在手动改变变量值的同时能够实时显示求解结果。在打开模型后，首先进行的是添加调谐变量，在菜单栏中选择【HFSS】→【Design Properties】命令，在打开的对话框中点击【Tuning】选框，而后根据设计需求勾选相应变量的复选框，复选框被选中的变量能用于调谐分析，反之则不能用于调谐分析。如图 2.3.11 所示，该实例中选的是 b3、w1 和 w2。在复选框的界面中，变量对应的 Max、Min 和 Step，表示变量在调谐分析时的变化范围和变化间隔，可根据实际需求进行设置。

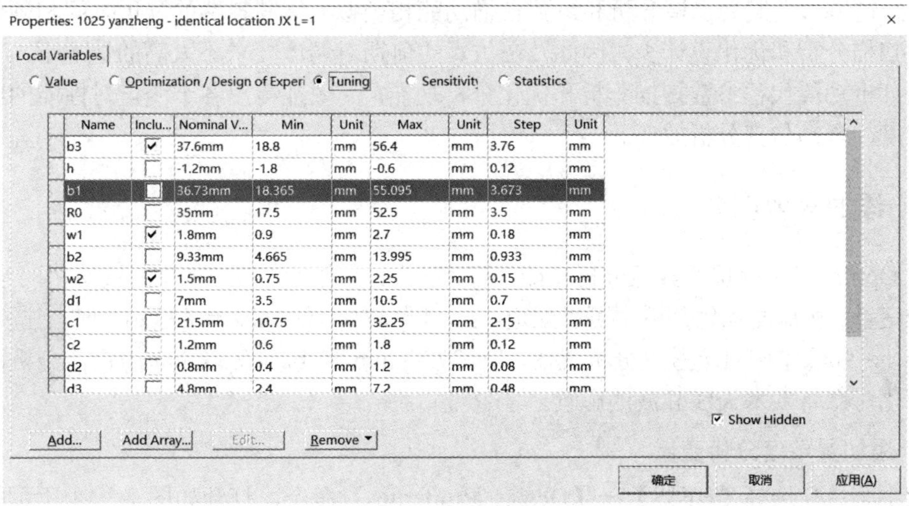

图 2.3.11　添加调谐变量

添加完调谐变量后，右键单击工程树下的【Optimetrics】→【Tuning】，打开调谐分析对话框，如图 2.3.12 所示。在打开的调谐分析对话框中，有一些地方需要加以强调：【Real time】复选框表示移动标量滑块时是否可以进行实时仿真分析，选中复选框表示移动右方变量滑块时实时仿真分析，并给出分析结果，反之在不选中复选框时，移动右方变量滑块后需要单击【Tune】键才开始仿真分析，然后给出分析结果。调谐分析对话框右端的【Variables】列出了所有的调谐变量。这里列出了前面添加的三个调谐变量 b3、w1 和 w2，通过移动变量下的滑块可以改变调谐变量的数值，并实时进行仿真分析，更新结果。需要注意的是，如果没有勾选【Real Time】复选框的话，则在每次移动变量滑块后需要单击【Tune】键开始求解分析，并得出分析结果。

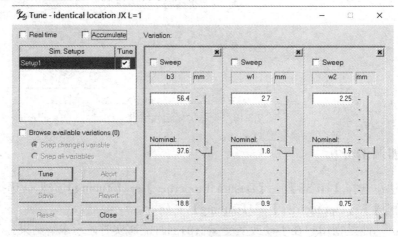

图 2.3.12　调谐分析设置操作界面

在运行调谐分析时，可以打开要查看的分析结果窗口。在调谐分析的过程中，每次改变变量值，分析结果窗口显示的数据都会随之更新。在调谐分析完成后，可以单击【Close】按钮，退出调谐分析对话框。在退出对话框后，会弹出询问是否将调谐变量应用到仿真分析的 Apply Tuned Variation 对话框，若需要则点击【OK】按钮，否则点击【Don't Apply】按钮。经过讲解会发现调谐分析和参数扫描功能相类似，但其耗费的分析时间和硬件资源比参数扫描分析和优化设计少。因此，在仿真的前期对精度要求不太高的情况下，可以使用调谐分析功能代替参数扫描分析和优化分析功能，高效地得出各个变量对性能的影响趋势和程度，提高仿真分析效率。

2.3.4　添加灵敏度分析

与 Optimetrics 模块的其他分析功能一样，在执行灵敏度分析之前需要添加用于灵敏度分析的变量。从前面优化分析中可以知道，在 b1 = 37.83 mm，b2 = 9.33 mm 时，驻波 VSW 接近于 1，那么本例对灵敏度分析就在 b1 = 37.83 mm 和 b2 = 9.33 mm 附近，分析两个变量的变化对微带八木天线驻波的影响。

1. 添加灵敏度分析变量

从主菜单栏选择【HFSS】→【Design Properties】命令，打开如图 2.3.13 所示的"设计属性"对话框。在该对话框中，选择"Sensitivity"选框，在变量列表中勾选 b1 和 b2

的"Include"复选框，选中的变量即可用于灵敏度分析。Min 和 Max 项用于设置灵敏度分析时变量的变化范围。因为需要在 b1 = 37.83 mm 和 b2 = 9.33 mm 附近进行灵敏度分析，所以变量 b1 的 Min 和 Max 分别设置为 36.83 mm 和 38.83 mm，变量 b2 的 Min 和 Max 分别设置为 8.33 mm 和 10.33 mm。Initial Disp.项主要用于确定灵敏度分析时变量初始值的范围，这里设置为 0.1 mm。此时，单击【确定】按钮，退出"设计属性"对话框，灵敏度分析变量添加完成。

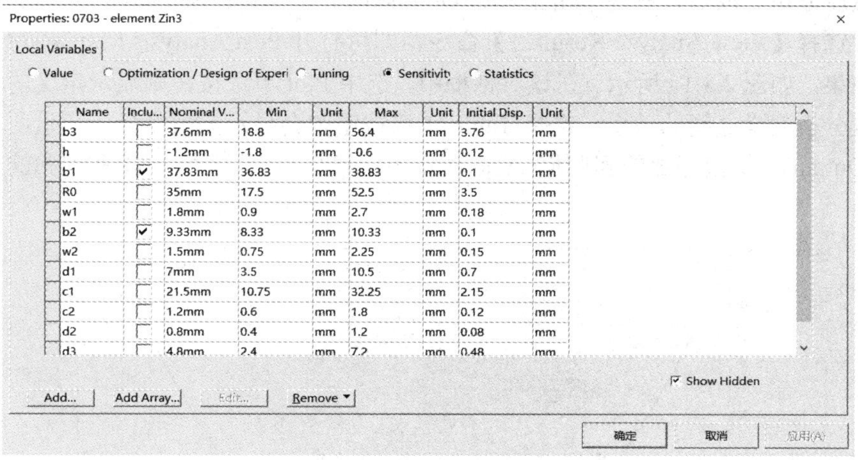

图 2.3.13　添加灵敏度分析变量

2. 添加灵敏度分析设置

右键单击工程树下的 Optimetrics 节点，从弹出的菜单中选择【Add】→【Sensitivity】命令，打开灵敏度分析对话框，如图 2.3.14 所示。在该对话框中，Max. No of Iterations/Sensitivity 项用于设置每个分析变量的最大迭代次数，这里取默认值 10；打开 Setup Calculation 项将函数 VSWR(1)添加到列表中，作为灵敏度分析的结果函数。同时，选中 Master Output 复选框，在 Approximate Error in Master 文本框后输入 0.1，作为可接受的误差值。然后点击对话框顶部的 Variables 选项卡，设置变量 b1 和 b2 的 Starting Value 值分别为 37.83 mm 和 9.33 mm。单击【确定】按钮，退出对话框，完成灵敏度分析设置。

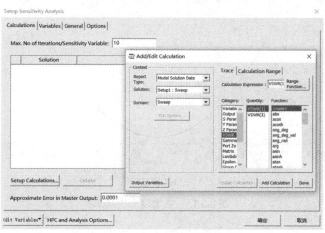

图 2.3.14　添加灵敏度分析设置

3. 运行灵敏度分析

单击工具栏的仿真按钮，检查设计是否完整以及设计中是否存在错误，如果设计完整且正确，即可运行灵敏度分析。展开工程树下的 Optimetrics 节点，右键单击该节点下的 SensitivitySetup1 项，从弹出的菜单中选择【Analyze】命令，开始运行灵敏度分析。

4. 查看结果

灵敏度分析完成后，右键单击工程树 Optimetrics 节点下的 SensitivitySetup1 项，从弹出菜单中选择【View Analyze Result...】命令，即可打开 Post Analysis Display 对话框，显示分析结果，如图 2.3.15 所示。在该对话框中，选中 Plot 单选按钮则显示定义的输出函数与灵敏度分析变量之间的关系；选择 Table 单选按钮则会显示灵敏度分析变量所对应的输出函数(Output)、输出函数的回归值(Func. Value)、回归一阶导数(1st D)和回归的二阶导数(2nd D)。

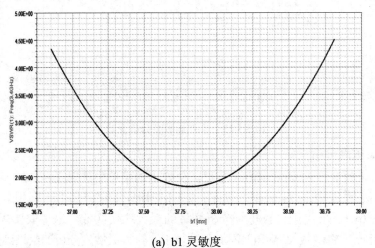

(a) b1 灵敏度

(b) b2 灵敏度

图 2.3.15　灵敏度分析结果

ANSYS HFSS

天 线 篇

第3章 印刷全向天线阵的设计与仿真

本章基于对阵振子阵列形式设计了一种印刷全向天线阵(见图3.0.1)，通过对实例的性能研究分析，详细介绍了如何在 HFSS 中实现对称振子馈电和组阵模型的创建，介绍了端口和边界的设置，最后基于生成的驻波比 VSWR 和三维辐射远场的仿真结果，利用 HFSS 的参数扫描分析功能对天线阵辐射臂、对天线阵带宽的影响进行了优化分析。

通过本章的学习，读者可以学到以下内容：

➢ 对阵振子建模。

➢ 对阵振子阵列建模。

➢ 参数扫描及优化。

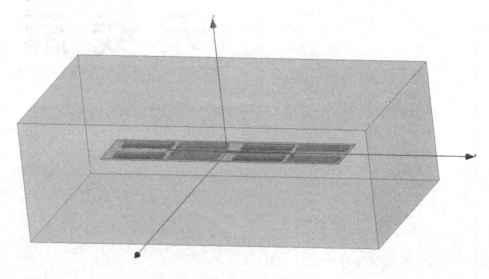

图 3.0.1 印刷全向天线阵

3.1 设 计 背 景

在无线电通信中，全向天线是在一个平面内的所有方向上均匀地辐射无线电波功率的天线，辐射功率随平面上方或下方的仰角而减小，在天线轴向上降至零。这使得全向天线在无线通信系统中得到广泛应用。例如，为了使具有不确定移动轨迹的高速移动平台(如车辆、机载和舰载以及基站)能够在各种状态下接收电磁波，通常要求其天线具有良好的全向辐射特性。因此，研究全向天线具有重要的现实意义和工程价值。

3.2　设　计　原　理

本例利用印刷的对称振子的全向性辐射的特点，将其组成线阵，实现全向辐射的同时增大天线的增益和方向性。

3.3　ANSYS HFSS 软件的仿真实现

3.3.1　建立新的工程

在菜单栏中点击【Insert HFSS design】，建立新的工程。

3.3.2　设计建模

1. 创建介质基片

创建一个长方体模型，模型的中心位于坐标原点，选取材质为 Neltec NY9260(IM)(tm)，并将模型命名为 Substrate，代表介质基片。

(1) 在菜单栏中点击【Draw】→【box】或在工具栏中点击按钮 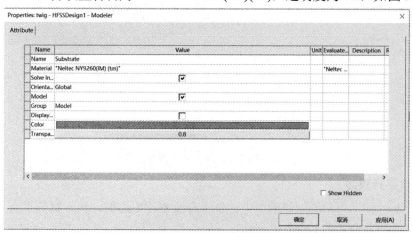，进入创建长方体状态，然后在三维模型窗口中创建一个任意大小的长方体。在操作历史树的 Solids 节点下可看到新建的长方体，其默认名称为 Box1。

(2) 双击 Box1 节点，在弹出的长方体属性对话框的 Attribute 选项卡里把长方体的名称改为 Substrate，并设置材料为 Neltec NY9260(IM)(tm)，透明度为 0.8，如图 3.3.1 所示。

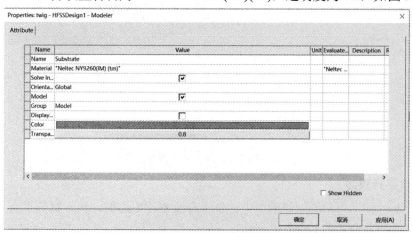

图 3.3.1　Attribute 选项卡

(3) 双击操作历史树 Substrate 节点下的 CreateBox，打开新建长方体对话框中的 Command 选项卡，在该选项卡中设置长方体的顶点坐标和尺寸。在 Position 文本框中输入顶点位置坐标(-W/2，-L/2，h/2)，点击空白位置跳出 Add Variable 对话框。在 Name 文本框中可看到变量名称 W，接着在 Value 文本框中输入该变量的初始值 32.72 mm，然后单击

【OK】按钮，即设置完毕。使用同样的办法设置变量 L 和 h 分别为 163.63 mm 和 1 mm。在 XSize、YSize 和 ZSize 文本框中分别输入长方体的宽、长和高为 W、L 和 −h，如图 3.3.2 所示，然后单击【确定】按钮。

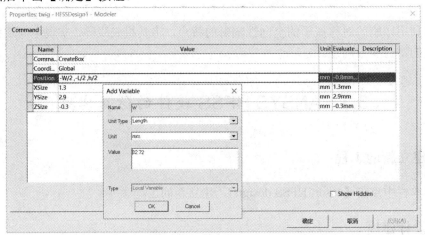

图 3.3.2 长方体属性对话框中的 Command 选项卡

此时，名称为 Substrate 介质基片模型创建好了。按快捷键 Ctrl + D 可全屏显示创建的介质基片模型，如图 3.3.3 所示。

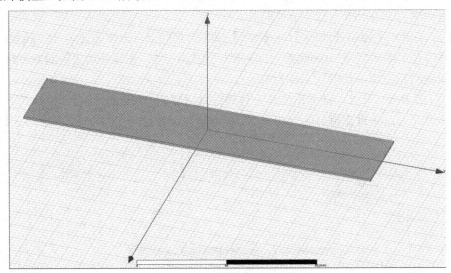

图 3.3.3 介质基片模型

2. 创建平行双线

在介质基片的上下两面创建两个中心位于介质基片中心的，长、宽分别为 L1 和 W1 的矩形面，并将其命名为 Line1 和 Line2。

(1) 从主菜单栏中选择【Draw】→【Rectangle】命令，或者单击工具栏上的 ▭ 按钮，进入创建矩形面的状态，然后在三维模型窗口的 XY 面上创建一个任意大小的矩形面。新建的矩形面会添加到操作历史树的 Sheets 节点下，其默认的名称为 Rectangle1。

(2) 双击操作历史树 Sheets 节点下的 Rectangle1，打开新建矩形面属性对话框中的

Attribute 选项卡，如图 3.3.4 所示。把矩形面的名称修改为 Line1，透明度设为 0.4，然后单击【确定】按钮。

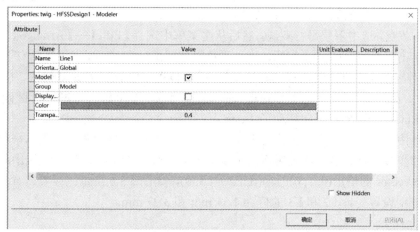

图 3.3.4　矩形面属性对话框中的 Attribute 选项卡

（3）双击操作历史树 Line1 节点下的 CreateRectangle，打开新建矩形面属性对话框中的 Command 选项卡，在该选项卡里设置矩形面的顶点坐标和大小。在 Position 文本框中输入顶点位置坐标(−W1/2，−L1/2，h/2)，再点击空白位置，跳出 Add Property 对话框。在 Name 文本框中可看到变量名称 W1，接着在 Value 文本框中输入该变量的初始值 1.62 mm，然后单击【OK】按钮，即设置完毕。使用同样办法设置变量 L1 为 81.18 mm。

在 XSize、YSize 文本框中分别输入矩形面的宽度和长度，分别为 W1 和 L1，如图 3.3.5 所示，然后单击【确定】按钮。介质基片上层的平行双线就创建好了。

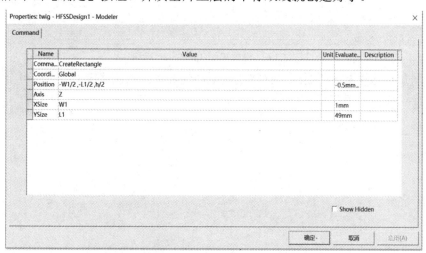

图 3.3.5　矩形面属性对话框中的 Command 选项卡

（4）采用同创建上层平行双线一样的方法创建下层的平行双线。在三维模型窗口的 XY 面上创建一个任意大小的矩形面，该矩形面会添加到操作历史树的 Sheets 节点下，默认名称为 Rectangle1。双击 Rectangle1，打开新建矩形面属性对话框中的 Attribute 选项卡，把矩形面的名称修改为 Line2，透明度设为 0.4。再双击 Line2 节点下的 CreateRectangle，打开新建矩形面属性对话框中的 Command 选项卡，在 Position 文本框中输入顶点位置坐标

(-W1/2，-L1/2，-h/2)，在 XSize、YSize 文本框中分别输入矩形面的宽度和长度，分别为 W1 和 L1。

(5) 对下层的平行双线 Line2 向 Y 轴负半轴做平移操作。单击操作历史树中的 Sheets 下的 Line2 节点，选中下层平行双线，然后从主菜单中选择【Edit】→【Arrange】→【Move】命令，或单击工具栏上的 按钮，进入平移操作状态。在 HFSS 工作界面右下角状态栏 X、Y、Z 对应的文本框中输入移动起始坐标 0、0 和 0，然后按 Enter 键确认。接着在状态栏 dX、dY、dZ 对应的文本框中分别输入移动的距离 0、1 和 0，再按 Enter 键确认。此时平行双线 Line2 沿着 Y 轴正向移动了 1 mm。

在设计中，为了方便下一步优化模型，我们定义变量 L2 和 L3 用以表示平移的距离。其具体操作步骤：展开操作历史树下的 Line2 节点，双击 Move 节点，在弹出的属性窗口中把 Move Vector 的值由(0, 1, 0)改为(0, L2 + L3, 0)，如图 3.3.6 所示；接着在 Add Property 对话框里分别设置变量 L2 和 L3 的值为 1.31 mm 和 3.27 mm。

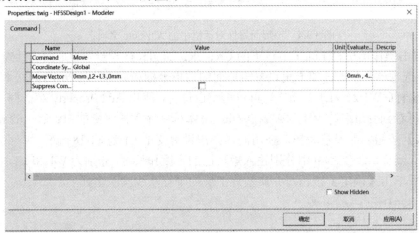

图 3.3.6　设置模型 Line2 移动距离

此时，介质基片上下两面的平行双线模型创建好了。按快捷键 Ctrl + D 可全屏显示所创建的平行双线，如图 3.3.7 所示。

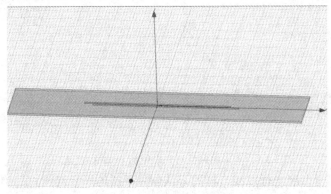

图 3.3.7　创建的平行双线模型

3. 创建上层辐射单元

创建位于介质基片上表面的两个印刷对称振子的辐射单元，其形状如图 3.3.8 所示。

其具体操作步骤如下：

(1) 创建一个矩形面用以连接平行双线两侧的对称振子辐射臂，并将其命名为 Connector。

(2) 创建两个矩形面用以表示位于平行双线一侧的对称振子的上下两个辐射臂，并将其分别命名为 Dip_Arm1 和 Dip_Arm2。

(3) 将 Dip_Arm1 和 Dip_Arm2 采用平移复制操作在平行双线另一侧创建另一个对称振子的上下两个辐射臂，并将其分别命名为 Dip_Arm3 和 Dip_Arm4。

(4) 将 Connector、Dip_Arm1、Dip_Arm2、Dip_Arm3 和 Dip_Arm4 组合成一个整体，作为位于介质基板上表面一侧的辐射单元，并命名为 Unit1；然后将其平移复制到介质基板的另一侧，创建上表面第二个辐射单元，两者间距是 L1，并将其命名为 Unit2。

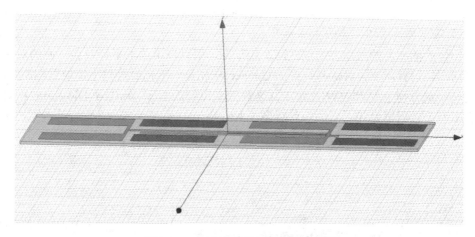

图 3.3.8　介质层上表面辐射单元模型

1) 创建矩形面 Connector

在介质层的上表面创建一个矩形面，用以连接平行双线两侧的对称振子辐射臂，该矩形面的一侧与平行双线相接，中心位于 Y 轴上，其长、宽分别用 W2 和 L2 表示，并将矩形面命名为 Connector。

(1) 从主菜单栏中选择【Draw】→【Rectangle】命令，或者单击工具栏上的 □ 按钮，进入创建矩形面的状态，然后在三维模型窗口的 XY 面上创建一个任意大小的矩形面。新建的矩形面会添加到操作历史树的 Sheets 节点下，其默认的名称为 Rectangle1。

(2) 双击操作历史树 Sheets 节点下的 Rectangle1，打开新建矩形面属性对话框中的 Attribute 选项卡，把矩形面的名称修改为 Connector，然后单击【确定】按钮。

(3) 双击操作历史树 Connector 节点下的 CreateRectangle，打开新建矩形面属性对话框中的 Command 选项卡，在该选项卡里设置矩形面的顶点坐标和大小。在 Position 中输入顶点位置坐标(-W2/2, -L2 - L1/2, h/2)，在 XSize、YSize 文本框中分别输入矩形面的长度和宽度为 L2、W2。L2 在上一步中已经设置过了，这里只需对 W2 进行设置。在 Add Variable 对话框里将 W2 的初始值设为 9.82 mm。

矩形面 Connector 和平行双线完成后按快捷键 Ctrl + D，可全屏显示创建的模型，如图 3.3.9 所示。

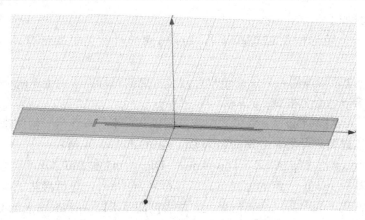

图 3.3.9　矩形面 Connector 和平行双线

2) 创建对称振子的上下两个辐射臂

使用与前面相同的操作方法创建两个矩形面，用以表示位于平行双线一侧的对称振子的上下两个辐射臂。上辐射臂与矩形面 Connector 相接，下辐射臂与上辐射臂相距 L3，辐射臂的长、宽分别用 V 和 VW 表示，其名称分别设置为 Dip_Arm1 和 Dip_Arm2。对称振子的上下两个辐射臂完成之后的形状如图 3.3.10 所示。

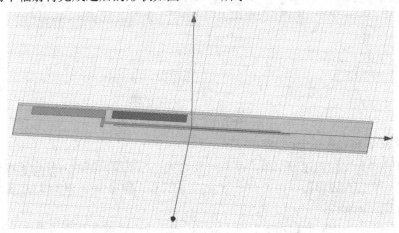

图 3.3.10　对称振子的上下两个辐射臂

(1) 从主菜单栏中选择【Draw】→【Rectangle】命令，或者单击工具栏上的 ▭ 按钮，进入创建矩形面的状态，然后在三维模型窗口的 XY 面上创建一个任意大小的矩形面。新建的矩形面会添加到操作历史树的 Sheets 节点下，其默认的名称为 Rectangle1。

(2) 双击操作历史树 Sheets 节点下的 Rectangle1，打开新建矩形面属性对话框中的 Attribute 选项卡，把矩形面的名称修改为 Dip_Arm1，然后单击【确定】按钮。

(3) 双击操作历史树 Dip_Arm1 节点下的 CreateRectangle，打开新建矩形面属性对话框中的 Command 选项卡，在该选项卡里设置矩形面的顶点坐标和大小。在 Position 中输入顶点位置坐标(-W2/2，-L1/2，h/2)，在 XSize、YSize 文本框中分别输入矩形面的宽度和长度为 -VW、-V，再点击空白位置跳出 Add Variable 对话框。在 Name 文本框中可看到变量名称 VW，接着在 Value 文本框中输入该变量的初始值 8.18 mm，然后单击【OK】按钮，即设置完毕，如图 3.3.11 所示。再使用同样的操作方法设置变量 V 为 34.36 mm。

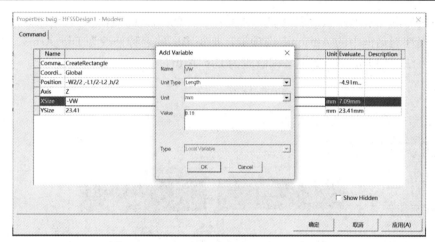

图 3.3.11　Command 和 Add Variable 选项卡

(4) 采取与创建上辐射臂相同的方法创建下辐射臂。先创建一个任意大小的矩形面，并将其命名为 Dip_Arm2。再双击操作历史树 Dip_Arm2 节点下的 CreateRectangle，打开新建矩形面属性对话框中的 Command 选项卡，在该选项卡里设置矩形面的顶点坐标和大小。在 Position 中输入顶点位置坐标(-W2/2，-L1/2 + L3，h/2)，在 XSize、YSize 文本框中分别输入矩形面的宽度和长度分别为 -VW、V，如图 3.3.12 所示，即完成下辐射臂的创建。

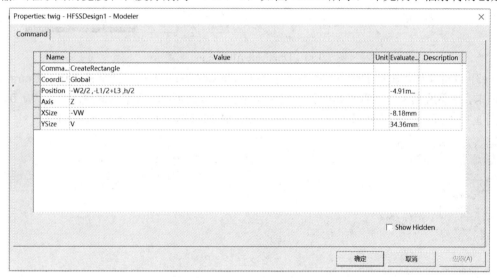

图 3.3.12　Command 选项卡

3) 创建上表面第一个辐射单元

使用平移复制操作，复制前一步创建的两个辐射臂 Dip_Arm1 和 Dip_Arm2，并平移到矩形面 Connector 的另一端，分别命名为 Dip_Arm3 和 Dip_Arm4。

(1) 按住 Ctrl 键，单击操作历史树的 Sheets 下的 Dip_Arm1 和 Dip_Arm2 节点，选中前一步创建的两个辐射臂，然后从主菜单栏中选择【Edit】→【Duplicate】命令。

(2) 选择【Along Line】命令，或单击工具栏上的 ![按钮] 按钮，进入复制平移操作状态。选中矩形面 Connector 与 Dip_Arm1 相接的一个顶点，将 Dip_Arm1 和 Dip_Arm2 平移任意一段距离，如图 3.3.13 所示，然后在 Duplicate Along Line 选项卡里点击【OK】按钮，可以看到复制后的辐射臂默认命名为 Dip_Arm1_1 和 Dip_Arm2_1。双击 Dip_Arm1_1 节点，在矩形面属性对话框中的 Attribute 选项卡，把矩形面的名称修改为 Dip_Arm3。再采取同样的操作方法，将 Dip_Arm2_1 名称修改为 Dip_Arm4。

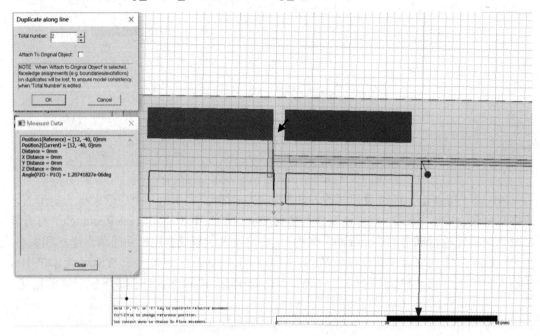

图 3.3.13　Duplicate Along Line 选项卡

（3）双击操作历史树 Dip_Arm1 节点下的 DuplicateAlongLine，打开平移操作的 Command 选项卡，在该选项卡里设置平移的矢量坐标向量。在 Vector 中输入平移向量(W2 + VW, 0, 0)，如图 3.3.14 所示，此时复制的辐射臂 Dip_Arm3 移到矩形面 Connector 另一端。

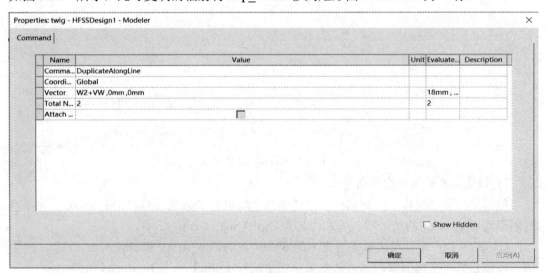

图 3.3.14　Command 选项卡

（4）采取同样的操作方法，将辐射臂 Dip_Arm4 移到平行双线另一侧，与辐射臂 Dip_Arm3 相距 L3。最后按住 Ctrl 键，依次单击操作历史树下的 Connector、Dip_Arm1、

Dip_Arm2、Dip_Arm3 和 Dip_Arm4 节点，选中矩形面 Connector 和四个辐射臂，然后从主菜单栏中选择【Modeler】→【Boolean】→【Unite】命令，或单击工具栏上的 按钮，执行合并操作。此时，可把选中的五个模型合并成一个整体，并将合并的模型名称修改为 Unit1。

介质板上层的一个辐射单元创建完成，可按 Ctrl + D 快捷键全屏显示创建的模型，如图 3.3.15 所示。

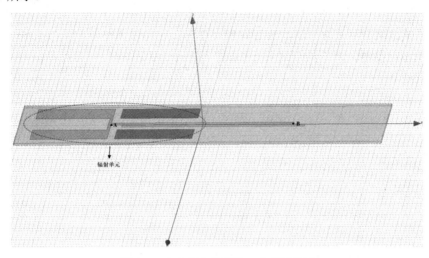

图 3.3.15　上层介质板的一个辐射单元

4) 创建上表面第二个辐射单元

采用复制平移操作，复制创建的第一个辐射单元，并移动到平行双线的另一端点 B，如图 3.3.16 所示。

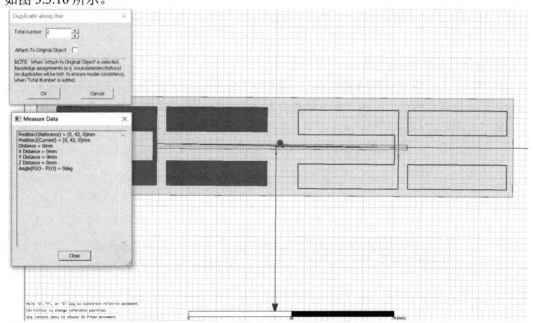

图 3.3.16　Duplicate Along Line 选项卡

(1) 单击操作历史树下的 Sheets 下的 Unit1 节点，选中上一步创建的辐射单元 Unit1，然后主菜单栏中选择【Edit】→【Duplicate】→【Along Line】命令或者单击工具栏上的按钮，进入复制平移操作状态。

(2) 选中图 3.3.16 中平行双线的一端点 A，将辐射单元 Unit1 沿平行双线平移任意一段距离，然后在 Duplicate Along Line 选项卡里点击【OK】按钮，可以看到复制后的辐射单元默认命名为 Unit1_1。双击 Unit1_1 节点，在属性对话框的 Attribute 选项卡中，把矩形面的名称修改为 Unit2。

(3) 双击操作历史树 Unit1 节点下的 DuplicateAlongLine，打开平移操作的 Command 选项卡，在该选项卡里设置平移的矢量向量。在 Vector 中输入平移向量(0, L1 + L2, 0)，如图 3.3.17 所示。此时，复制的辐射单元 Unit2 移到平行双线的另一端点 B，完成了上层辐射单元的创建。

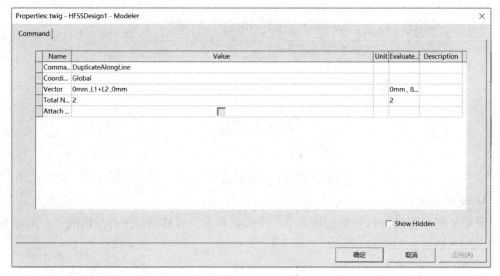

图 3.3.17　Command 选项卡

4. 创建下层辐射单元

创建位于介质层下表面的辐射单元，如图 3.3.18 所示，可以看出下层辐射单元与上层辐射单元是镜像对称的，因此可通过镜像复制上层辐射单元，再将复制生成的模型平移至介质板下表面即可。因此，可通过以下几个步骤来完成其创建。

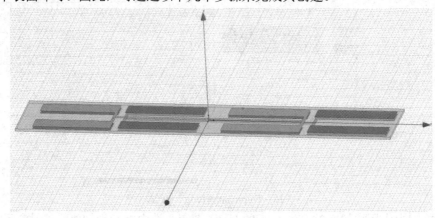

图 3.3.18　上下层辐射单元

1) 创建下表面第一个辐射单元 Unit3

使用镜像复制操作，以 x′o′z′ 面为镜像面复制辐射单元 Unit1，如图 3.3.19 所示，然后使用平移操作，移动复制生成的模型至介质层下表面。

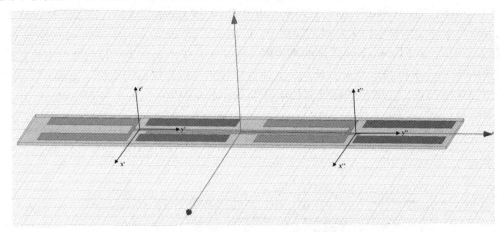

图 3.3.19　镜像面坐标示意图

(1) 单击操作历史树中 Sheets 下的 Unit1 节点，选中辐射单元 Unit1，然后从主菜单栏中选择【Edit】→【Duplicate】→【Mirror】命令，或者单击工具栏上的 按钮，进入镜像复制操作状态。在 HFSS 工作界面右下角状态栏 X 和 Z 对应的文本框中均输入 0，在 Y 对应的文本框中可输入任意值，然后按 Enter 键确认；接着在状态栏 dX、dY、dZ 对应的文本框中分别输入 0、1 和 0，再次按 Enter 键确认；再双击操作历史树 Unit1 节点下的 DuplicateMirror 节点，打开复制辐射单元属性对话框 Command 选项卡，在该选项卡中设置镜像面的起始原点。在 Base Position 中设置镜像面原点坐标(0，−L1/2 + L3/2，0)，如图 3.3.20 所示，按【确定】确认。此时，完成了以 x′o′z′ 面为镜像面复制辐射单元 Unit1 的操作，生成了新的模型，名称为 Unit1_1。

Properties: twig - HFSSDesign1 - Modeler　　　　　　　　　　　　　　　　　　　×

Command

Name	Value	Unit	Evaluate...	Description
Comma...	DuplicateMirror			
Coordi...	Global			
Base Po...	0mm,-L1/2+L3/2,0mm		0mm, -...	
Normal...	0,1,0	mm	0mm, 1...	

☐ Show Hidden

确定　　　取消　　　应用(A)

图 3.3.20　Command 选项卡

(2) 双击操作历史树下的 Unit1_1 节点，在新建辐射单元属性对话框中的 Attribute 选项卡里把名称修改为 Unit3，然后单击【确定】按钮。从主菜单栏中选择【Edit】→【Arrange】→【Move】命令，或者单击工具栏上的 ▫•▫ 按钮，进入物体平移操作。在状态栏 X、Y、Z 对应的文本框中输入移动的起始点坐标 0、0 和 0.5，按 Enter 键确认。接着在状态栏 dX、dY、dZ 对应的文本框中输入移动的距离 0、0 和 −1，按 Enter 键确认。此时，模型 Unit3 沿着 Z 轴负向移动 1 mm 至介质层的下表面，如图 3.3.21 所示。为了以后优化方便，可将移动的距离用介质板的厚度来表示。其具体操作步骤：展开操作历史树下 Unit3 节点，然后双击 Move 节点，在弹出的属性窗口中把 Move Vector 的值由(0, 0, −1)改为(0, 0, −h)。

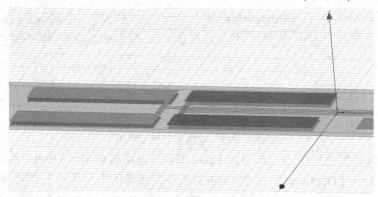

图 3.3.21　上层辐射单元 Unit1 和下层辐射单元 Unit3

2) 创建下表面第二个辐射单元 Unit4

采取同创建 Unit3 一样的操作方法创建辐射单元 Unit4。以 x″o″z″ 面为镜像面复制辐射单元 Unit2，见图 3.3.19，然后使用平移操作，移动复制生成的模型至介质层下表面。由于与上一步操作一样，下面简要介绍其创建步骤。

(1) 选中辐射单元 Unit2，然后从主菜单栏中选择【Edit】→【Duplicate】→【Mirror】命令，或单击工具栏上的 ⳕ 按钮，进入镜像复制操作状态。在 HFSS 工作界面右下角状态栏 X 和 Z 对应的文本框中均输入 0，在 Y 对应的文本框中可输入任意值，然后按 Enter 键确认；接着在状态栏 dX、dY、dZ 对应的文本框中分别输入 0、1 和 0，再次按 Enter 键确认。

(2) 打开复制辐射单元属性对话框 Command 选项卡，在该选项卡中设置镜像面的起始原点；然后在 Base Position 中设置镜像面原点坐标(0, L1/2 + L3/2 + L3, 0)，如图 3.3.22 所示，按【确定】键确认。此时，完成了以 x″o″z″ 面为镜像面复制辐射单元 Unit2 的操作，生成了新的模型，名称为 Unit2_1。

(3) 将新建的辐射单元 Unit2_1 的名称修改为 Unit4。选中 Unit4，从主菜单栏中选择【Edit】→【Arrange】→【Move】命令，或单击工具栏上的 ▫•▫ 按钮，进入物体平移操作。在状态栏 X、Y、Z 对应的文本框中输入移动的起始点坐标 0、0 和 0.5，按 Enter 键确认。接着在状态栏 dX、dY、dZ 对应的文本框中输入移动的距离 0、0 和 −1，按 Enter 键确认。此时，模型 Unit4 沿着 Z 轴负向移动 1 mm 至介质层的下表面。同样为了以后优化方便，将移动的距离用介质板的厚度 h 来表示。

此时，完成了天线阵所有辐射单元的创建，按快捷键 Ctrl + D 可全屏显示创建的全向天线阵辐射单元，如图 3.3.18 所示。

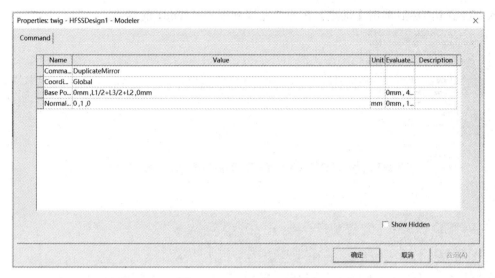

图 3.3.22　Command 选项卡

5. 创建圆柱体金属棒

创建八个金属棒将上下层的辐射单元连接起来,形状如图 3.3.23 所示。圆柱体的半径为 0.81 mm,高度为 h,材质为理想导体。其具体步骤如下所述。

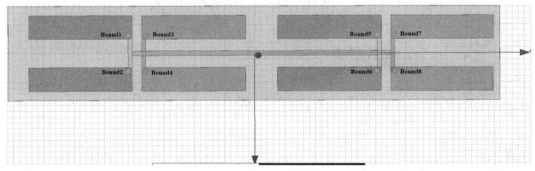

图 3.3.23　八个金属棒

1) 创建金属棒 Bound1

(1) 从主菜单栏中选择【Draw】→【Cylinder】命令,或者单击工具栏上的 ⬡ 按钮,进入创建圆柱体的状态,在三维模型窗口中创建一个任意大小的圆柱体。新建的圆柱体会添加到操作历史树的 Solids 节点下,其默认的名称为 Cylinder1。

(2) 双击操作历史树 Solids 节点下的 Cylinder1,打开新建圆柱体对话框中的 Attribute 选项卡。把圆柱体的名称修改为 Bound1,设置其材质为 pec,如图 3.3.24 所示,然后单击【确定】按钮。

(3) 双击操作历史树 Bound1 节点下的 CreateCylinder,打开新建圆柱体属性对话框的 Command 选项卡,在该选项卡中设置圆柱体的底面圆心坐标、半径和长度。在 Center Position 文本框中输入底面圆心坐标($-W2/2-r1-0.5$ mm,$-L1/2-r1-0.5$ mm,$-h/2$),点击空白处弹出设置圆柱体半径 r1 的 Add Variable 选项卡,在 Value 中输入 r1 的设置值 0.81 mm,如图 3.3.25 所示。然后,在 Radius 文本框中输入半径值 r1,在 Height 文本框中输入高度值 h，然后单击【确定】按钮，完成金属棒 Bound1 的创建。

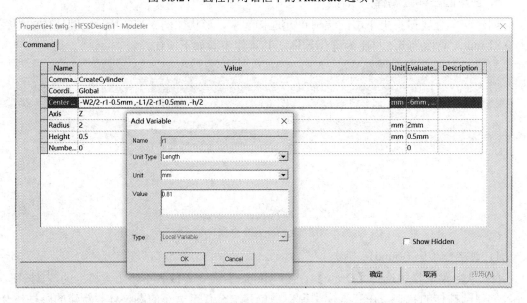

图 3.3.24　圆柱体对话框中的 Attribute 选项卡

图 3.3.25　设置圆柱体半径的 Add Variable 选项卡

2) 创建金属棒 Bound2

使用复制平移操作，将金属棒 Bound1 复制后沿矩形面 Connector 平移至辐射臂 Dip_Arm3 上。

(1) 单击操作历史树 Sheets 下的 Bound1 节点，选中金属棒 Bound1，再从主菜单栏中选择【Edit】→【Duplicate】→【Along Line】命令，或单击工具栏上的 按钮，进入复制平移操作状态。选中金属棒 Bound1 的圆心，将金属棒 Bound1 平移任意一段距离，如图 3.3.26 所示，然后在 Duplicate Along Line 选项卡里点击【OK】按钮，可以看到复制后的辐射臂默认命名为 Bound1_1。双击 Bound1_1 节点，在圆柱体属性对话框的 Attribute 选项卡中，把圆柱体的名称修改为 Bound2。

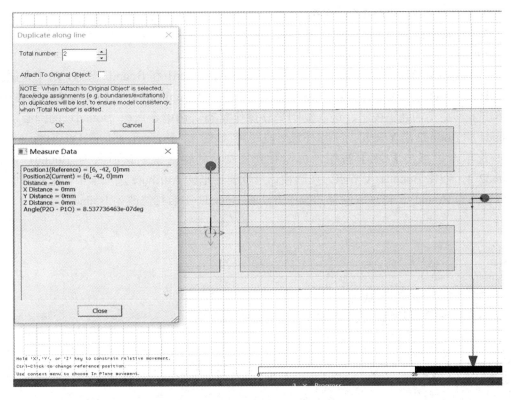

图 3.3.26　复制平移金属棒 Bound1

(2) 双击操作历史树 Bound1 节点下的 DuplicateAlongLine，打开平移操作的 Command 选项卡，在该选项卡里设置平移的矢量坐标向量。在 Vector 中输入平移向量(W2 + r1*2 + 1 mm，0 mm，0 mm)，如图 3.3.27 所示，可将复制生成的金属棒 Bound2 移到辐射臂 Dip_Arm3 上，即完成了金属棒 Bound2 的创建。

Properties: twig - HFSSDesign1 - Modeler					✕

Command

Name	Value	Unit	Evaluate...	Description
Comma...	DuplicateAlongLine			
Coordi...	Global			
Vector	W2+r1*2+1mm ,0mm ,0mm		12.44m...	
Total N...	2		2	
Attach ...	☐			

☐ Show Hidden

确定　　取消　　应用(A)

图 3.3.27　平移操作的 Command 选项卡

3) 创建金属棒 Bound3 和 Bound4

使用复制平移操作，将金属棒 Bound1 和 Bound2 复制之后沿 Y 轴正向平移至辐射臂 Dip_Arm2 和 Dip_Arm4 上指定位置。

(1) 按住 Ctrl 键，单击操作历史树的 Sheets 下的 Bound1 和 Bound2 节点，选中金属棒 Bound1 和 Bound2，然后从主菜单栏中选择【Edit】→【Duplicate】→【Along Line】命令，或单击工具栏上的 按钮，进入复制平移操作状态。选中金属棒 Bound1 的圆心，将 Bound1 和 Bound2 沿 Y 轴正向平移任意一段距离，如图 3.3.28 所示；然后在 Duplicate Along Line 选项卡里点击【OK】按钮，可以看到复制后的辐射臂默认命名为 Bound1_1 和 Bound2_1。双击 Bound1_1 节点，在圆柱体属性对话框的 Attribute 选项卡中，把矩形面的名称修改为 Bound3。再采取同样的操作方法将 Bound2_1 名称修改为 Bound4。

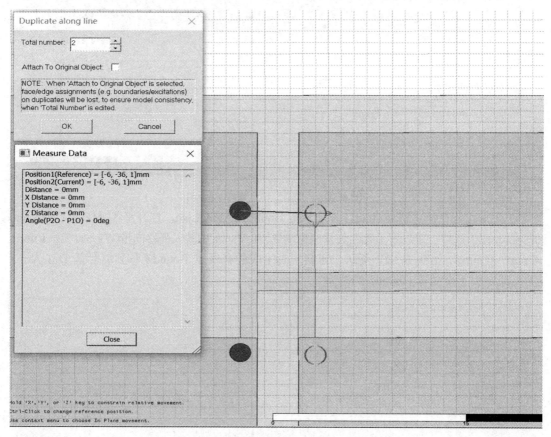

图 3.3.28　复制平移金属棒 Bound1 和 Bound2

(2) 双击操作历史树 Bound1 节点下的第二个 DuplicateAlongLine，打开平移操作的 Command 选项卡，在该选项卡里设置平移的矢量坐标向量。在 Vector 中输入平移向量 (0 mm，L3 + r1*2 + 1 mm，0 mm)，如图 3.3.29 所示，将复制的金属棒 Bound3 移到辐射臂 Dip_Arm2 上指定位置。然后设置金属棒 Bound2 平移的矢量坐标向量。双击操作历史树 Bound2 节点下的 DuplicateAlongLine，打开平移操作的 Command 选项卡，在 Vector 中输入平移向量(0, L3 + r1*2 + 1 mm, 0)，将复制的金属棒 Bound4 移到辐射臂 Dip_Arm4 上指定位置。此时完成了金属棒 Bound3 和 Bound4 的创建。

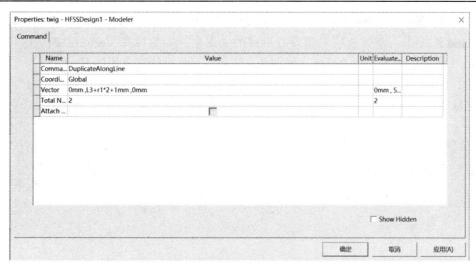

图 3.3.29　平移操作的 Command 选项卡

4) 创建金属棒 Bound5、Bound6、Bound7 和 Bound8

使用复制平移操作，将金属棒 Bound1、Bound2、Bound3 和 Bound4 进行复制后沿 Y 轴正向平移至辐射单元 Unit2 上指定位置。

(1) 按住 Ctrl 键，单击操作历史树的 Sheets 下的 Bound1、Bound2、Bound3 和 Bound4 节点，选中金属棒 Bound1、Bound2、Bound3 和 Bound4，再从主菜单栏中选择【Edit】→【Duplicate】→【Along Line】命令，或单击工具栏上的 按钮，进入复制平移操作状态。选中金属棒 Bound1 的圆心，将 Bound1 和 Bound2 沿 Y 轴正向平移任意一段距离，如图 3.3.30 所示，然后在 Duplicate Along Line 选项卡里点击【OK】按钮，可以看到复制后的辐射臂默认命名为 Bound1_1、Bound2_1、Bound3_1 和 Bound4_1。双击 Bound1_1 节点，在圆柱体属性对话框的 Attribute 选项卡中，把矩形面的名称修改为 Bound5。采取同样的操作方法将 Bound2_1、Bound3_1 和 Bound4_1 名称分别修改为 Bound6、Bound7 和 Bound8。

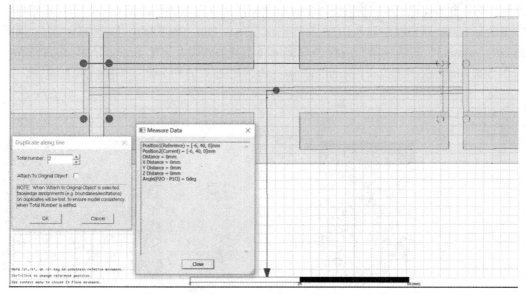

图 3.3.30　复制平移金属棒 Bound1、Bound2、Bound3 和 Bound4

(2) 双击操作历史树 Bound1 节点下的第三个 DuplicateAlongLine，打开平移操作的 Command 选项卡，在该选项卡里设置平移的矢量坐标向量。在 Vector 中输入平移向量 (0 mm，L1 + r1 + 0.5 mm，0 mm)，如图 3.3.31 所示，将复制的金属棒 Bound5 移到辐射单元 Unit2 上指定位置。使用同样的操作方法设置金属棒 Bound2、Bound3 和 Bound4 平移的矢量坐标向量。此时，八个圆柱体金属棒全部创建完毕。

Name	Value	Unit	Evaluate...	Description
Comma...	DuplicateAlongLine			
Coordi...	Global			
Vector	0mm ,L1+r1+0.5mm ,0mm		0mm , 8...	
Total N...	2		2	
Attach ...				

Properties: twig - HFSSDesign1 - Modeler — Command — Show Hidden — 确定 取消 应用(A)

图 3.3.31　平移操作的 Command 选项卡

6. 在介质板上创建通孔

金属棒创建完成后，还需在介质板同样的位置打孔，以便金属棒穿过。其具体步骤是：选中介质板和八个金属棒，采用 Subtract 操作，令介质板减去八个圆柱体金属棒，同时保留圆柱体金属棒。这样即可完成介质板上通孔的创建。

按住 Ctrl 键，单击操作历史树下 Solids 节点下的 Substrate 和 Bound1～Bound8 节点，选中介质板和八个金属棒，再从主菜单栏中选择【Modeler】→【Boolean】→【Subtract】命令，或单击工具栏上的 按钮，执行相减操作。打开 Subtract 对话框，确认对话框中的 Blank Parts 列表框中显示的是 Substrate，Tool Parts 列表框中显示的是八个金属棒 Bound1～Bound8，表明使用介质板 Substrate 模型减去八个金属棒 Bound1～Bound8。同时，在 "Clone tool objects before operation" 前打钩，如图 3.3.32 所示，单击【OK】键。

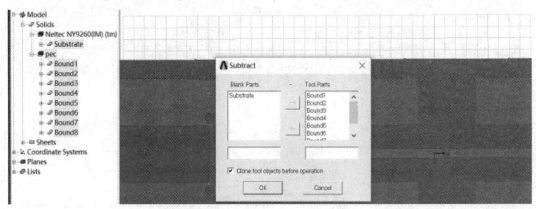

图 3.3.32　Subtract 对话框

此时，长方体介质板 Substrate 上在原金属棒的同样位置创建了八个通孔，并保留了八个金属棒。按快捷键 Ctrl + D，可全屏显示创建的模型，如图 3.3.33 所示。

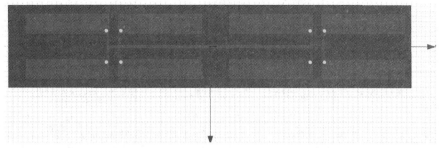

图 3.3.33　长方体介质板 Substrate 上的八个通孔

3.3.3　设置边界条件

因为介质层上、下表面上的辐射单元和平行双线都是金属片，需要为其分配理想导体边界条件。另外，我们还需设置辐射边界。

1. 分配理想导体边界条件

按住 Ctrl 键，同时选择操作历史树中 Sheets 下的 Line1、Line2、Unit1、Unit2、Unit3 和 Unit4 节点，然后在其上单击鼠标右键，在弹出的快捷键菜单中选择【Assign Boundary】→【Perfect E】命令，如图 3.3.34 所示，打开理想导体边界条件设置对话框。在该对话框中保留默认设置不变，直接单击【OK】按钮，即可设置平面模型 Line1、Line2、Unit1、Unit2、Unit3 和 Unit4 为理想导体边界条件。理想导体边界条件的名称 PerfE1 会添加到工程树的 Boundaries 节点下。此时，平面 Line1、Line2、Unit1、Unit2、Unit3 和 Unit4 等效为理想导体面。

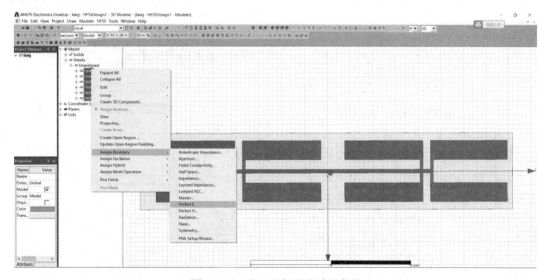

图 3.3.34　分配理想导体边界条件

2. 设置辐射边界条件

使用 HFSS 分析天线问题时，必须设置辐射边界条件，且辐射表面和辐射体的距离需要不小于 1/4 个波长。在这里我们首先创建一个长方体模型，长方体各个表面和介质层表面之间的距离都为 40 mm，然后设置该长方体的表面为辐射边界条件。

(1) 从主菜单栏中选择【Draw】→【Box】命令或者单击工具栏上的 ⬠ 按钮，进入创建长方体的状态，然后在三维模型窗口中创建一个任意大小的长方体。新建的长方体会添加到操作历史树的 Solids 节点下，其默认的名称为 Box1。

(2) 双击操作历史树中 Solids 下的 Box1 节点，打开新建长方体属性对话框的 Attribute 选项卡，把长方体的名称改为 AirBox，并设置材料为 air，透明度为 0.8，然后单击【确定】按钮。

(3) 双击操作历史树 AirBox 下的 CreateBox 节点，打开新建长方体对话框中的 Command 选项卡，在该选项卡中设置长方体的顶点坐标和尺寸。在 Position 文本框中输入顶点位置坐标(-60, -120, 40)，在 XSize、YSize 和 ZSize 文本框中分别输入长方体的宽、长和高分别为 120、180 和 120，如图 3.3.35 所示，然后单击【确定】按钮。

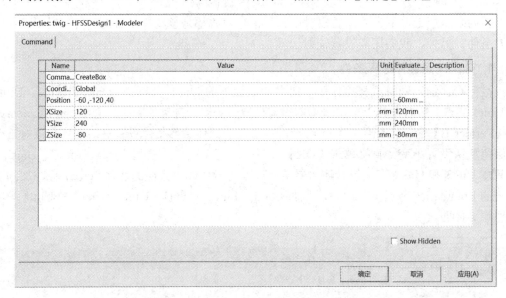

图 3.3.35　长方体对话框中的 Command 选项卡

(4) 长方体模型 AirBox 创建完之后，在操作历史树下单击 AirBox 节点以选中该模型。然后在三维模型窗口中单击鼠标右键，在弹出的快捷菜单中选择【Assign Boundary】→【Radiation】命令，打开辐射边界条件设置对话框，如图 3.3.36 所示。保留对话框的默认设置不变，直接单击【OK】按钮，把长方体模型 AirBox 的表面设置为辐射边界条件。辐射边界条件的名称 Rad1 会添加到工程树的 Boundaries 节点下。

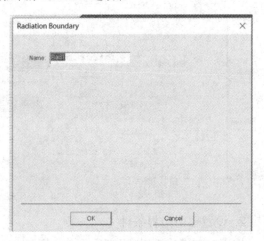

图 3.3.36　辐射边界条件设置对话框

3.3.4　设置激励方式

天线阵的输入端口位于模型内部，需要使用集总端口激励。首先在天线的输入端口创建一个矩形面作为馈电面，然后设置该馈电面的激励方式为集总端口激励。

1. 创建一个矩形面作为馈电面

单击工具栏上的 ⬚▾ 下拉列表框，从其下拉列表中选择 ZX 选项，把当前工作平面设置为 ZX 平面。从主菜单栏中选择【Draw】→【Rectangle】命令，或者单击工具栏上的 ⬚ 按钮，进入创建矩形面的状态，并在三维模型窗口的 ZX 面上创建一个任意大小的矩形面。新建的矩形面会添加到操作历史树的 Sheets 节点下，其默认的名称为 Rectangle1。

双击操作历史树中 Sheets 下的 Rectangle1 节点，打开新建矩形面属性对话框的 Attribute 选项卡，把矩形面的名称设置为 Feed_Port，然后单击【确定】按钮。

双击操作历史树中 Feed_Port 下的 CreatRectangle 节点，打开新建矩形面属性对话框的 Command 选项卡，在该选项卡中设置矩形面的顶点坐标和尺寸。在 Position 中设置顶点坐标(−W1/2, 0, h/2)，在 XSize 和 ZSize 中设置矩形面的长和宽分别为 W1 和 −h，如图 3.3.37 所示，然后单击【确定】按钮。

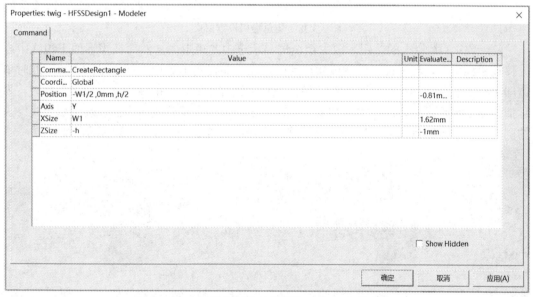

图 3.3.37　矩形面属性对话框的 Command 选项卡

这样就在 ZX 面上创建了一个在介质板中心的矩形面，矩形面的长与平行双线的宽度一致，宽与介质板的高度一致。

2. 设置集总端口激励

将所创矩形面设置为集总端口激励，具体操作如下：

(1) 单击操作历史树中 Sheets 下的 Feed_Port 节点以选中该矩形面。在其上单击鼠标右键，并在弹出的快捷菜单中选择【Assign Excitation】→【Lumped Port】命令，打开如图 3.3.38 所示的集总端口设置对话框。将 General 对话框中的 Resistance 设置为 50 ohm，

Reactance 设置为 0 ohm，然后单击【下一步】按钮，打开 Modes 对话框。在该对话框中单击 Integration Line 项下的 None，再从其下拉列表中选择 New Line 选项，此时进入三维模型窗口以进行端口积分线的设置。

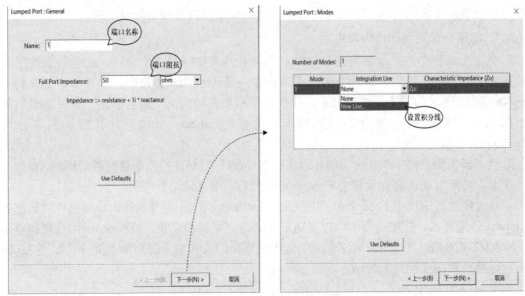

图 3.3.38　集总端口设置窗口

(2) 单击工具栏上的按钮，放大至全屏显示选中的矩形面，然后在矩形面下边缘中心处移动鼠标指针，当鼠标指针变成▲形状时，表示捕捉到了矩形面下边缘的中点，此时单击即可确定积分线的起点。再沿着 Z 轴向上移动鼠标指针，当鼠标指针变成▲形状时，表示捕捉到了矩形面上边缘的中点位置，再次单击即可确定积分线的终点。确定积分线终点的同时会自动返回到集总端口设置对话框。积分线设置过程如图 3.3.39 所示。

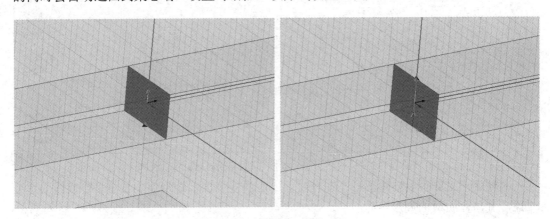

图 3.3.39　积分线设置过程

(3) 单击对话框中的【下一步】按钮，打开 Post Processing 对话框，在该对话框选中 Renormalize All Modes 单选按钮，并设置 Full Port Impedance 为 50 ohm，如图 3.3.40 所示，最后单击【完成】按钮，即完成了集总端口激励的设置。

完成设置后，设置的集总端口的名称 1 会添加到工程树的 Excitations 节点下。

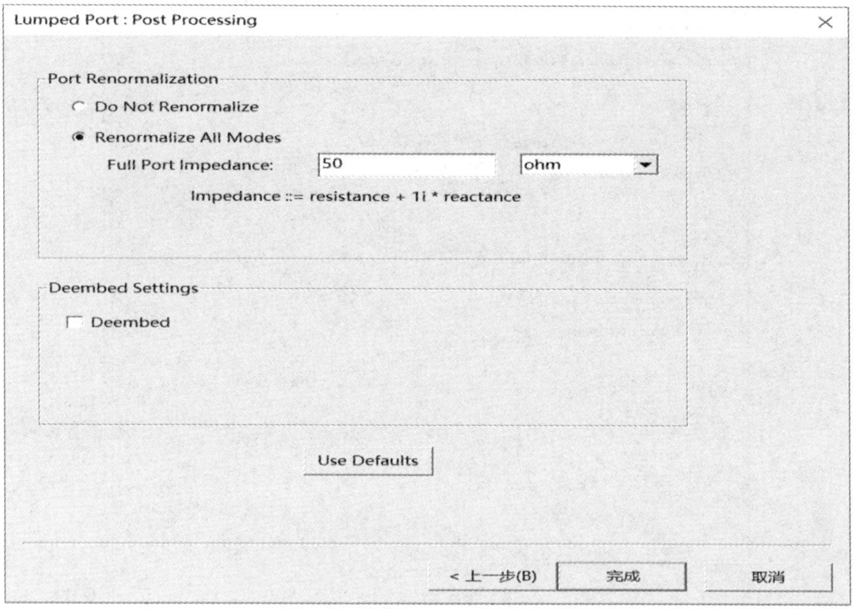

图 3.3.40　集总端口设置

3.3.5　求解设置

设计的印刷全向天线阵的中心频率为 2.86 GHz，因此求解频率设置为 2.86 GHz。同时添加 1.7～4 GHz 的扫频设置，选择快速(Fast)扫频类型，分析天线在 1.7～4 GHz 频段的回波损耗和电压驻波比。

1. 求解频率和网络剖分设置

设置求解频率为 2.86 GHz，自适应网络剖分的最大迭代次数为 6，收敛误差为 0.02。

右键单击工程树下的 Analysis 节点，从弹出的快捷菜单中选择【Add Solution Setup】命令，打开 Solution Setup 对话框。在 Solution Frequency 处设置求解频率为 2.86 GHz，在 Maximum Number of Passes 文本框中设置最大迭代次数为 6，在 Maximum Delta S 文本框中设置收敛误差为 0.02，其他选项保留默认设置，如图 3.3.41 所示。然后单击【确定】按钮，完成求解设置。

设置完成后，求解设置项的名称 Setup1 会添加到工程树的 Analysis 节点下。

2. 扫频设置

扫频类型选择快速扫频，扫频频率范围为 1.7～4 GHz，频率步进为 0.02 GHz。

展开工程树下的 Analysis 节点，右键单击新添加的求解设置项 Setup1，在弹出的快捷菜单中选择【Add Frequency Sweep】命令，打开 Edit Sweep 对话框，如图 3.3.42 所示。在该对话框中的 Sweep Type 项的下拉列表框设置扫描类型为 Fast；在 Frequency Setup 选项组中的 Size 设置为 0.02 GHz，其他选项都保留默认设置。最后单击对话框中的【确定】按钮，完成设置。

设置完成后，该扫频设置项的名称 Setup1 会添加到工程树中 Analysis 节点的求解设置项 Setup1 的下面。

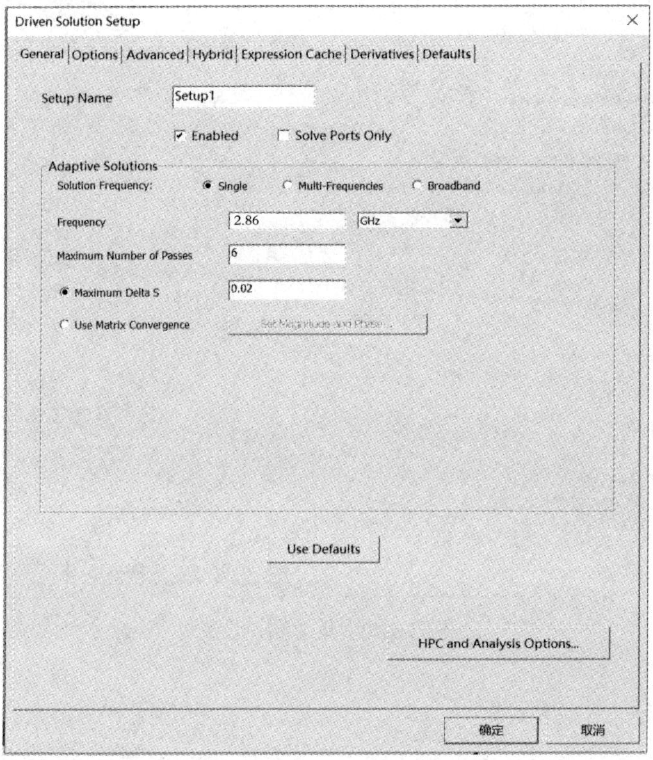

图 3.3.41　求解设置

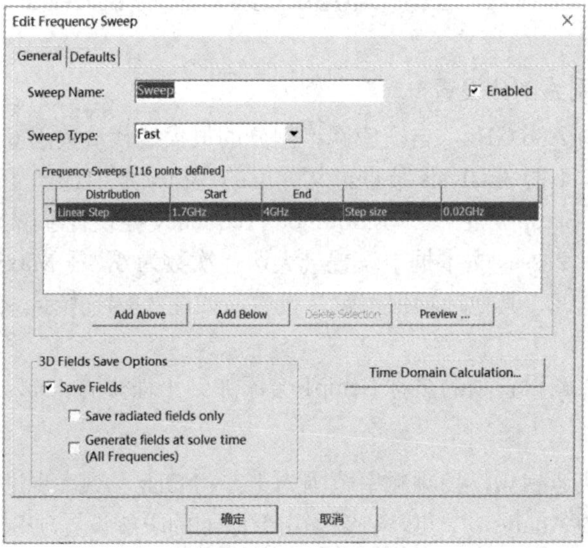

图 3.3.42　扫频设置

3.3.6　设计检查和运行仿真计算

通过前面的操作，我们已经完成了模型创建和求解设置等 HFSS 设计的前期工作，接下来就可以运行仿真计算和查看分析结果了。但在运行仿真计算之前，通常需要进行设计检查，检查设计的完整性和正确性。

从主菜单栏中选择【HFSS】→【Validation Check】命令，或单击工具栏上的 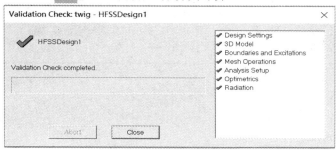 按钮，进行设计检查。此时，会打开如图 3.3.43 所示的 Validation Check 对话框。该对话框中的每一项的前面都显示 ✔ 图标，表示当前的 HFSS 设计正确且完整。单击【Close】按钮关闭对话框。右键单击工程树下的 Analysis 节点，在弹出的快捷菜单中选择【Analyze All】命令或者单击工具栏上的 ⬤ 按钮，开始运行仿真计算。

图 3.3.43　设计检查结果对话框

在仿真计算的过程中，工作界面右下方的进度条窗口会显示出求解进度；信息管理窗口也会有相应的信息说明，并会在仿真计算完成后给出完成提示信息。

3.4　仿真结果的分析与讨论

仿真分析完成后，在工程树下 Results 中能够查看天线各性能参数的仿真分析结果。这里我们主要看所设计天线阵的驻波比和方向图。

3.4.1　天线阵驻波比 VSWR 的分析结果

右键单击工程树下的 Results 节点，在弹出的快捷菜单中选择【Create Modal Solution Data Report】→【Rectangular Plot】命令，打开报告设置对话框，如图 3.4.1 所示。

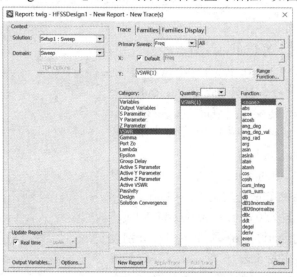

图 3.4.1　查看 VSWR 分析结果操作

在图 3.4.1 所示对话框左侧的 Solution 下拉列表中选择 Setup1：Sweep1，在 Category 列表框中选中 VSWR，在 Quantity 列表中选中 VSWR(1)，在 Function 列表框中选<none>。然后单击【Close】按钮关闭对话框。此时即可生成如图 3.4.2 所示的扫频频率在 VSWR 的分析结果。

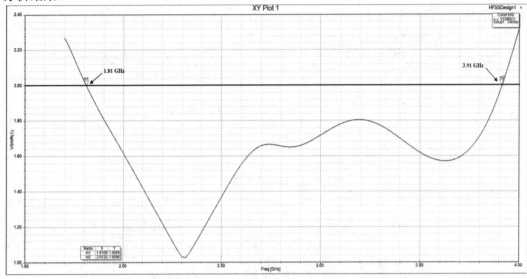

图 3.4.2   VSWR 扫频分析结果

从分析结果可以看出，设计的全向天线阵的中心频率约为 2.86 GHz，VSWR≤1.5 的相对带宽为 73.4%。

3.4.2   方向图

查看天线方向图的计算结果，需要首先定义辐射表面。下面给出设计的印刷全向天线阵的三维立体增益方向图。

1. 定义辐射表面

右键单击工程树下的 Radiation 节点，在弹出的快捷键菜单中选择【Insert Far Field Setup】→【Infinite Sphere】命令，打开 Far Field Radiation Sphere Setup 对话框，定义辐射表面，如图 3.4.3 所示。辐射表面是基于球坐标系定义的，对于三维立体空间，球坐标系下就相当于 0°＜φ＜360°，0°＜θ＜180°。在该对话框中的 Name 文本框中输入辐射表面的名称 3D，并将 Phi 选项组中的 Start、Stop 和 Step Size 分别设置为 0 deg、360 deg 和 2 deg，将 Theta 选项组中的 Start、Stop 和 Step Size 分别设置为 0 deg、180 deg 和 2 deg，然后单击【确定】按钮，完成设置。此时，定义的辐射表面名称 3D 会

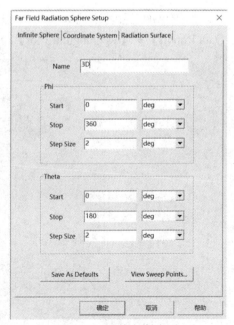

图 3.4.3   定义辐射表面

添加到工程树的 Radiation 节点下。

2. 查看三维增益方向图

右键单击工程树下的 Results 节点，在弹出的快捷菜单中选择【Create Far Fields Report】
→【3D Polar Plot】命令，打开报告设置对话框，如图 3.4.4 所示。在该对话框中的 Geometry
下拉列表中选择前面定义的辐射表面 3D，并在 Category 列表框中选择 Gain，在 Quantity
列表框中选择 GainTotal，在 Function 列表框中选择 dB。然后单击【New Report】按钮，
生成设计的印刷全向天线阵的三维增益方向图，如图 3.4.5 所示。

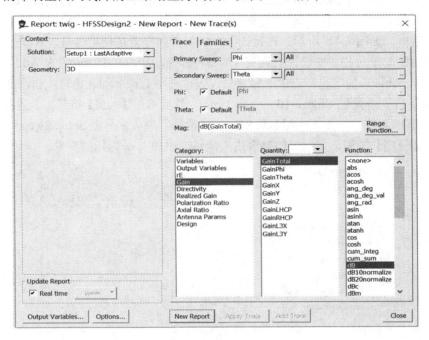

图 3.4.4　查看 E 面增益方向图

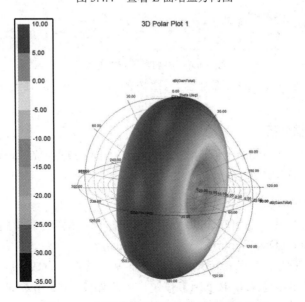

图 3.4.5　印刷全向天线阵的三维增益方向图

3.4.3　天线阵的优化分析

设计天线过程中多数时候是无法一步到位的，往往我们还需要根据理论知识，调整天线的结构参数，找出能够达到设计要求的结构参数值。在这里，我们调整辐射臂的宽度，并借助 HFSS 的参数扫描分析功能，分析其对天线带宽的影响。

1．添加参数扫描分析项

右键单击工程树下的 Optimetrics 节点，在弹出的快捷菜单中选择【Add】→【Parametric】命令，打开 Setup Sweep Analysis 对话框。单击该对话框中的【Add...】按钮，打开 Add/Edit Sweep 对话框，如图 3.4.6 所示。在设计中，辐射臂的宽度是使用变量 VW 来表示的，因此，这里添加 VW 为扫描变量，且设置 VW 的变化范围为 6～10 mm。在 Add/Edit Sweep 对话框中 Variable 项的下拉列表中选择变量 VW，选中 Linear step 单选按钮，并将 Start、Stop 和 Step 分别设置为 4 mm、10 mm 和 2 mm，然后单击【Add】按钮。上述操作完成之后，单击【OK】按钮，关闭 Add/Edit Sweep 对话框。最后，单击 Setup Sweep Analysis 对话框中的【确定】按钮，完成添加参数扫描操作，添加 VW 为扫描变量。

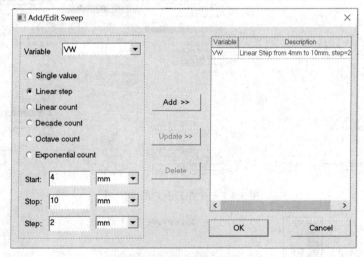

图 3.4.6　添加参数扫描分析

此时，参数扫描分析项会添加到工程树的 Optimetrics 节点下，其默认名称为 ParametricSetup1。

2．运行参数扫描分析

右键单击工程树中 Optimetrics 下的 ParametricSetup1 节点，在弹出的快捷菜单中选择【Analyze】命令，运行参数扫描分析。

3．查看分析结果

参数扫描分析完成后，右键单击工程树下的 Results 节点，在弹出的快捷菜单中选择【Create Modal Solution Data Report】→【Rectangular Plot】命令，打开报告设置对话框，对话框设置如图 3.4.7 所示，在 Families 中将变量 VW 的取值设成 ALL，其他变量的取值设成 Nominal，然后单击【New Report】按钮，生成如图 3.4.8 所示的一组 VSWR 参数扫描分析结果报告。报告中每条 VSWR 曲线对应不同的 VW 变量值。

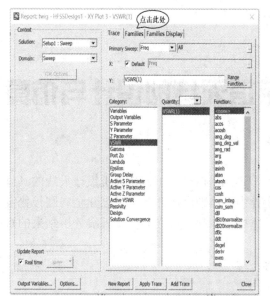

图 3.4.7　查看 VSWR 分析结果操作

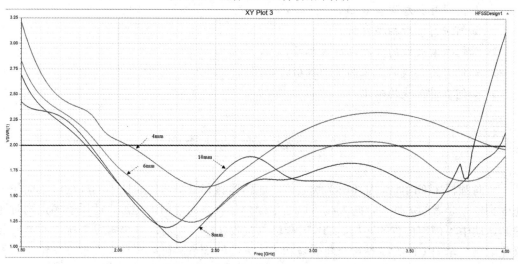

图 3.4.8　不同 VW 对应的 VSWR 曲线

　　从参数扫描分析结果报告可以看出，在一定范围内辐射臂的宽度越大，天线阵的带宽就越宽。当辐射臂宽度 VW = 4 mm 时，天线阵的带宽最窄；当 VW = 8 mm 时带宽最宽；当 VW = 10 mm 时，虽然天线阵带宽又有所降低，但这是由于阻抗不匹配所导致的。

第4章 全向圆极化宝塔天线的设计与仿真

本章通过全向圆极化天线的性能分析实例，详细讲解使用 HFSS 分析设计天线的具体流程和详细操作步骤。在全向圆极化天线的设计中，详细讲述并演示了创建全向圆极化宝塔天线模型的过程、分配边界条件和激励的具体操作、参数扫描分析和天线分析结果的查看等内容。

通过本章的学习，读者可以学到以下内容：

➢ 如何创建模型。

➢ 如何使用理想导体边界条件和辐射边界条件。

➢ 如何设置集总端口激励。

➢ 如何进行参数扫描分析。

➢ 如何查看天线的驻波比或 S 参数。

➢ 如何查看天线的三维和平面辐射方向图。

➢ 如何查看天线的轴比。

4.1 设 计 背 景

全向圆极化(CP)天线因其在无线通信、遥感遥测和卫星通信系统中的广泛应用而越来越受到专家学者的关注。全向天线可以在平面内任意方向辐射电磁波，适用于多点同时通信和运动中不确定位置的通信。CP 天线可以接收任意极化波，减少多径干扰，并具有高极化隔离。全向 CP 天线兼具全向天线和 CP 天线的优点，可以满足无人机系统精确信号传输的要求，作为其图像传输天线，可以有效减少信号盲区和极化干扰。

然而，通过其他方法实现的全向 CP 天线通常尺寸大且轮廓高，难以安装在小型和轻型无人机上。为了减小尺寸和轮廓，提出了将产生垂直极化波的天线与产生水平极化波的天线相结合的手段。因此，本章设计了一种适用于无人机图像传输系统的全向 CP 天线，天线的尺寸相对较小，并且具有足够的带宽以确保信息的传输。

4.2 设 计 原 理

全向圆极化天线既具有在平面内全向辐射的特性，又具有辐射和接收圆极化波的特性，一般由辐射垂直极化分量和水平极化分量的天线组成。本章设计的宝塔天线中，同轴馈线辐射垂直极化波，等效为电偶极子；两个具有环形枝节的金属片形成电流环，辐射水平极化波，等效为磁偶极子。金属圆环和底层介质板下表面的金属圆盘用来匹配阻抗，进行耦合。通过调整辐射片的半径、枝节长度和介质板之间的高度等参数，使两极化分量之间在空间和时间上正交，从而在远场合成全向圆极化波。

　　图 4.2.1 是宝塔天线的结构示意图。该天线由辐射片、介质板、同轴馈线、参考地和空气腔五部分组成。其中，辐射片是最上层介质板上表面的金属片，参考地是中间介质板上表面的金属片。与天线性能相关的参数包括上层和中间层介质板半径 R_{sub1}、下层介质板半径 R_{sub2}、辐射片外侧枝节半径 R_1、辐射片内侧枝节半径 R_2、辐射片中间圆环外侧半径 R_3 和内侧半径 R_4、枝节宽度 d_0、参考地中间圆环外侧半径 R_5 和内侧半径 R_6、同轴馈线半径 r_{coxout}、同轴馈线内芯半径 r_{coxin}、介质板厚度 d、同轴馈线长度 L、上层介质板和中间层介质板之间的高度 h_1、中间层介质板和下层介质板之间的高度 h_2。

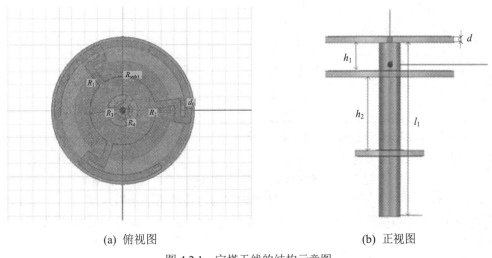

(a) 俯视图　　　　　　　　　　　　(b) 正视图

图 4.2.1　宝塔天线的结构示意图

4.3　ANSYS HFSS 软件的仿真实现

　　本章设计的天线实例是使用同轴线馈电的"环天线——偶极子"模型，HFSS 工程选择模式驱动求解类型，使用辐射边界条件，辐射边界表面距离辐射源需要大于 1/4 个波长，端口激励方式定义为集总端口激励。

　　天线的中心频率为 5.8 GHz，因此设置 HFSS 的求解频率(即自适应网格剖分频率)为 5.8 GHz，同时添加 4.8～6.8 GHz 的扫频设置，分析天线在 4.8～6.8 GHz 频段内的电压驻波比、辐射方向图和轴比。介质基片厚度为 1 mm，其相对介电常数为 $\varepsilon_r = 4.4$，损耗正切 $\tan\delta = 0.02$，天线使用 50 Ω 的同轴馈电。

4.3.1　建模概述

　　为了方便建模和性能分析，在设计中首先给定参数值来表示宝塔天线的结构尺寸。参数值以及天线的结构尺寸如表 4.3.1 所示。

表 4.3.1　变量定义

变　量	结构名称	变量名	变量值/mm
辐射片	外侧枝节半径	R1	10.72
	内侧枝节半径	R2	8.08
	中间圆环外侧半径	R3	5.2
	内侧半径	R4	2.4
	枝节宽度	d0	0.8
参考地	中间圆环外侧半径	R5	7.5
	内侧半径	R6	5.2
介质板	厚度	d	1
	半径	Rsub1	11.19
底层介质板	半径	Rsub2	6.1
同轴馈线	外表面半径	rcoxout	1.88
	内芯半径	rcoxin	0.51
	高度	L	28.96

　　宝塔天线的 HFSS 设计模型如图 4.3.1 所示。先创建三层实体介质基板。而后在上层和中层介质板的上表面创建两个环形枝节的金属片，在下表面创建两个金属环进行阻抗匹配；底层介质板下表面创建一个薄片金属环也用于阻抗匹配。馈电所用的 50 Ω 同轴线用高度为 28.96 mm 的圆柱体模型来模拟，同轴馈线的内芯使用半径为 0.51 mm、材质为理想导体(pec)的圆柱体模型模拟；同轴线的外导体使用半径为 1.88 mm 的圆柱体模型模拟同轴线的介质层，并将其外表面设置为理想导体边界，同轴馈线下底面的激励方式设置为集总端口激励，端口归一化阻抗为 50 Ω。

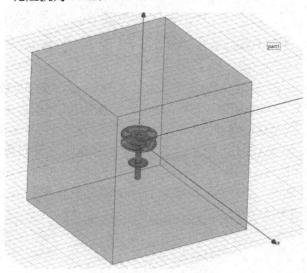

图 4.3.1　宝塔天线模型

设置辐射边界条件时，辐射边界表面距离辐射源通常需要大于 1/4 个波长，5.8 GHz 时自由空间中的 1/4 个波长约为 13 mm。创建一个长方体模型，并设置各个表面和宝塔天线模型之间的距离，然后再把长方体模型的所有表面边界都设置为辐射边界。

4.3.2　HFSS 设计环境概述

(1) 求解类型：采用模式驱动求解方法。

(2) 建模操作：

模型原型：介质基板、金属枝节薄片、圆环、圆柱体、长方体。

模型操作：相减操作、合并操作。

(3) 边界条件和激励：

边界条件：理想导体边界条件、辐射边界条件。

端口激励：集总端口激励。

(4) 求解设置：

求解频率：5.8 GHz。

扫频设置：快速扫频，频率范围 4.8～6.8 GHz。

(5) 数据后处理：电压驻波比 VSWR(S 参数)、天线方向图、轴比、电场分布图。

下面详细介绍具体的设计操作和完整的设计过程。

4.3.3　创建全向圆极化宝塔天线模型

1. 创建新的工程

1) 运行 HFSS 并新建工程

HFSS 运行后，在菜单栏中点击 Insert HFSS design，或单击工具栏的 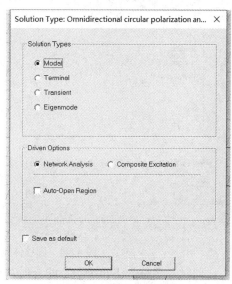 按钮，会自动新建一个工程文件，选择主菜单栏【File】→【Save As】命令，把工程文件另存为 Pagoda antenna.hfss。

2) 设置求解类型

把当前设计的求解类型设置为模式驱动求解。从主菜单栏选择【HFSS】→【Solution Type】命令，在打开的对话框中选 Driven Modal，然后单击【OK】按钮完成设置，界面如图 4.3.2 所示。

3) 创建介质基板

创建三个圆柱体模型，选取材质为 FR4 epoxy，并将模型命名为 Substrate，代表介质基板。

(1) 在菜单栏中点击【Draw】→【Cylinder】命令，或在工具栏中点击 🗂 按钮，进入创建圆柱体状态，然后在三维模型窗口中创建一个任意大小的圆柱体。在操作历史树的 Solids 节点下可见新建的圆柱体，其默认名称为 Cylinder 1。

图 4.3.2　设置求解类型

(2) 双击 Cylinder1 节点，在弹出的圆柱体属性对话框的 Attribute 选项卡里把圆柱体的名称改为 Substrate1，并设置材料为 FR4 epoxy，透明度为 0.6，如图 4.3.3 所示。

Attribute						
Name	Value	Unit	Evaluated...	Description	Read-o...
Name	Substrate1				☐
Material	"FR4_epoxy"		"FR4_epo...		☐
Solve Insi...	☑				☐
Orientati...	Global				☐
Model	☑				☐
Group	Model				☐
Display ...	☐				☐
Color					☐
Transpar...	0.6				☐

☐ Show Hidden

确定　取消　应用(A)

图 4.3.3　Attribute 选项卡

(3) 双击操作历史树 Substrate1 节点下的 CreateCylinder，打开新建圆柱体对话框中的 Command 选项卡，在该选项卡中设置圆柱体的底面圆心坐标和尺寸。在 Position 文本框中输入底面圆心坐标(0, 0, 3.65)，在 Axis、Radius 和 Height 文本框中分别输入圆柱体的轴方向、半径和高，依次为 Z、11.19 和 1，如图 4.3.4 所示，然后单击【确定】按钮。

Command				
Name	Value	Unit	Evaluated...	Description
Command	CreateCylinder			
Coordina...	Global			
Center P...	0 ,0 ,3.65	mm	0mm , 0m...	
Axis	Z			
Radius	11.19	mm	11.19mm	
Height	1	mm	1mm	
Number ...	0		0	

☐ Show Hidden

确定　取消　应用(A)

图 4.3.4　圆柱体属性对话框中的 Command 选项卡

此时，名称为 Substrate1 的介质基板模型创建好了。按快捷键 Ctrl + D 可全屏显示所创建的介质板模型，如图 4.3.5 所示。

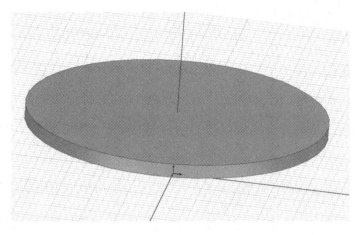

图 4.3.5　创建的介质基板模型

(4) 重复上面第(1)、(2)和(3)的操作步骤，分别在(0, 0, −2.01)点创建沿 Z 轴方向半径为 11.19 mm，高度为 1 mm 的圆柱体 Cylinder2，在(0, 0, −14.48)点创建沿 Z 轴方向，半径为 6.1 mm，高度为 1 mm 的圆柱体 Cylinder3。按快捷键 Ctrl + D，使模型显示大小、位置适中，如图 4.3.6 所示。

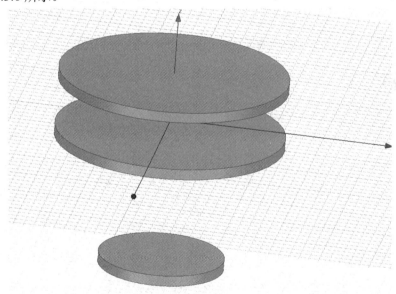

图 4.3.6　三块介质基板模型

4) 创建同轴馈线

创建两个圆柱体模型，其中，内部圆柱体选取材质为 pec，命名为 coxin，代表内导体；外部圆柱环设为真空，外表面设置成理想导体边界，并将模型命名为 coxout，代表外导体。

(1) 创建一个圆柱体模型。双击 Cylinder 节点，在弹出的圆柱体属性对话框的 Attribute 选项卡里把圆柱体的名称改为 coxout，材料为 vacuum，透明度为 0，如图 4.3.7 所示。

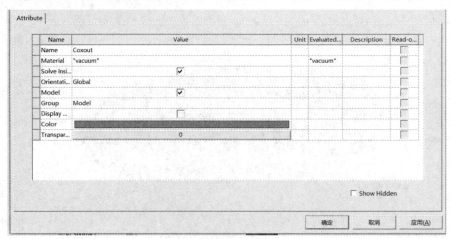

图 4.3.7 Attribute 选项卡

(2) 双击操作历史树 coxout 节点下的 CreateCylinder，打开 Command 选项卡，在该选项卡中设置圆柱体的顶面圆心坐标和尺寸。在 Position 文本框中输入顶面圆心坐标为 (0, 0, 3.61)，在 Axis、Radius 和 Height 文本框中分别输入圆柱体的轴方向、半径和高，依次为 Z、1.89 和 −28.97，如图 4.3.8 所示，然后单击【确定】按钮。

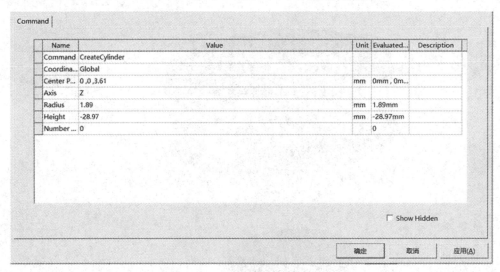

图 4.3.8 Command 选项卡

(3) 重复上面的第(1)、(2)操作步骤，在(0, 0, 3.61)点创建沿 Z 轴方向，半径为 0.51 mm，高度为 −28.97 mm 的圆柱体 coxoutcut，材料为 vacuum。

(4) 利用 HFSS 布尔操作中的相减操作来创建外导体。首先按住 Ctrl 键，按先后顺序依次单击操作历史树下的 coxout 和 coxoutcut，同时选中两个物体；然后从主菜单栏选择【Modeler】→【Boolean】→【Substrate】命令，或者单击工具栏的 ⬚ 按钮，打开如图 4.3.9 对话框。

确认对话框中 Blank Parts 栏显示的是 coxout，Tool Parts 栏显示的是 coxoutcut，表明使用模型 coxout 减去模型 coxoutcut，然后单击按钮执行相减操作，即生成如图 4.3.10 所示的圆柱面形的外导体，模型名称仍然是 coxout。

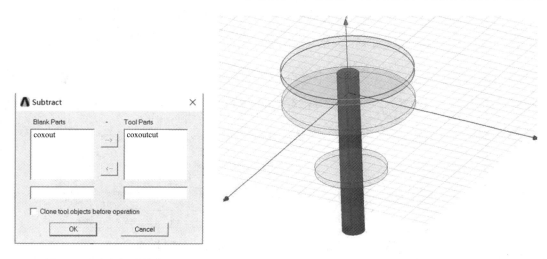

图 4.3.9　布尔相减操作　　　　　　　　图 4.3.10　圆柱面形的外导体

(5) 重复上面第(1)、(2)操作步骤，在(0, 0, 4.65)点创建沿 Z 轴方向，半径为 0.51 mm，高度为 −30 mm 的圆柱体 coxin，材料为 pec。此时，同轴馈线模型就创建好了，按快捷键 Ctrl + D 可全屏显示创建的同轴馈线模型，如图 4.3.11 所示。

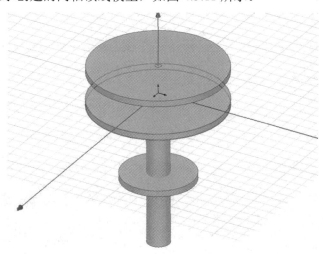

图 4.3.11　同轴馈线模型

5) 创建阻抗匹配金属环

在上层和中层介质基板的下表面、下层介质基板的上下表面分别创建金属圆环贴片，用来进行阻抗匹配，并将所有贴片设置为理想导体边界。

(1) 从主菜单栏中选择【Draw】→【circle】命令，或者单击工具栏上的 ○ 按钮，进入创建圆面的状态，然后在三维模型窗口的 XY 面上创建一个任意大小的圆面。新建的圆面会添加到操作历史树的 Sheets 节点下，其默认的名称为 circle1。

(2) 双击操作历史树 Sheets 节点下的 circle1，打开新建圆面属性对话框中的 Attribute 选项卡，如图 4.3.12 所示。把圆面的名称修改为 bottom1，透明度设为 0.4，然后单击【确定】按钮。

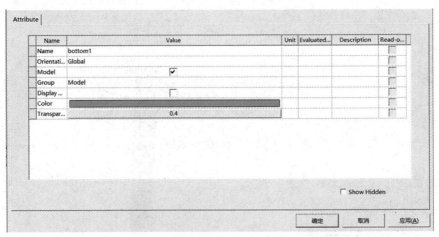

图 4.3.12　圆面属性对话框中的 Attribute 选项卡

(3) 双击操作历史树 bottom1 节点下的 CreateCircle，打开新建圆面属性对话框中的 Command 选项卡，在该选项卡里设置圆面的圆心坐标和半径大小。在 Position 文本框中输入顶点位置坐标(0, 0, 3.65)。在 Axis 和 Radius 文本框中分别输入圆面的轴向和半径长度为 Z 和 2.4，如图 4.3.13 所示，然后单击【确定】按钮。此时一个圆形贴片就创建好了。

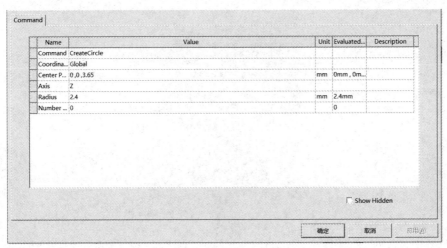

图 4.3.13　圆面属性对话框中的 Command 选项卡

(4) 重复上面第(1)～(3)的操作步骤，在(0, 0, 3.65)点创建半径为 1.89 mm 的圆形贴片 bottom1cut。

(5) 利用 HFSS 布尔操作中的相减操作来创建圆环贴片，按住 Ctrl 键，按先后顺序依次单击操作历史树下的 bottom1cut 和 bottom1，同时选中两个物体。从主菜单栏选择【Modeler】→【Boolean】→【Substract】命令，或者单击工具栏的按钮 ⬚，打开如图 4.3.14 所示的对话框。

(6) 确认对话框中 blank Parts 栏显示的是 bottom1，Tool Parts 栏显示的是 bottom1cut，表明使用模型 bottom1

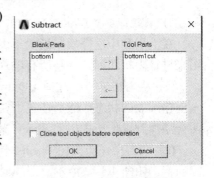

图 4.3.14　布尔相减操作

减去模型 bottom1cut，然后单击【OK】按钮执行相减操作后，即生成如图 4.3.15 所示的圆环贴片，模型名称仍然是 bottom1。

(7) 重复上面第(1)～(3)的操作步骤，在点(0, 0, −2.01)创建半径为 2.4 mm 的圆形贴片 bottom2；在点(0, 0, −2.01)创建半径为 1.89 mm 的圆形贴片 bottom2cut；然后利用 HFSS 布尔操作中的相减操作来创建中层介质板下表面的圆环贴片。

(8) 重复上面第(1)～(3)的操作步骤，在点(0, 0, −13.48)创建半径为 2.4 mm 的圆形贴片 top3；在点(0, 0, −13.48)创建半径为 1.89 mm 的圆形贴片 top3cut；然后利用 HFSS 布尔操作中的相减操作来创建下层介质板上表面的圆环贴片。

(9) 重复上面第(1)～(3)的操作步骤，在点(0, 0, −14.48)创建半径为 5.65 mm 的圆形贴片 bottom3；在点(0, 0, −14.48)创建半径为 1.89 mm 的圆形贴片 bottom3cut；然后利用 HFSS 布尔操作中的相减操作来创建下层介质板下表面的圆环贴片。

按快捷键 Ctrl + D，使模型显示大小、位置适中，如图 4.3.16 所示。

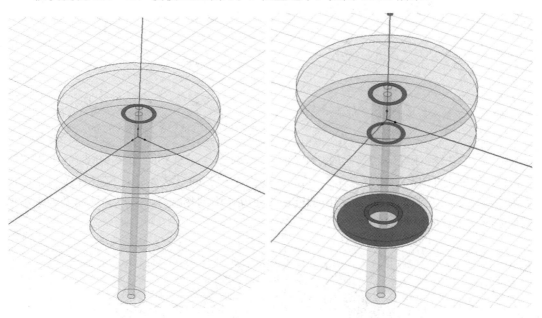

图 4.3.15　圆环贴片　　　　　　　　　　图 4.3.16　阻抗匹配金属环

6) 创建辐射片和参考地

按照创建圆面的步骤创建两个圆心均在点(0, 0, 4.65)，半径分别为 10.72 mm 和 9.72 mm 的圆面，再利用 HFSS 布尔操作中的相减操作得到圆环。按快捷键 Ctrl + D，使模型显示大小，位置适中，如图 4.3.17 所示。

从主菜单栏中选择【Draw】→【Rectangle】命令，或者单击工具栏上的 ▭ 按钮，进入创建矩形面的状态，然后在三维模型窗口的 xy 面上创建一个任意大小的矩形面。新建的矩形面会添加到操作历史树的 Sheets 节点下，其默认的名称为 Rectangle1。

(1) 双击操作历史树 Sheets 节点下的 Rectangle1，打开新建矩形面属性对话框中的 Attribute 选项卡，把矩形面的名称修改为 Cut1，然后单击【确定】按钮。

(2) 双击操作历史树 Connector 节点下的 CreateRectangle，打开新建矩形面属性对话框中的 Command 选项卡，在该选项卡里设置矩形面的顶点坐标和大小。在 Position 中输入顶点位置坐标(0, 0, 4.65)，在 XSize、YSize 文本框中分别输入矩形面的长度和宽度，依次为 11 mm、18 mm。

(3) 选中 cut1，从主菜单栏选择【Edit】→【Arrange】→【Rotate】命令，或者单击工具栏上的 ⏹ 按钮，执行旋转操作，会弹出如图 4.3.18 所示的旋转操作设置对话框。

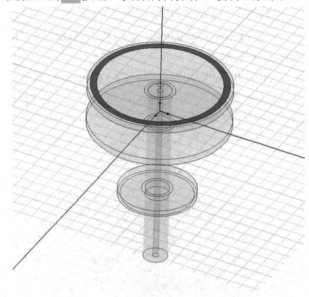

图 4.3.17 上层介质上表面的初始圆环　　　图 4.3.18 旋转操作设置对话框

(4) 在对话框中，Axis 项选择 Z，Angle 项输入 −12 deg，表示矩形模型 cut1 以坐标原点为中心，绕 Z 轴旋转 −12°。利用 HFSS 布尔操作中的相减操作，用圆环模型减去矩形模型 cut1，得到如图 4.3.19 所示的图形。

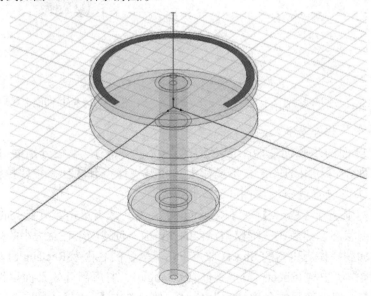

图 4.3.19 相减后得到的部分圆环

(5) 重复上面第(1)~(4)的操作步骤,在点(0, 0, 4.65)创建 XSize、YSize 分别为 -13 mm 和 -12 mm 的矩形贴片 cut2,再进行旋转操作,即绕 Z 轴旋转 -25°,利用 HFSS 布尔操作中的相减操作,用圆环模型减去矩形模型 cut2。

(6) 重复上面第(1)~(4)的操作步骤,在点(11, 0, 4.65)创建 XSize、YSize 分别为 -16 mm 和 -12 mm 的矩形贴片 cut3,利用 HFSS 布尔操作中的相减操作,用圆环模型减去矩形模型 cut3。按快捷键 Ctrl + D,使模型显示大小、位置适中,辐射片环形枝节的外侧枝节如图 4.3.20 所示。

(7) 重复上面创建矩形的操作步骤,在点(0, 8.1, 4.65)创建 XSize、YSize 分别为 0.8 mm 和 2.65 mm 的矩形贴片 Rectangle,再进行旋转操作,绕 Z 轴旋转 -7°。选中剩余部分圆环和矩形贴片 Rectangle,然后从主菜单栏中选择【Modeler】→【Boolean】→【Unite】命令或者单击工具栏上的 ↳ 按钮,执行合并操作。此时,可把选中的两个模型合并成一个整体,再将合并的模型名称修改为 Unit1。合并后的模型如图 4.3.21 所示。

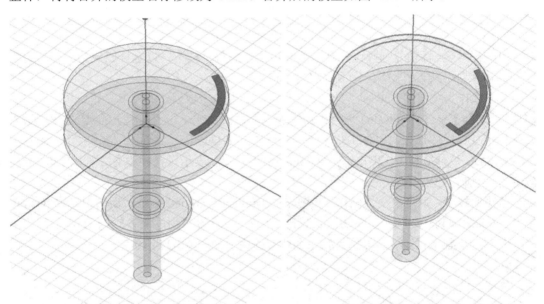

图 4.3.20　辐射片环形枝节的外侧枝节　　　　图 4.3.21　合并后的模型

(8) 重复上述第(1)~(6)的操作步骤,创建圆心在点(0, 0, 4.65),内半径为 8.08 mm 和外半径为 9.08 mm 的圆环面;在点(0, 0, 4.65)创建 XSize、YSize 分别为 12 mm 和 10 mm 的矩形贴片,再进行旋转操作,绕 Z 轴旋转 -13°,并利用 HFSS 布尔操作中的相减操作,用圆环模型减去矩形模型;在点(0, 0, 4.65)创建 XSize、YSize 分别为 -12 mm 和 13 mm 的矩形贴片,再进行旋转操作,绕 Z 轴旋转 12°,利用 HFSS 布尔操作中的相减操作,用圆环模型减去矩形模型;在点(10, 0, 4.65)创建 XSize、YSize 分别为 -24 mm 和 -12 mm 的矩形贴片,并利用 HFSS 布尔操作中的相减操作,用圆环模型减去矩形模型;在点(0, 8.1, 4.65)创建 XSize、YSize 分别为 -0.8 mm 和 3 mm 的矩形贴片,再进行旋转操作,绕 Z 轴旋转 7°,并利用 HFSS 布尔操作中的合并操作。最后,将上述得到的外侧枝节、剩余部分圆环和矩形贴片进行合并,合并后的模型如图 4.3.22 所示。

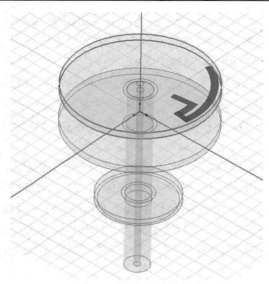

图 4.3.22　合并后的模型

（9）使用绕坐标轴复制操作，复制前一步创建的整个枝节，以坐标原点为中心，绕坐标轴旋转复制得到 2 个枝节，分别命名为 unit2 和 unit3。

单击操作历史树的 Sheets 下的 unit1 节点，选中前一步创建的枝节，然后从主菜单栏中选择【Edit】→【Duplicate】→【Along Axis】命令，或单击工具栏上的 🔲 按钮，进入绕坐标轴复制操作状态，如图 4.3.23 所示，在弹出的 Duplicate Around Axis 对话框中设置 Axis 项为 Z，Angle 项为 120 deg，Total number 项为 2，表示设置物体绕 Z 轴以 120°的间隔逆时针复制一个副本。

选中原枝节，重复上一步操作，在弹出的 Duplicate Around Axis 对话框中设置 Axis 项为 Z，Angle 项为 -120 deg，Total number 项为 2，表示设置物体绕 Z 轴以 120°的间隔顺时针复制一个副本。最后，得到具有三个枝节的模型如图 4.3.24 所示。

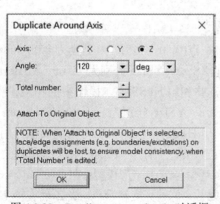

图 4.3.23　Duplicate Around Axis 对话框

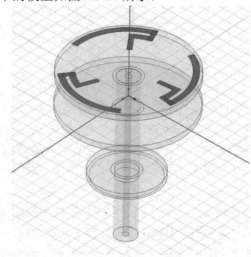

图 4.3.24　具有三个枝节的模型

（10）重复创建圆环的步骤，首先创建圆心在点(0, 0, 4.65)，内半径为 2.4 mm 和外半径为 5.2 mm 的圆环面；再按照创建圆面的步骤创建一个圆心在点(0, 0, 4.65)，半径为 1.1 mm

的圆面。然后按照创建矩形面的步骤，创建一个顶点位置坐标为(0, 1.06, 4.65)，XSize、YSize 分别为 0.5 mm，1.39 mm 的矩形贴片；再按照绕坐标轴复制的步骤，将矩形贴片分别绕 Z 轴 120° 和 −120° 的间隔复制两个相同的矩形面。最后按照合并的步骤，将圆面、三个矩形面、圆环和三个枝节合并，并命名为 top1，得到上层介质板上表面的辐射片，如图 4.3.25 所示。

创建参考地的基本步骤与创建辐射片的基本步骤一致，即按照表 4.3.1 中所给出的尺寸参数先创建三个枝节和一个圆环，再创建一个圆面和三个连接矩形片，完成之后进行合并操作，并命名为 top2。至此，就创建好了全向圆极化宝塔天线的设计模型，如图 4.3.26 所示。

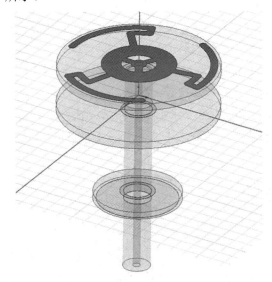

图 4.3.25　上层介质板上表面的辐射片　　　图 4.3.26　全向圆极化宝塔天线模型

2. 设置边界条件和激励

1) 设置理想导体边界条件

因为介质层上、下表面的辐射单元、参考地、圆环等都是金属片，需要为其分配理想导体边界条件。另外，我们还需设置辐射边界。

按住 Ctrl 键，同时选择操作历史树中 Sheets 下的 top1、top2、top3、bottom1、bottom2 和 bottom3 节点，然后在其上单击鼠标右键，在弹出的快捷键菜单中选择【Assign Boundary】→【Perfect E】命令，打开理想导体边界条件设置对话框，如图 4.3.27 所示。在该对话框中保留默认设置不变，直接单击【OK】按钮，即可设置平面模型 top1、top2、top3、bottom1、bottom2 和 bottom3 为理想导体边界条件。理想导体边界条件的名称 PerfE1

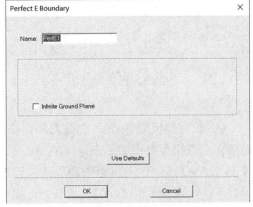

图 4.3.27　理想导体边界条件设置

会添加到工程树的 Boundaries 节点下。此时，平面 top1、top2、top3、bottom1、bottom2 和 bottom3 等效为理想导体面。

2) 设置辐射边界条件

使用 HFSS 分析设计天线一类的辐射问题，在模型建好之后，用户还必须设置辐射边界条件，且辐射表面和辐射体的距离需要不小于 1/4 个波长。在这里我们首先创建一个长方体模型，然后设置该长方体的表面为辐射边界条件。

(1) 从主菜单栏中选择【Draw】→【Box】命令或者单击工具栏上的 🗇 按钮，进入创建长方体的状态，然后在三维模型窗口中创建一个任意大小的长方体。新建的长方体会添加到操作历史树的 Solids 节点下，其默认的名称为 Box1。

(2) 双击操作历史树中 Solids 下的 Box1 节点，打开新建长方体属性对话框的 Attribute 选项卡，把长方体的名称改为 AirBox，并设置材料为 air，透明度为 0.8，然后单击【确定】。

(3) 双击操作历史树 AirBox 下的 CreateBox 节点，打开新建长方体对话框中的 Command 选项卡，在该选项卡中设置长方体的顶点坐标和尺寸。在 Position 文本框中输入顶点位置坐标(−50, −50, −50)，在 XSize、YSize 和 ZSize 文本框中分别输入长方体的宽、长和高分别为 100、100 和 100，如图 4.3.28 所示，然后单击【确定】。

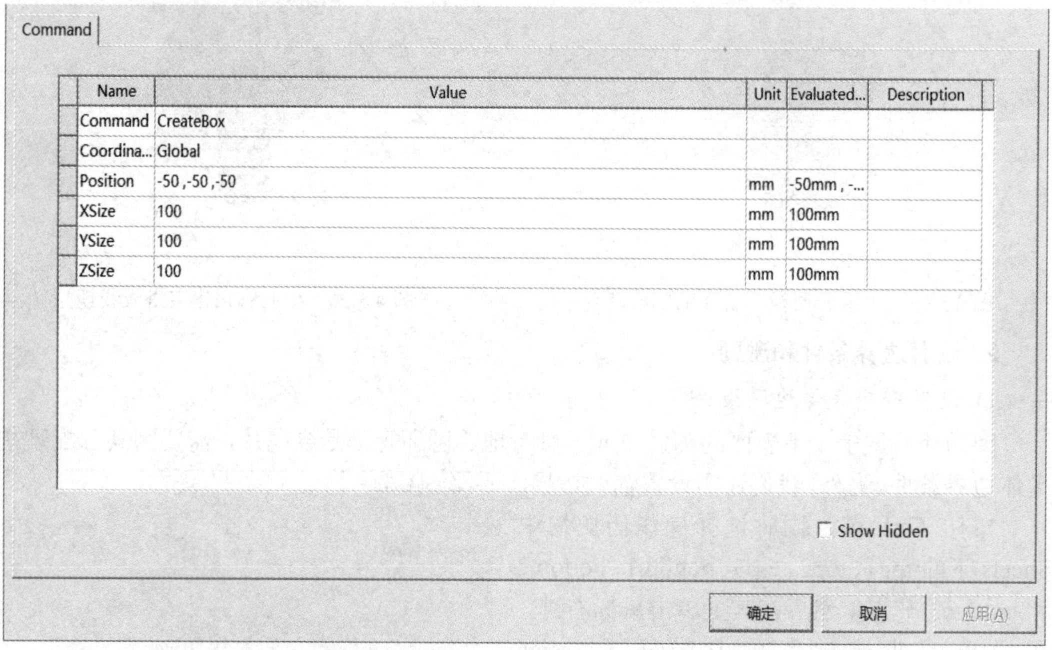

Name	Value	Unit	Evaluated...	Description
Command	CreateBox			
Coordina...	Global			
Position	-50 ,-50 ,-50	mm	-50mm , -...	
XSize	100	mm	100mm	
YSize	100	mm	100mm	
ZSize	100	mm	100mm	

☐ Show Hidden

确定　　取消　　应用(A)

图 4.3.28　长方体对话框中的 Command 选项卡

(4) 长方体模型 AirBox 创建好后，在操作历史树下单击 AirBox 节点以选中该模型。然后在三维模型窗口中单击鼠标右键，在弹出的快捷菜单中选择【Assign Boundary】→【Radiation】命令，打开辐射边界条件设置对话框，如图 4.3.29 所示。保留对话框的默认设置不变，直接单击【OK】，把长方体模型 AirBox 的表面设置为辐射边界条件。辐射边界条件的名称 Rad1 同样添加到工程树的 Boundaries 节点下。

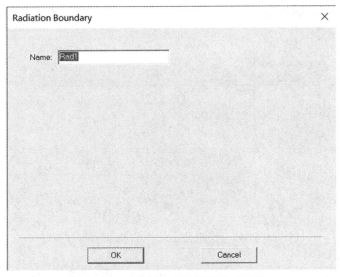

图 4.3.29 辐射边界条件设置对话框

3) 设置激励方式

因为同轴线馈电端口在设计模型的内部,所以需要使用集总端口激励。在设计中,将 Coxout 的下表面设置为集总端口激励,端口阻抗设置为 50 Ω。

(1) 选中 Coxout 的下表面,再单击右键,从右键弹出的菜单中选择【Assign Excitation】 →【Lumped Port】命令,打开如图 4.3.30 所示的集总端口设置对话框。在该对话框中, Name 项输入端口名称 1,端口阻抗(Full Port Impedance)项保留默认的 50 ohm 不变,单击 【下一步(N)】;在 Modes 界面,单击 Integration Line 项的 none,从下拉列表中单击 New Line...,进入三维模型窗口设置积分线,积分线设置见图 4.3.31。

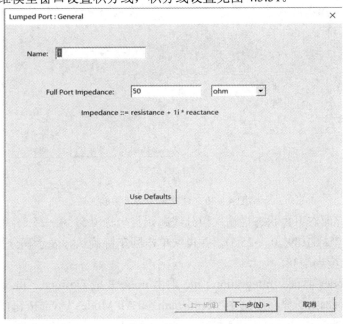

(a)

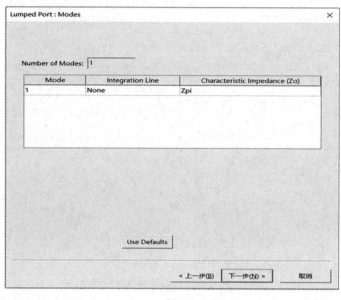

(b)

(c)

图 4.3.30　设置集中端口激励

　　(2) 在工作界面右下角状态栏输入积分线起始点坐标(0.51, 0, -25.3)，单击回车键确认；然后再输入相对坐标(1.89, 0, -25.3)，并再次单击回车键确认，表示积分线从 X 轴负向指向 X 轴正向，长度为 1.38。

　　(3) 回到 Modes 界面，Integration Line 项由 none 变成 Defined，再次单击【下一步】按钮，在 Post Processing 界面中选中"Renormalized All Modes"单选按钮，并设置 Full Port Impedance 项为 50 ohm。单击【完成】按钮，完成集总端口激励方式的设置，如图 4.3.31 所示。

　　设置完成后，集总端口激励的名称"1"会添加到工程树的 Excitations 节点下。

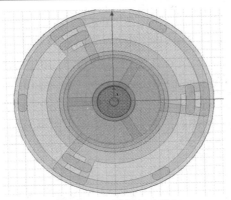

图 4.3.31　设置积分线

3. 求解设置与检查运算

1) 求解频率和网络剖分设置

全向圆极化宝塔天线的中心频率为 5.8 GHz，因此求解频率设置为 5.8 GHz。同时添加 4.8～6.8 GHz 的扫频设置，选择快速(Fast)扫频类型，分析天线在 4.8～6.8 GHz 频段的回波损耗或电压驻波比。

设置求解频率为 5.8 GHz，自适应网络剖分的最大迭代次数为 6，收敛误差为 0.02。

右键单击工程树下的 Analysis 节点，从弹出的快捷菜单中选择【Add Solution Setup】命令，打开 Solution Setup 对话框。在 Solution Frequency 处设置求解频率为 5.8 GHz，在 Maximum Number of Passes 文本框中设置最大迭代次数为 6，在 Maximum Delta S 文本框中设置收敛误差为 0.02，其他选项保留默认设置，如图 4.3.32 所示。单击【确定】按钮，完成求解设置。

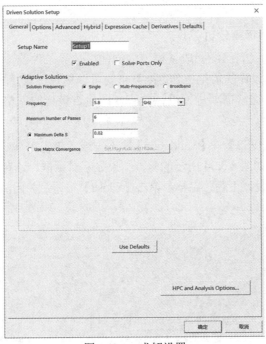

图 4.3.32　求解设置

设置完成后，求解设置项的名称 Setup1 会添加到工程树的 Analysis 节点下。

2) 扫频设置

扫频类型选择快速扫频，扫频频率范围为 4.8～6.8 GHz，频率步进为 0.02 GHz。

展开工程树下的 Analysis 节点，右键单击新添加的求解设置项 Setup1，在弹出的快捷菜单中选择【Add Frequency Sweep】命令，打开 Edit Sweep 对话框，如图 4.3.33 所示。在该对话框中的 Sweep Type 下拉列表框设置扫描类型为 Fast；在 Frequency Setup 选项组中的 Size 设置为 0.02 GHz，其他选项都保留默认设置。单击对话框中的【OK】按钮，完成设置。

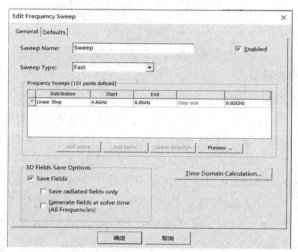

图 4.3.33　扫频设置

设置完成后，该扫频设置项的名称 Sweep 会添加到工程树中 Analysis 节点的求解设置项 Setup1 下面。

4. 设计检查和运行仿真分析

通过前面的操作，我们已经完成了模型的创建、边界条件的添加、端口激励的设置，以及求解设置等 HFSS 设计的前期工作，接下来就可以运行仿真计算，并查看分析结果了。在运行仿真计算之前，通常需要进行设计检查，即检查设计的完整性和正确性。

1) 设计检查

从主菜单栏选择【HFSS】→【Validation】命令，或者单击工具栏中对应的按钮，进行设计检查。此时，会弹出如图 4.3.34 所示的检查结果显示对话框，该对话框中的每一项显示图标都表示当前的 HFSS 设计正确、完整。单击【Close】按钮，关闭对话框，运行仿真计算。

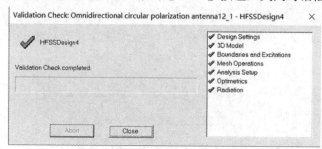

图 4.3.34　检查结果显示对话框

2) 运行仿真分析

右键单击工程树 Analysis 节点下的求解设置项 Setup1，从弹出菜单中选择【Analyze】命令，或者单击工具栏中对应的按钮，进行运算仿真。

在仿真计算的过程中，进度条窗口会显示求解进度，在仿真计算完成后，信息管理窗口会给出完成的提示信息。

4.4　仿真结果的分析与讨论

4.4.1　查看天线的驻波比 VSWR 和回波损耗 S 参数

使用 HFSS 的数据后处理模块，查看天线信号端口驻波比(VSWR)的扫频分析结果。

右键单击工程树下的 Results 节点，从弹出的菜单中选择【Create Modal Solution Data Report】→【Rectangular Plot】命令，打开报告设置对话框。在该对话框中，确定左侧 Solution 项选择的是 Setup1；Sweep1，在 Category 栏选中 VSWR，Quantity 和 Function 项保留默认设置，如图 4.4.1 所示。单击【New Report】按钮，再单击【Close】按钮关闭对话框。此时，可生成如图 4.4.2 所示的 VSWR 在 4.8～6.8 GHz 频段内的扫频分析结果。

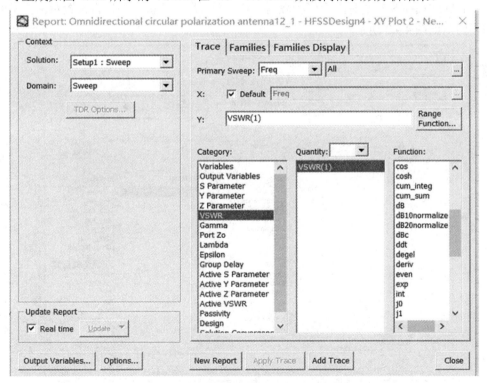

图 4.4.1　分析结果报告设置对话框

从分析结果中可以看出设计的宝塔天线的谐振频率在 5.8 GHz 附近，且在 5.8 GHz 频点上的驻波比在 2 左右。

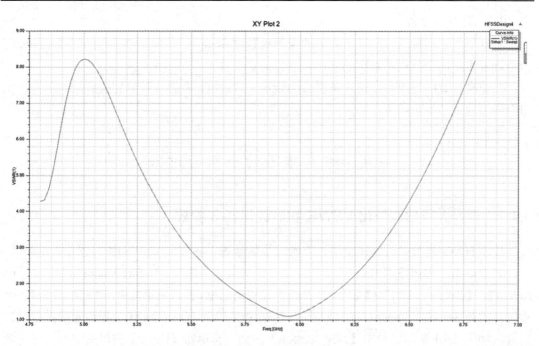

图 4.4.2　VSWR 的扫频分析结果

　　查看回波损耗 S 参数时的操作步骤与上述一致，但在分析结果报告设置对话框里的选项却不同，如图 4.4.3 所示。

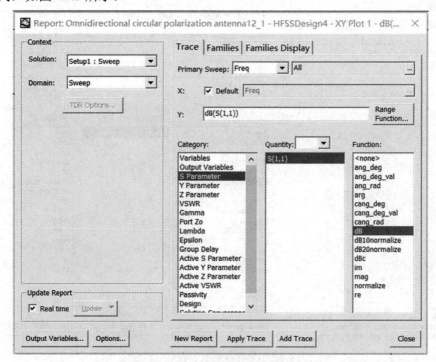

图 4.4.3　分析结果报告设置对话框

　　得到如图 4.4.4 所示的结果图，从分析结果中也可以看出设计的宝塔天线谐振频率在 5.8 GHz 附近，且在 5.6～6.1 GHz 频段内回波损耗值均小于 10 dB。

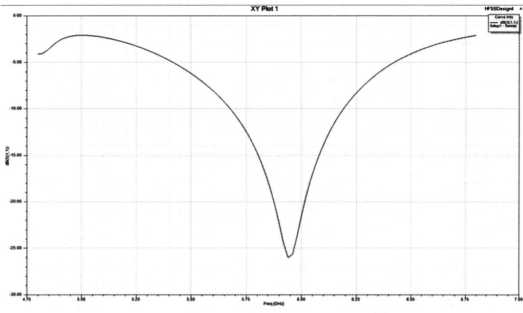

图 4.4.4　S 参数的扫频分析结果

4.4.2　查看天线的辐射方向图

若要查看天线方向图一类的远区场计算结果，首先需要定义辐射表面，辐射表面是在球坐标系下定义的。三维立体空间在球坐标系下就相当于 $0° \leqslant \varphi \leqslant 360°$、$0° \leqslant \theta \leqslant 180°$。

1. 定义三维辐射表面

右键单击工程树下 Radiation 节点，从弹出菜单中选择【Insert Far Field Setup】→【Infinite Sphere】命令，打开 Far Field Radiation Sphere Setup 对话框，定义辐射表面，如图 4.4.5 所示。在该对话框中，Name 项输入辐射表面的名称 3D；Phi 角度对应的 Start、Stop 和 Step 项分别输入 0 deg、360 deg 和 10 deg；Theta 角度对应的 Start、Stop 和 Step 项分别输入 0 deg、180 deg 和 10 deg。单击【确定】按钮完成设置。

此时，定义的辐射表面名称 3D 会添加到工程树的 Radiation 节点下。

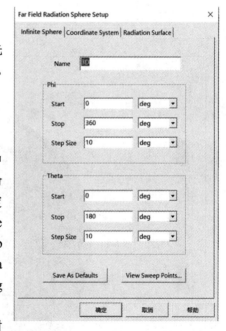

图 4.4.5　定义辐射表面的对话框

2. 查看三维增益方向图

右键单击工程树下的 Results 节点，在弹出的快捷菜单中选择【Create Far Fields Report】→【3D Polar Plot】命令，打开报告设置对话框，如图 4.4.6 所示。在该对话框中 Geometry 的下拉列表中选择前面定义的辐射表面 3D，并在 Category 列表框中选择 Gain，在 Quantity 列表框中选择 GainLHCP，在 Function 列表框中选择 dB。单击【New Report】按钮，生成设计的宝塔天线的三维左旋增益方向图，如图 4.4.7 所示。

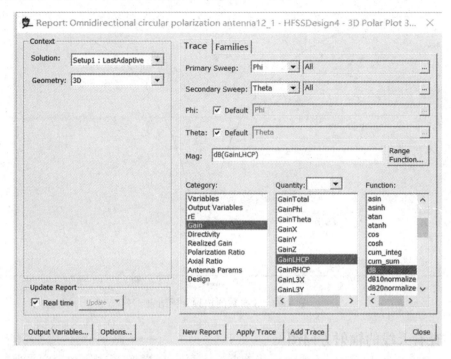

图 4.4.6　查看三维增益方向图的操作

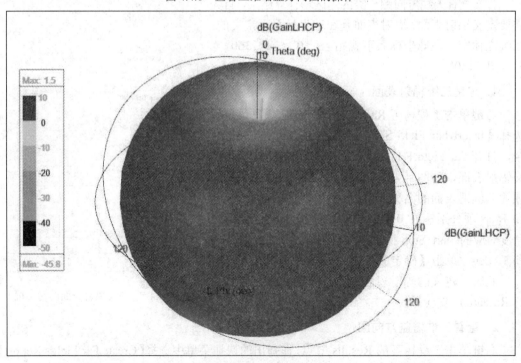

图 4.4.7　左旋三维增益方向图

以同样的操作方法，在 Quantity 列表框中选择 GainRHCP，即可得到宝塔天线的三维右旋增益方向图，如图 4.4.8 所示。

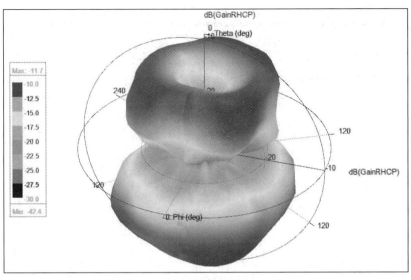

图 4.4.8　右旋三维增益方向图

4.4.3　查看平面增益方向图

先以上述同样的方式创建一个辐射表面，命名为 Infinite Sphere1。

右键单击工程树下的 Results 节点，在弹出的快捷菜单中选择【Create Far Fields Report】→【Rectangular Plot】命令，打开报告设置对话框，如图 4.4.9 所示。在该对话框中的 Geometry 下拉列表中选择前面定义的辐射表面 Infinite Sphere1，在 Primary Sweep 下拉列表中选择 phi、All，在 Category 列表框中同时选择 Gain。按住 Ctrl 键，在 Quantity 列表框中同时选择 GainLHCP 和 GainRHCP，在 Function 列表框中选择 dB。再调至 Families 选项卡，在 Variable 为 Theta 中选择 Value 为 90deg，在 Freq 中选择 Value 为 5.8GHz，如图 4.4.10 所示。调回 Trace 选项卡，单击【New Report】按钮，生成设计的宝塔天线的 H 面的左旋和右旋增益方向图，如图 4.4.11 所示。

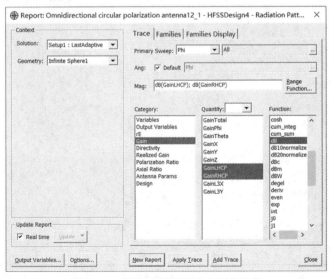

图 4.4.9　查看 H 面增益方向图的操作

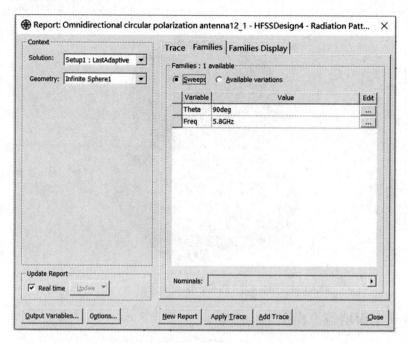

图 4.4.10　选择查看 H 面增益

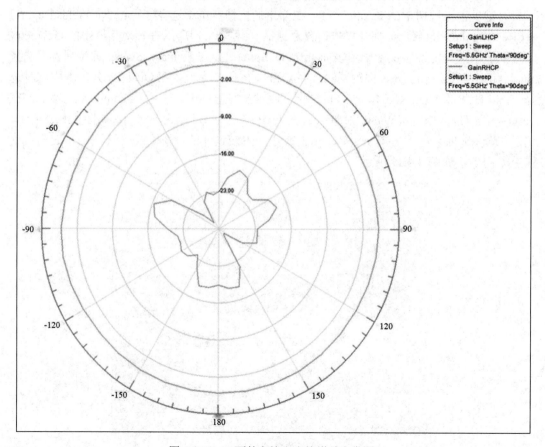

图 4.4.11　H 面的左旋和右旋增益方向图

重复上述操作，在 Primary Sweep 下拉列表中选择 Theta，All，在 Category 列表框中同时选择 Gain。按住 Ctrl 键，在 Quantity 列表框中同时选择 GainLHCP 和 GainRHCP，在 Function 列表框中选择 dB。再调至 Families 选项卡，在 Variable 为 Phi 中选择 Value 为 90 deg，在 Freq 中选择 Value 为 5.8 GHz。然后单击【New Report】按钮，生成设计的宝塔天线的 E 面的左旋和右旋增益方向图，如图 4.4.12 所示。

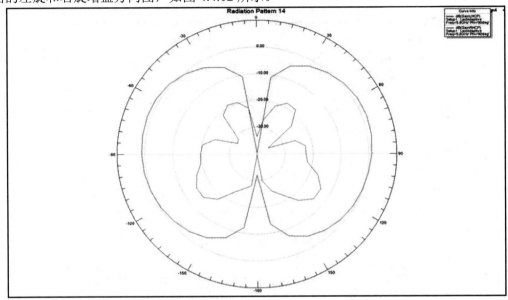

图 4.4.12　E 面的左旋和右旋增益方向图

4.4.4　查看天线的轴比

右键单击工程树下的 Results 节点，在弹出的快捷菜单中选择【Create Far Fields Report】→【Rectangular Plot】命令，打开报告设置对话框，如图 4.4.13 所示。

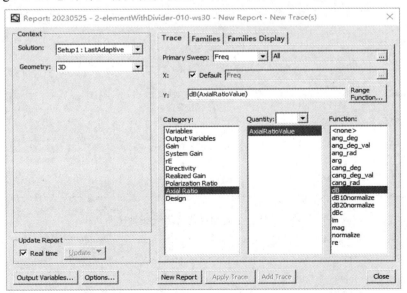

图 4.4.13　轴比 Trace 选项卡设置

在 Primary Sweep 下拉列表中选择 Freq、All。在该对话框中的 Geometry 下拉列表中选择前面定义的辐射表面 3D，并在 Category 列表框中选择 Axial Ratio，在 Quantity 列表框中选择 AxialRatioValue，在 Function 列表框中选择 dB。再调至 Families 选项卡，在 Variable 为 Phi 中选择 Value 为 90 deg，在 Trace 中选择 Value 也为 90 deg，如图 4.4.14 所示。调回 Trace 选项卡，单击【New Report】按钮，生成设计的宝塔天线的轴比图，如图 4.4.15 所示。

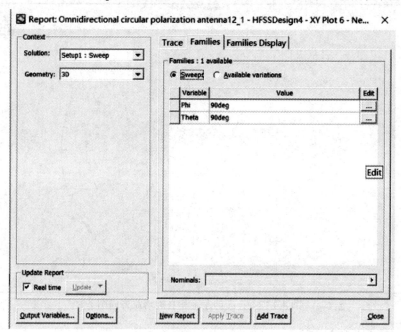

图 4.4.14　轴比 Families 选项卡的设置

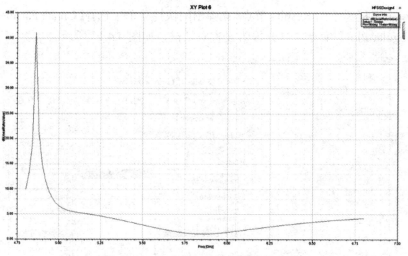

图 4.4.15　全向圆极化宝塔天线轴比图

第5章　螺旋轨道角动量天线的设计与仿真

　　本章通过螺旋轨道角动量(Orbital Angular Momentum，OAM)天线的性能分析实例，详细讲解了使用 HFSS 软件分析设计天线的具体流程和详细操作步骤，详细讲述并演示了 HFSS 中变量的定义和使用，创建螺旋双线 OAM 天线模型的过程，分配边界条件和激励的具体操作，设置求解分析项、参数扫描分析和天线分析结果的查看等内容。

　　希望通过本章的学习，读者能够熟悉和掌握如何把 HFSS 应用到 OAM 天线问题的设计分析工作中去。在本章，读者可以学到以下内容：

> ➢ 如何定义和使用设计变量。
> ➢ 如何使用理想导体边界条件和辐射边界条件。
> ➢ 如何设置集总端口激励。
> ➢ 如何进行参数扫描分析。
> ➢ 如何查看天线的驻波比。
> ➢ 如何查看天线的方向图。
> ➢ 如何使用和添加场计算器。
> ➢ 如何在辐射表面查看电场分布图。

5.1　设　计　背　景

　　相比于环形阵列天线和亚波长结构阵列天线，环形行波 OAM 天线具有原理简单、易于实现、易于小型化和集成化的优势。因此，目前的小型化 OAM 天线具有基于环形行波 PCB 天线的结构，其物理口面直径约为 $\lambda_0 l/\pi$(λ_0 为其中心频率上的真空中波长)。然而，此类天线受其剖面高度和物理口径的固有限制，辐射性能不够理想，增益峰值一般不超过 4 dB。另一方面，现有 OAM 天线中具有较好增益性能的设计方案，大多采用了具有较大物理口径的结构，如抛物反射面、法布里-佩洛特腔和天线阵列等。综上所述，现有 OAM 天线的尺寸大小与辐射性能间的矛盾十分突出；基于 PCB 的环形行波 OAM 天线虽能解决小型化与集成化的问题，但其增益性能较为有限。针对 OAM 天线增益与尺寸间的突出矛盾，本章以类似于传统单绕螺旋天线的新结构，设计了一种小型化双模 OAM 螺旋天线。该天线物理口面直径同样保持在 $\lambda_0 l/\pi$ 左右，在 5 GHz 上实测增益峰值达到 7.6 dB。不同于传统的金属丝绕制结构，该天线采用柔性 PCB 卷曲而成，具有易于加工、结构紧凑、成本低廉的优点。该天线能产生模态 $l = 3$ 的 OAM 波束。

5.2 设 计 原 理

行波天线指的就是天线电流工作于行波模式下的天线，螺旋天线就是这类天线的代表之一。根据研究表明，要想产生轨道角动量波束，需从合理设计螺旋天线的直径波比 D/λ 入手，需要满足螺旋一圈的周长大于一个波长。由于螺旋天线的电流是沿臂均匀分布的，因此要设计出模态为 L 的 OAM 波束，需令螺旋臂一圈上的电流相位变化为 $2\pi L$。本章设计的是圆柱形螺旋天线，通过改变天线的尺寸来达到产生 OAM 波束的目的。相比于传统螺旋天线，该天线增加了 AP8545 柔性介质板，目的在于解决可产生 OAM 的传统螺旋天线的工艺和结构复杂、不易集成的技术难题。

螺旋 OAM 天线是由辐射元、介质层、同轴馈线、参考地和空气腔五部分组成。其中，辐射元是一条印刷在呈筒状的柔性介质板上的金属带。与天线性能相关的参数包括辐射元螺旋线的半径 r_r、螺旋线的宽度 w、相邻螺旋线之间的螺距 h、旋转圈数 n、介质板厚度 r_{AP8545}、接地板半径 r_{gnd}、同轴馈线半径 r_{coxout}、同轴馈线内芯半径 r_{coxin} 和同轴馈线长度 L，如图 5.2.1 所示。

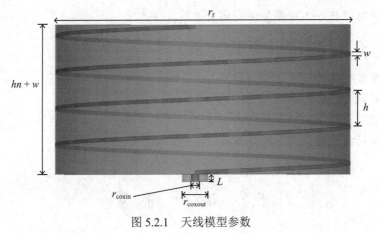

图 5.2.1　天线模型参数

5.3　ANSYS HFSS 软件的仿真实现

本章设计的天线实例是使用同轴线馈电的螺旋结构，HFSS 工程可以选择模式驱动求解类型。在 HFSS 中如果需要计算远区辐射场，必须设置辐射边界表面或者 PML 边界表面，这里使用辐射边界条件。为了保证计算的准确性，辐射边界表面距离辐射源通常需要大于 1/4 个波长。因为使用辐射边界表面，所以同轴馈线端口位于模型内部，端口激励方式需要定义为集总端口激励。

天线的中心频率为 5 GHz，因此设置 HFSS 的求解频率(即自适应网格剖分频率)为 5 GHz。同时，添加 4.5～5.5 GHz 的扫频设置，分析天线在 4.5～5.5 GHz 频段内的电压驻波比。介质基片采用厚度为 5 mil(1 mil = 0.0254 mm)的 AP8545 柔性介质材料，其相对介电常数 ε_r = 3.35，损耗正切 $\tan\delta$ = 0.001，且天线使用 50 Ω 的同轴馈电。

5.3.1　螺旋天线建模概述

为了方便建模和性能分析，在设计中首先定义多个变量来表示螺旋天线的结构尺寸。变量的定义以及天线的结构尺寸如表 5.3.1 所示。

表 5.3.1　变 量 定 义

结构名称	变量名	变量符号	变量值/mm
螺旋天线	半径	rr	27
	线宽	w	0.5
	相邻螺线距离(螺距)	h	5
	旋转圈数	n	4 (无单位)
AP8545 介质板	厚度	rAP8545	0.127 (5 mil)
接地板	半径	rgnd	50
同轴馈线	外表面半径	rcoxout	1.5
	内芯半径	rcoxin	0.5
	高度	L	−1

螺旋 OAM 天线的 HFSS 设计模型如图 5.3.1 所示。接地板的中心位于坐标点，螺旋线的基线在 X 轴上，并与 Z 轴平行，基线距离坐标原点的距离就是螺旋线的半径，基线的高度(Z 坐标的值)即为螺旋线的宽度。螺旋线的法向量沿着 Z 轴正方向，螺旋线旋转一周，其高度上升 5 mm，即螺距为 5 mm。介质板的外表面半径与螺旋线半径一样，用来模拟将螺旋线印刷在介质板的表面；内表面是由两圆柱体经过布尔运算中的相减操作得到的；两圆柱体的半径之差就是介质板的厚度。当参考使用理想薄导体来代替时，在 HFSS 中通过给一个二维平面模型分配理想导体边界条件的方式来模拟理想薄导体。对于馈电所用的 50 Ω 同轴线，这里用圆柱体模型来模拟。使用半径为 0.5 mm、材质为理想导体(pec)的圆柱体模型模拟同轴馈线的内芯；使用半径为 1.5 mm 的圆柱体模型模拟同轴线的介质层，并将其外表面设置为理想导体边界，模拟同轴线的外导体。圆柱体与 Z 轴平行放置，其上表面与参考地相接，且圆心坐标为(rr, 0, 0)，高度使用变量 L 表示。在与圆柱体相接的参考地面上需要挖出一个半径为 1.5 mm 的圆孔，以使同轴线的输入信号通过，并将同轴馈线下底面的激励方式设置为集总端口激励，且端口归一化阻抗为 50 Ω。

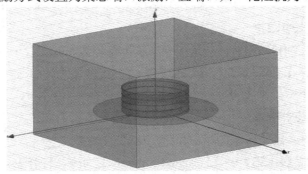

图 5.3.1　天线模型

当使用 HFSS 分析设计天线一类的辐射问题时，在模型建好之后，用户还必须设置辐射边界条件。辐射边界表面距离辐射源通常需要大于 1/4 个波长，比如 5 GHz 时自由空间中 1/4 个波长约为 15 mm。这里，首先创建一个长方体模型，并设置各个表面和螺旋天线模型之间的距离，然后再把长方体模型的所有表面边界都设置为辐射边界。

5.3.2 HFSS 设计环境概述

(1) 求解类型：模式驱动求解。

(2) 建模操作：

模型原型：螺旋线、圆柱体、长方体、圆面。

模型操作：相减操作。

(3) 边界条件和激励：

边界条件：理想导体边界条件、辐射边界条件。

端口激励：集总端口激励。

(4) 求解设置：

求解频率：5 GHz。

扫频设置：快速扫频，频率范围 4.5～5.5 GHz。

(5) 数据后处理：电压驻波比 VSWR、天线方向图、电场分布图等。

下面就来详细介绍具体的设计操作和完整的设计过程。

5.3.3 新建 HFSS 工程

1. 运行 HFSS 并新建工程

HFSS 运行后，会自动新建一个工程-文件，选择主菜单栏【File】→【Save As】命令，把工程文件另存为 OAMDemo.hfss。

2. 设置求解类型

把当前设计的求解类型设置为模式驱动求解。

从主菜单栏选择【HFSS】→【Solution Type】命令，在打开的对话框选中 Driven Modal，然后单击【OK】，完成设置，界面见图 5.3.2。

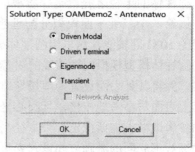

图 5.3.2 设置求解类型

5.3.4 创建螺旋 OAM 天线模型

1. 设置默认的长度单位

设置当前设计在创建模型时所使用的默认长度单位为 mm。

从主菜单栏选择【Modeler】→【Units】命令，在打开的对话框中，Select units 项选择毫米单位；然后单击按钮【OK】完成设置。

2. 添加和定义设计变量

在 HFSS 中定义和添加表 5.3.1 中列出的所有设计变量。

从主菜单栏选择【HFSS】→【Design Properties】命令，打开设计属性对话框，单击对话框中的按钮【Add...】，打开 Add Property 对话框；在 Add Property 对话框中的 Name 项输入第一个变量名称 rr，Value 项输入该变量的初始值 27 mm；然后单击【OK】按钮，添加变量 rr 到设计属性对话框中，如图 5.3.3 所示。

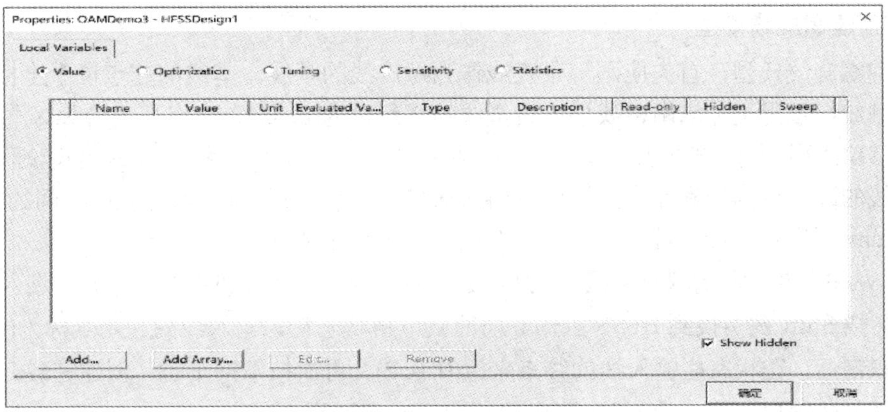

(a) 添加变量

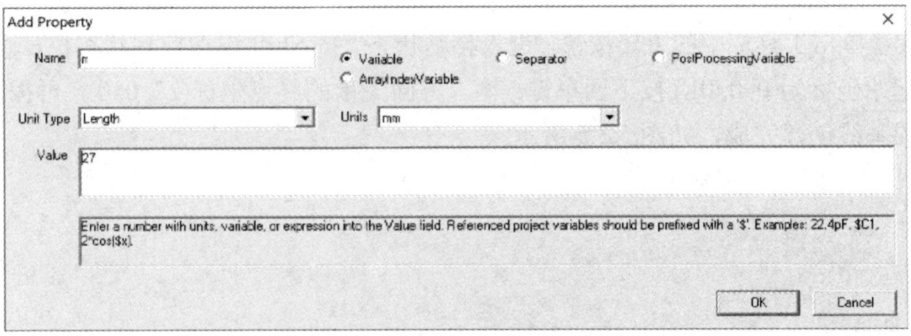

(b) 定义变量

图 5.3.3　变量的添加和定义

使用相同的操作步骤，分别定义变量 w，其初始值为 0.5 mm；定义变量 h，其初始值为 5 mm；定义变量 n，其初始值为 4，表示圈数，没有单位；定义变量 rAP8545，其初始值为 5 mil；定义变量 rgnd，其初始值为 50 mm；定义变量 rcoxout，其初始值为 1.5 mm；定义变量 rcoxin，其初始值为 0.5 mm；定义变量 L，其初始值为 −1 mm。各变量定义完成后，确认设计属性对话框如图 5.3.4 所示。

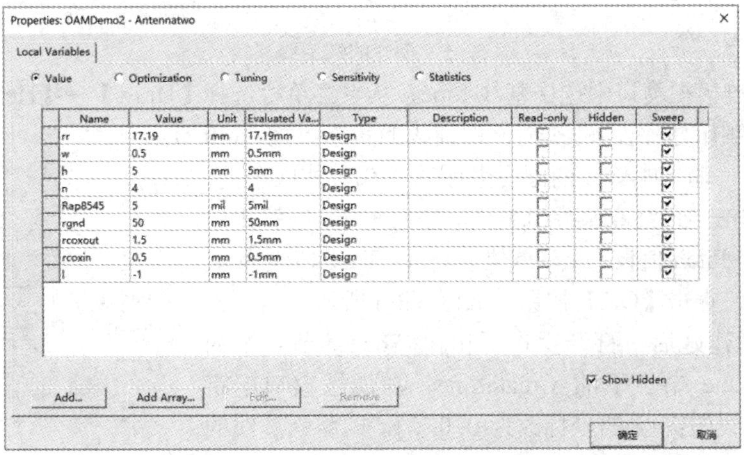

图 5.3.4　所有变量设计属性对话框

最后，单击【确定】，完成所有变量的定义和添加工作，退出对话框。

3. 创建螺旋线模型

创建螺旋线模型，首先应画一条直线作为螺旋线的基线，基线的起点位于坐标原点，为了使基线显示得更加清晰，我们先将基线的终点设为(0, 0, 2)；将基线沿着 X 轴正方向移动，移动距离为 rr，即螺旋线的半径 rr。模型建好后，将其命名为 line；创建螺旋线时，将螺旋线的圆心设为坐标原点，法向量沿 Z 轴的正方向，Pitch(相邻螺旋线之间的螺距)设为 h，Tuns(圈数)设为 n，线宽设为 w。其操作步骤如下所述。

(1) 从主菜单栏选择【Draw】→【line】命令，或者单击工具栏按钮 ✎ ，进入创建线的状态。按 Shift 键切换到 HFSS 工作界面的右下角状态栏，输入线的起始坐标为(0, 0, 0)；按下回车键后，在状态栏输入线的终点坐标(0, 0, 2)，再次按下回车键，创建完成。在左下角的属性创建窗口，将线的名称(Name)改为 Line。

(2) 在三维模型窗口中点击鼠标左键选中 Line，从主菜单栏选择【Draw】→【move】命令，或者单击工具栏中的 ⊡ 按钮，进入移动状态。按 Shift 键切换到状态栏，输入方向矢量的起始坐标为(0, 0, 0)，按下回车键；输入方向矢量的终点坐标(27, 0, 0)，再按回车键，螺旋线的基线创建完成，如图 5.3.5 所示。

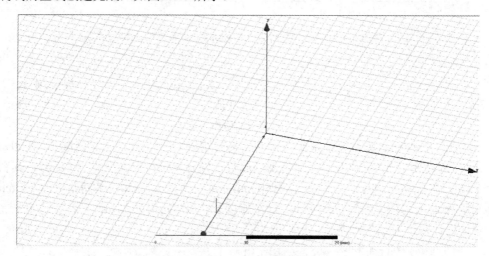

图 5.3.5　创建的螺旋线基线

(3) 在三维模型窗口中选中基线 Line，从主菜单栏选择【Draw】→【Helix】命令，或者单击工具栏中的按钮，进入创建螺旋线的状态；按 shift 切换到状态栏，输入螺旋线的圆心坐标(0, 0, 0)，按回车键；输入螺旋线的法向量终点坐标(0, 0, 1)，按回车键；在弹出的 Helix 窗口中，Pitch 值设为 h，单位为 mm，Tuns 值设为 n，且 n 取值为 4，点击【OK】按钮，如图 5.3.6 所示。

螺旋线创建好后，打开操作历史树 Sheets 节点下的 Line，双击 Line 节点下的 CreateLine，在属性窗口中将 Point2(螺旋基线的终点)的坐标改为(0, 0, w)，即将螺旋线的线宽设置为 w，如图 5.3.7 所示。

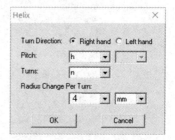

图 5.3.6　螺旋线属性设置窗口

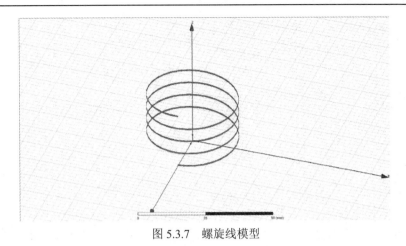

图 5.3.7　螺旋线模型

5.3.5　创建介质基片

创建厚度为 5 mil 的圆柱面模型用以表示介质基片。圆柱面模型的创建可以通过对两个不同半径的圆柱体进行布尔相减运算得到，模型的底面位于 XOY 平面，中心位于坐标原点；模型的材料为 AP8545，并将模型命名为 Substrate。其操作步骤如下所述。

(1) 从主菜单栏选择【Draw】→【Cylinder】命令，或者单击工具栏中的 按钮，进入创建圆柱体的状态，然后移动鼠标光标，在三维模型窗口创建一个任意大小的圆柱体。新建的圆柱体会添加到操作历史树的 Solids 节点下，在左下角的属性窗口中将圆柱体的名称(Name)改为 AP8545。单击 Color 项对应的按钮打开调色板，选中深绿色，即把圆柱体的颜色设置为深绿色；再单击 Transparent 项对应的按钮，设置模型透明度为 0.6。此时的圆柱体模型如图 5.3.8 所示。

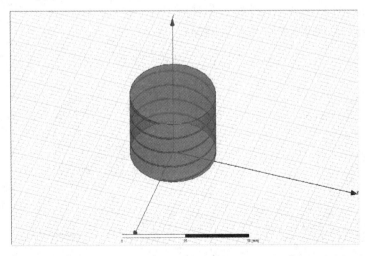

图 5.3.8　圆柱体模型

(2) 单击操作历史树 Substrate 节点下的 Createlinder，在属性窗口中设置圆柱体的底面圆心坐标和大小尺寸。其中，在 Center Position 项输入底面圆心坐标(0, 0, 0)；在 Radius 项输入 rr；在 Height 项输入 h*n + w，如图 5.3.9 所示，按回车键。此时圆柱体模型创建完成。

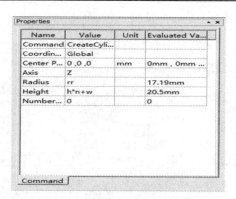

图 5.3.9　圆柱体模型属性窗口

(3) 创建第二个圆柱体模型。从主菜单栏选择【Draw】→【Cylinder】命令，或者单击工具栏中对应的按钮，进入创建圆柱体的状态，然后移动鼠标光标，在三维模型窗口创建一个任意大小的圆柱体。新建的圆柱体会添加到操作历史树的 Solids 节点下，在左下角的属性窗口中将圆柱体的名称(Name)改为 AP8545Cut。单击 Color 项对应的按钮，打开调色板，选中深绿色，即把圆柱体的颜色设置为深绿色；再单击操作历史树 Substrate 节点下的 Createlinder，在属性窗口中设置圆柱体的底面圆心坐标和大小尺寸。其中，在 Center Position 项输入底面圆心坐标(0, 0, 0)；在 Radius 项输入 rr − rAP8545；在 Height 项输入 h*n + w，按回车键。此时第二个圆柱体模型创建完成。

(4) 创建厚度为 rAP8545 = 5 mil 的介质基板。利用 HFSS 布尔操作中的相减操作来创建介质基板，按住 Ctrl 键，再按先后顺序依次单击操作历史树下的 AP8545 和 AP8545Cut，则同时选中两个物体。然后，从主菜单栏选择【Modeler】→【Boolean】→【Substrate】命令，或者单击工具栏中对应的按钮，打开如图 5.3.10 所示的对话框。确认对话框中 blank Parts 栏显示的是 AP8545，Tool Parts 栏显示的是 AP8545Cut，表明使用模型 AP8545 减去模型 AP8545Cut，然后单击【OK】执行相减操作后，即生成如图 5.3.11 所示的圆柱面形的介质板模型。此时，模型名称仍然是 AP8545。

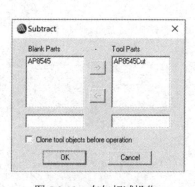

图 5.3.10　布尔相减操作

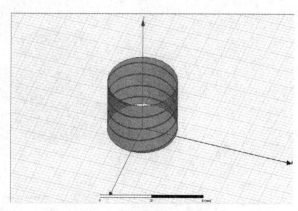

图 5.3.11　螺旋介质基板

(5) 设置介质板材料为 AP8545。在操作历史树下单击 Substrate，选中介质板模型；在属性窗口 Material 项的下拉列表中单击 Edit...项，打开 Select Definition 对话框；单击该对话框左下角的【View/Edit Material】按钮，打开如图 5.3.12 所示的 View/Edit Material 对话框。在 View/Edit Material 对话框中，Material Name 项输入材料名称 AP8545，Relative Permittivity 项对应的 Value 值处输入相对介电常数 3.35，Dielectric Loss Tangent 项对应的 Value 值处输入介质的损耗正切 0.001，然后单击【OK】按钮，退出对话框。Select Definition 对话框中选中添加的 AP8545 材料，单击【确定】按钮，退出 Edit Libraries 对话框。此时，AP8545 材料设置为当前模型所使用的默认材料。

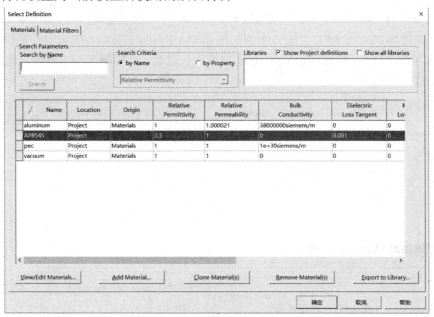

图 5.3.12　材料设置对话框

至此，完整的介质基片模型就创建好了。

5.3.6　创建参考地

在介质基片的底面，创建一个中心位于坐标原点，半径为 rgnd 的圆面，并将其命名为 GND。其具体操作步骤如下：

(1) 从主菜单栏选择【Draw】→【Circle】命令，或者单击工具栏的按钮 ◯，进入创建圆面的状态；然后在三维模型窗口的 XOY 面上创建任意大小的圆面，并在属性窗口中将 Name 改为 GND，将 Transparent(透明度)设置为 0.6。

(2) 单击操作历史树 GND 节点下的 CreateCircle，在左下角的属性对话框中设置圆面的圆心和半径。其中，在 CenterPosition 项输入圆心坐标(0, 0, 0)，在 Radius 项输入圆面半径 rgnd，然后点击回车键完成设置。

5.3.7　创建同轴馈线

创建一个圆柱体作为同轴馈线的内芯，圆柱体的半径为 0.5 mm，高度为 L，圆柱体底部圆心坐标为(rr, 0, 0)，材质为理想导体，同轴馈线内芯命名为 Coxin。再创建一个圆柱体，将其表面作为同轴馈线的外表面，圆柱体的半径为 1.5 mm，高度为 L，圆柱体底面圆心坐标为(rr, 0, 0)，材质为默认真空，同轴线外表面命名为 Coxout。其具体操作步骤如下：

1. 创建同轴线内芯

从主菜单栏选择【Draw】→【Cylinder】命令，或者单击工具栏按钮，进入创建圆柱体的状态，然后移动鼠标光标在三维模型窗口创建一个任意大小的圆柱体。新建的圆柱体会添加到操作历史树的 Solids 节点下，在左下角的属性窗口将 Name 修改为 Coxin，将 Materials 设置为 pec，将圆柱体颜色设置为棕色，如图 5.3.13 所示，然后点击回车键完成设置。

单击操作历史树 Coxin 节点下的 CreateCylinder，打开新建圆柱体的属性窗口。在该窗口中设置圆柱体的底面坐标、半径和长度；在 Center Position 项输入底面圆心坐标(rr, 0, 0)；在 Radius 项输入半径值 rcoxin；在 Height 项输入长度值 L，如图 5.3.14 所示，然后点击回车键，完成同轴线内芯的建立。

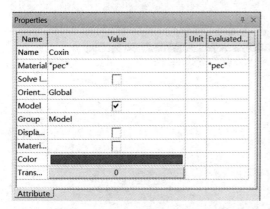

图 5.3.13　同轴线内芯材料属性设置

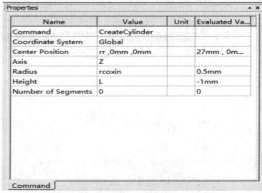

图 5.3.14　同轴线内芯属性窗口 Command

2. 创建同轴线外导体

从主菜单栏选择【Draw】→【Cylinder】命令，或者单击工具栏中的 ⊟ 按钮，进入创建圆柱体的状态，然后移动鼠标光标在三维模型窗口创建一个任意大小的圆柱体。新建的圆柱体会添加到操作历史树的 Solids 节点下，在左下角的属性窗口将 Name 修改为 Coxout，Materials 默认为真空，透明度设置为 0.6，如图 5.3.15 所示，然后点击回车键完成设置。

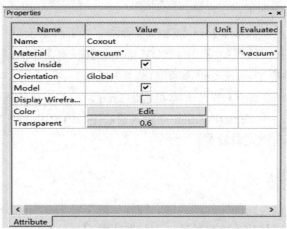

图 5.3.15　同轴线外导体属性窗口

单击操作历史树 Coxout 节点下的 CreateCylinder，打开新建圆柱体的属性窗口。在该窗口中设置圆柱体的底面坐标、半径和长度，在 Position 项输入底面圆心坐标(rr, 0, 0)，在 Radius 项输入半径值 rcoxout，在 Height 项输入长度值 L，如图 5.3.16 所示，然后点击回车键，完成同轴线外圆柱体的建立。

至此，同轴线模型就创建完成了，如图 5.3.17 所示。

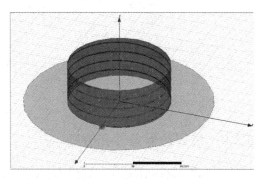

图 5.3.16　同轴线外导体参数设置窗口　　　　图 5.3.17　同轴线模型

5.3.8　创建信号传输端口面

同轴馈线需要穿过参考底面传输信号能量，因此需要在参考地面 GND 上开一个圆孔允许能量传输。首先在参考底面 GND 上创建一个半径为 1.5 mm、圆心坐标为(rr, 0, 0)的圆面，并将其命名为 Port；然后执行相减操作，用面 GND 减去 Port，这样即可在参考底面 GND 上开出一个圆孔。其具体操作如下所述。

1. 创建圆面 Port

从主菜单栏选择【Draw】→【Circle】命令，或者单击工具栏中的 ◯ 按钮，进入创建圆面的状态；然后在三维模型窗口的 xoy 面上创建任意大小的圆面，并在属性窗口中将 Name 改为 Port，按回车键完成设置。

单击操作历史树 Port 节点下的 CreateCircle，在左下角的属性对话框中设置圆面的圆心和半径。其中，在 CenterPosition 项输入圆心坐标(rr, 0, 0)；在 Radius 项输入圆面半径 1.5 mm，然后点击回车键完成设置。

2. 使用相减操作在参考地面挖一个圆孔

按住 Ctrl 键，先后依次单击操作历史树 Sheets 节点下的 GND 和 Port，同时选中这两个平面。然后从主菜单栏选择【Modeler】→【Boolean】→【Substrate】命令，或者单击工具栏的 ⊡ 按钮，打开如图 5.3.18 所示的 Subtract 对话框。确认对话框中 Blank Parts 栏显示的是 GND，Tools Parts 栏显示的是 Port，表明使用参考地模型 GND 模型减去圆面模型 Port。同时，为了保留圆面 Port 本身，需要选中对话框中的 Clone tool objects before operation 复选框，单击【OK】执行相减操作，即从 GND 模型中挖去了与圆面 Port 一样大小的圆孔，同时保留了圆面 Port 本身。

至此，就创建好了螺旋 OAM 天线的设计模型，如图 5.3.19 所示。

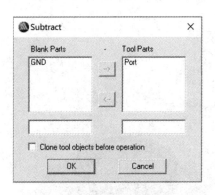

图 5.3.18　相减操作对话框

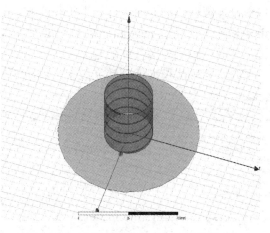

图 5.3.19　创建好的螺旋 OAM 天线模型

5.3.9　设置边界条件和激励

作为螺旋 OAM 天线，辐射螺旋线、参考地、同轴线外表面都需要是导体。这里，把螺旋线 Line、参考地 GND 和 Coxout 的外表面都设置为理想导体边界，即把模型 Line、GND 和模型 Coxout 外表面看作是理想导体面。另外，对于天线问题的分析还需要设置辐射边界条件。其具体操作步骤如下所述。

1. 设置理想导体边界

(1) 为螺旋线 Line 设置理想导体边界条件。单击历史操作树 Sheets 节点下的 Line，选中该模型，然后单击右键，从右键弹出的菜单中选择【Assign Boundary】→【Perfct E】命令，打开理想导体设置对话框，对话框保留默认设置不变，直接单击【OK】，设置模型 Line 的边界条件为理想导体边界条件。理想导体边界条件的默认名称 PerfE1 会自动添加到工程树的 Boundaries 节点下。此时，模型 Line 等效于一个理想导体面。

(2) 为参考地 GND 设置理想导体边界条件。单击操作历史树 Sheets 节点下的 GND，选中该平面模型，使用和前面相同的操作设置平面 GND 为理想导体边界条件。理想导体边界条件的默认名称为 PerfE2。

(3) 为同轴线外表面设置理想导体边界条件。在三维模型窗口任意位置单击右键，从弹出菜单中选择【Select Faces】命令，或者单击键盘上的 F 键，切换到面选择状态。在信号端口 Port 的上表面靠近 x 轴正方向处，单击鼠标键，选中 Port 的上表面，然后按下键盘上的 B 快捷键，此时会选中同轴线外表面。选中同轴线外表面之后，单击右键，从右键弹出的菜单中选择【Assign Boundary】→【Perfct E】命令，打开理想导体设置对话框，对话框保留默认设置不变，直接单击按钮设置同轴线外表面的边界条件为理想导体边界条件。理想导体边界条件的默认名称 PerfE3 会自动添加到工程树的 Boundaries 节点下。此时，同轴线外表面等效于一个理想导体面。

2. 设置辐射边界条件

在 HFSS 中辐射边界表面距离辐射体通常需要不小于 1/4 个工作波长。例如，5 GHz 工作频率下 1/4 个波长即为 15 mm。在这里首先创建一个长方体模型，长方体模型各个表面和螺旋线模型各个表面的距离都要大于 1/4 个工作波长；然后将该长方体模型的表面设置为辐射边界。其具体操作步骤如下：

(1) 从主菜单栏选择【Draw】→【Box】命令，或者单击工具栏中的 🔲 按钮，进入创建长方体的状态，然后在三维模型窗口创建一个任意大小的长方体，新建的长方体就会添加到操作历史树的 Solids 节点下。在左下角的属性窗口将 Name 改为 AirBox，设置其透明度为 0.6，如图 5.3.20 所示，再单击【确定】。

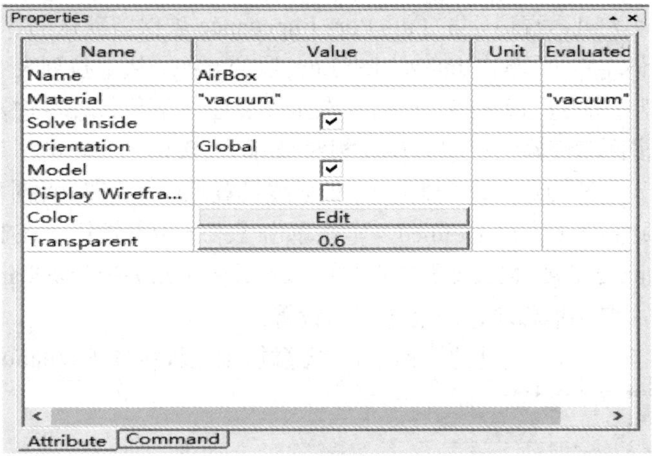

Name	Value	Unit	Evaluated
Name	AirBox		
Material	"vacuum"		"vacuum"
Solve Inside	☑		
Orientation	Global		
Model	☑		
Display Wirefra...	☐		
Color	Edit		
Transparent	0.6		

Attribute　Command

图 5.3.20　长方体属性窗口 Attribute

(2) 单击操作历史树 AirBox 节点下的 CreateBox，在左下角弹出的属性窗口 Command 中设置长方体的顶点坐标和大小尺寸；在 Position 项输入顶点坐标(-200, -200, -25)，在 XSize、YSize、ZSize 项分别输入长方体的长、宽和高依次为 400、400 和 150，如图 5.3.21 所示。

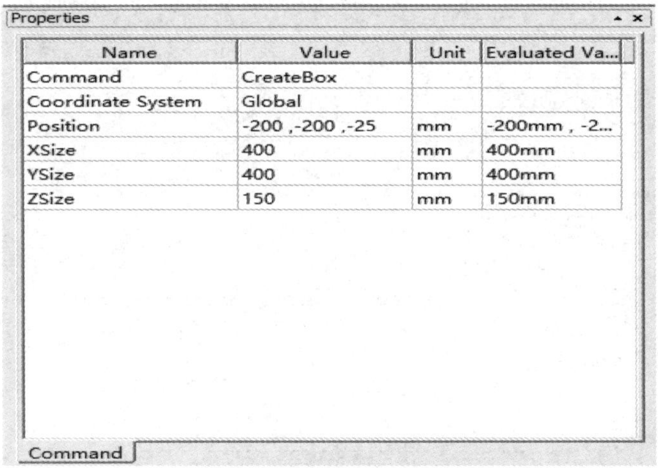

Name	Value	Unit	Evaluated Va...
Command	CreateBox		
Coordinate System	Global		
Position	-200 ,-200 ,-25	mm	-200mm , -2...
XSize	400	mm	400mm
YSize	400	mm	400mm
ZSize	150	mm	150mm

Command

图 5.3.21　长方体属性窗口 Command

(3) 长方体模型 AirBox 创建好之后，单击操作历史树 Solids 节点下的 AirBox，选中该模型；然后在三维模型窗口单击右键，从右键弹出菜单中，选择【Assign Boundary】→【Radiation】命令，打开辐射边界条件对话框，保留对话框的默认设置不变，直接单击【确定】，把长方体模型 AirBox 的表面设置为辐射边界条件。

5.3.10 设置端口激励

因为同轴线馈电端口在设计模型的内部，所以需要使用集总端口激励。在设计中，将 Coxout 的下表面设置为集总端口激励，端口阻抗设置为 50 Ω。

先选中 Coxout 的下表面，再单击右键，从右键弹出的菜单中选择【Assign Excitation】→【Lumped Port】命令，打开如图 5.3.22 所示的集总端口设置对话框。在该对话框中，Name 项输入端口名称 1，端口阻抗 Full Port Impedance 项保留默认的 50 ohm 不变，单击【下一步】。在 Modes 界面，单击 Integration Line 项的 none，从下拉列表中单击 New Line... 项，进入三维模型窗口设置积分线。此时，在工作界面右下角状态栏输入积分线起始点坐标(28.5, 0, 0)，单击回车键确认；然后输入相对坐标(-1, 0, 0)，并单击回车键确认，表示积分线从 X 轴正向指向 X 轴负向，长度为 1，积分线设置见图 5.3.23。此时回到 Modes 界面，Integration Line 项由 none 变成 Defined，再次单击【下一步】按钮，在 Post Processing 界面中选中【Renormalized All Modes】单选按钮，并设置 Full Port Impedance 项为 50 ohm；最后单击【完成】，完成集总端口激励方式的设置。

设置完成后，集总端口激励的名称"1"会添加到工程树的 Excitations 节点下。

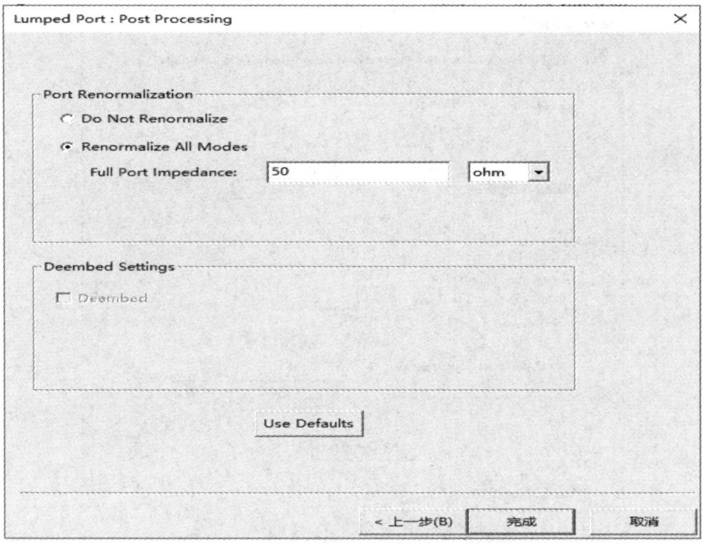

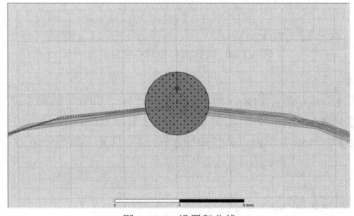

图 5.3.22　集总激励端口设置

图 5.3.23　设置积分线

5.3.11　求解设置

螺旋 OAM 天线的工作频率为 5 GHz，所以求解频率设置为 5 GHz。同时添加 4.5～5.5 GHz 的扫频设置，选择快速(Fast)扫频类型，分析天线在 4.5～5.5 GHz 频段的电压驻波比。

1. 求解频率和网格剖分设置

设置求解频率为 5 GHz，自适应网格剖分的最大迭代次数为 20，收敛误差为 0.01。

右键单击工程树下的 Analysis 节点，从弹出菜单中选择【Add Solution Setup】命令，或者单击工具栏中的按钮 ，打开 Solution Setup 对话框。在该对话框中，Solution Frequency 项输入求解频率 5GHz，Maximum Number of Passes 项输入最大迭代次数 20，Max Delta S 项输入收敛误差 0.01，其他项保留默认设置不变，如图 5.3.24 所示。然后单击【确定】，退出对话框，完成求解设置。

设置完成后，求解设置项的名称 Setup1 会添加到工程树下的 Analysis 节点下。

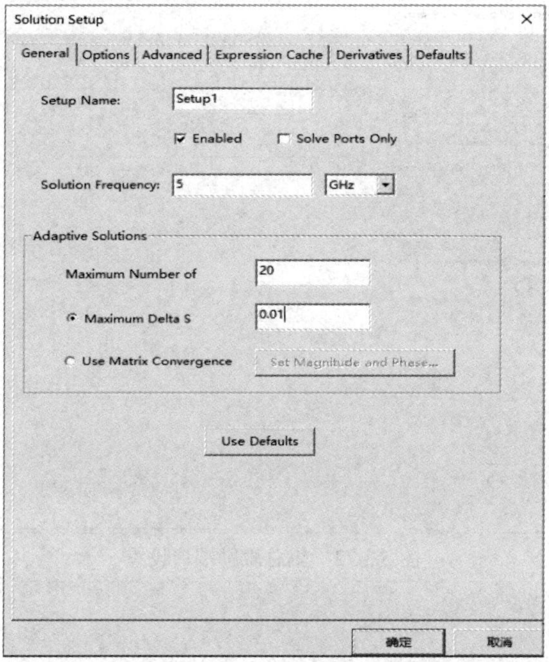

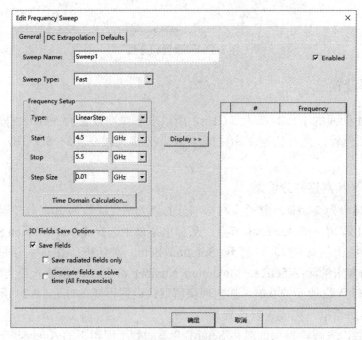

图 5.3.24　求解频率和网格剖分设置

2. 扫频设置

扫频类型选择快速扫频，扫频的频率范围为 4.5～5.5 GHz，频率步进为 0.01 GHz。

展开工程树下的 Analysis 节点，右键单击求解设置项 Setup1，从弹出的菜单中选择【Add Frequency Sweep】命令，或者单击工具栏中的按钮 ⤴，打开 Edit Sweep 对话框，如图 5.3.25 所示。

图 5.3.25　扫频设置

在图 5.3.25 所示的对话框中，Sweep Type 项选择扫描类型为 Fast；在 Frequency Setup 栏中，Type 项选择 LinearStep，Start 项输入 4.5 GHz，Stop 项输入 5.5 GHz，Step 项输入 0.01 GHz，其他项都保留默认设置不变。最后单击【OK】完成设置，退出对话框。

设置完成后，该扫频设置项的名称 Sweep 会添加到工程树中求解设置项 Setup1 下。

5.3.12　设计检查和运行仿真分析

在完成了模型创建、添加边界条件和端口激励，以及求解设置等 HFSS 设计的前期工作之后，就可以运行仿真计算，并查看分析结果了。在运行仿真计算之前，通常需要进行设计检查，即检查设计的完整性和正确性。

1. 设计检查

从主菜单栏选择【HFSS】→【Validation】命令，或者单击工具栏中对应的按钮，进行设计检查。此时，会弹出如图 5.3.26 所示的检查结果显示对话框，该对话框中的每一项显示图标都表示当前的 HFSS 设计正确、完整。单击【Close】关闭对话框，运行仿真计算。

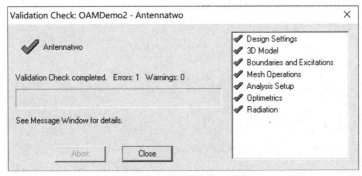

图 5.3.26　设计检查对话框

2. 运行仿真分析

右键单击工程树 Analysis 节点下的求解设置项 Setup1，从弹出菜单中选择【Analyze】命令，或者单击工具栏中的按钮 ![按钮]，进行运算仿真。

整个仿真计算大概 1 小时即可完成。在仿真计算的过程中，进度条窗口会显示出求解进度。在仿真计算完成后，信息管理窗口会给出完成提示信息。

5.4　仿真结果的分析与讨论

1. 查看天线驻波比 VSWR

使用 HFSS 的数据后处理模块，查看天线信号端口驻波比(VSWR)的扫频分析结果。

右键单击工程树下的 Results 节点，从弹出菜单中选择【Create Modal Solution Data Report】→【Rectangular Plot】命令，打开报告设置对话框。在该对话框中，确定左侧 Solution 项选择的是"Setup1：Sweep"，在 Category 栏选中 VSWR，Quantity 和 Function 项保留默认设置，如图 5.4.1 所示。然后单击【New Report】按钮，再单击【Close】关闭对话框。此时，可生成如图 5.4.2 所示的 VSWR 在 4.5～5.5 GHz 的扫频分析结果。

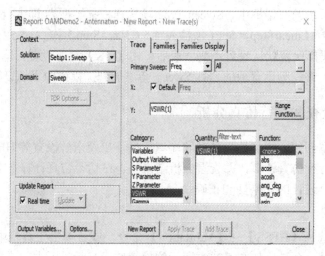

图 5.4.1　查看 VSWR 设置对话框

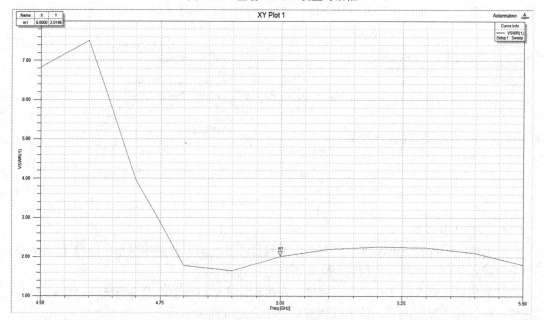

图 5.4.2　VSWR 扫频结果

从分析结果中可以看出，设计的螺旋天线谐振频率在 5 GHz 附近，且在 5 GHz 频点上的驻波比在 2 dB 左右。

2. 查看天线的三维增益方向图

查看天线方向图一类的远区场计算结果，首先需要定义辐射表面，辐射表面是在球坐标系下定义的。三维立体空间在球坐标系下就相当于 $0° \leqslant \varphi \leqslant 360°$、$0° \leqslant \theta \leqslant 180°$。

1) 定义三维辐射表面

右键单击工程树下 Radiation 节点，从弹出菜单中选择【Insert Far Field Setup】→【Infinite Sphere】命令，打开 Far Field Radiation Sphere Setup 对话框，定义辐射表面，如图 5.4.3 所示。在该对话框中，Name 项输入辐射表面的名称 3D，Phi 角度对应的 Start、Stop 和 Step

项分别输入 0 deg、360 deg 和 1 deg，Theta 角度对应的 Start、Stop 和 Step 项分别输入 0 deg、180 deg 和 1 deg，然后单击【确定】完成设置。

此时，定义的辐射表面名称 3D 会添加到工程树的 Radiation 节点下。

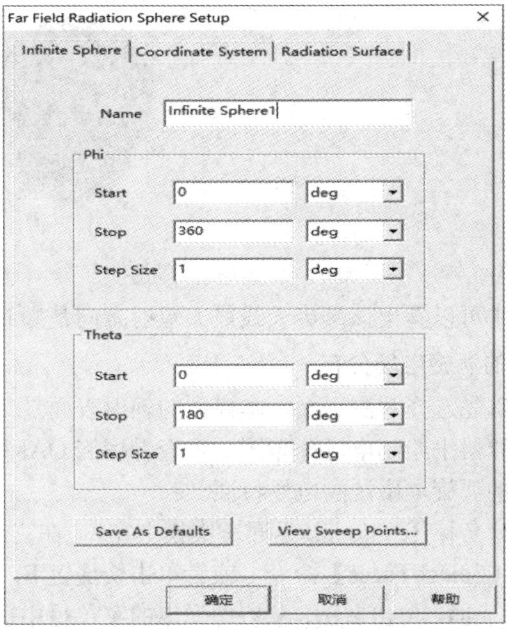

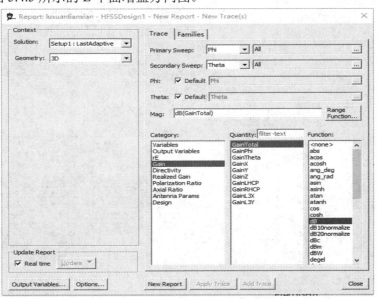

图 5.4.3　定义辐射表面

2) 查看三维增益方向图

右键单击工程树下的 Results 节点，从弹出菜单中选择【Create Far Fields Report】→【3D Polar Plot】命令，打开报告设置对话框，如图 5.4.4 所示。在该对话框中，Geometry 项选择上一步定义的辐射面 3D，其他设置项如图 5.4.3 所示。然后单击【New Report】按钮，即可生成如图 5.4.5 所示的 E 平面增益方向图。

图 5.4.4　查看三维增益方向图操作

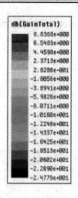

图 5.4.5　三维增益方向图

从三维增益方向图中可以看出该螺旋天线最大辐射方向是螺旋线的方向，即 z 轴正向。

3. 查看 OAM 天线的涡旋电场分布

查看电场分布图，首先选择观测平面，本模型的辐射表面是 AirBox 的上表面；然后在该表面通过设置场计算器来绘制电场分布图，来查看螺旋 OAM 天线在辐射表面上的电场分布，以及模数为 2 的涡旋电磁波的电场特性。

双击工程树下的设计名称 TeeModal，返回三维模型窗口。在三维模型窗口中单击右键，从右键弹出菜单中选择【Select Faces】命令，或者单击快捷键 F，进入面选择状态；再单击选中 AirBox 模型的上表面。单击右键，从右键弹出的菜单栏中选择【Plot Fields】→【E】→【Mag_E】操作命令，打开 Create Filed Plot 对话框，如图 5.4.6 所示。

在对话框中单击场计算器【Fields Calculator…】按钮，在打开的 Fields Calculator 对话框中编辑添加场计算公式，如图 5.4.7 所示。其具体操作步骤如下：

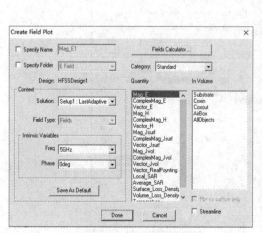

图 5.4.6　绘制电场分布图

图 5.4.7　场计算器对话框

(1) 在 Input 项中单击 Quantity，从下拉菜单中选 E。

(2) 在 Vector 项中单击 Scar?，从下拉菜单中选 ScalarZ。

(3) 在 General 项中单击 Complex，从下拉菜单中选 ComplxPhase；

(4) 在 Library 项单击【Add...】按钮，将编辑好的公式添加到工具栏 Named Expressions 中并将其选中，如图 5.4.8 所示。然后点击【Done】完成公式的添加编辑。

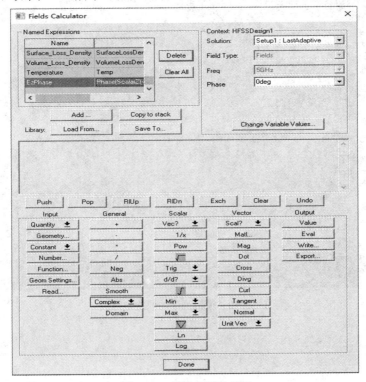

图 5.4.8　场计算器的编辑

(5) 退出 Fields Calculator 对话框，返回到 Create Filed Plot 对话框；然后单击 Category 项，在下拉列表中选中 Calculator；在 Quantity 项单击选中 EZphase，单击【Done】完成公式的应用，如图 5.4.9 所示。

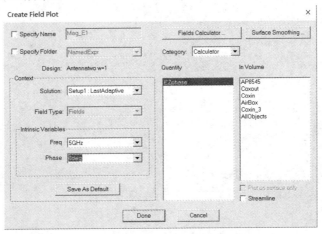

图 5.4.9　Create Filed Plot 对话框

　　待进程窗口进度条读取完毕后，便完成了辐射表面电场分布图的绘制。电场分布图显示该螺旋天线能够产生模数为 2 的涡旋电磁波，如图 5.4.10 所示。

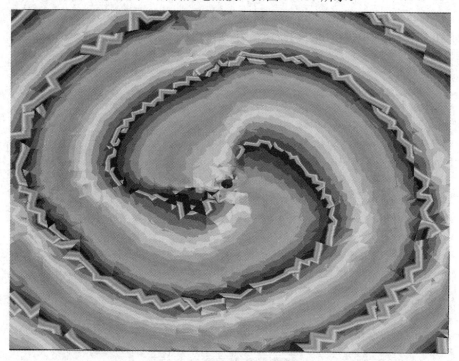

图 5.4.10　模数为 2 的涡旋电磁波

第 6 章 球形龙伯透镜天线的设计与仿真

本章通过球形龙伯透镜天线的性能分析实例，详细讲解使用 HFSS 分析设计天线的具体流程和详细操作步骤。具体内容包括：详细讲述并演示了 HFSS 中变量的定义和使用，创建馈源天线模型和球形龙伯透镜天线模型的过程，分配边界条件和激励的具体操作，查看天线分析结果以及对比有无透镜两种结果等内容。

通过本章的学习，读者可以学到以下内容：

➤ 如何定义和使用设计变量。

➤ 如何使用理想导体边界条件和辐射边界条件。

➤ 如何设置集总端口激励。

➤ 如何查看天线的驻波比。

➤ 如何查看天线的方向图。

6.1 设 计 背 景

1944 年，物理学家 R. K. Luneburg 在其著作《光的数学理论》中提出了一种折射率渐变的球形透镜，并基于几何光学理论对此透镜进行了分析和数学推导，后来被称为龙伯透镜。

理想龙伯透镜的折射率 n 满足：

$$n = \varepsilon_{\mathrm{r}}^{1/2} = \left[2 - \left(\frac{r}{R} \right)^2 \right]^{1/2} \tag{6.1.1}$$

其中，R 是球形透镜的最大半径；r 是透镜内一点到球心的距离；n 是透镜在该点的折射率；ε_{r} 是透镜在该点处的相对介电常数。

电磁波通过介质会发生反射和折射，而龙伯透镜渐变的折射率使得入射波在透镜内发生相位变化，从而使产生的电磁波在到达出射口径面的时候具有相同的相位。这种特殊的聚焦特性使原本发散的入射球面波经过龙伯透镜后，变成能量集中的平面波。理想龙伯透镜具有几何轴对称特性和良好的波束聚焦性能，可以将任意方向的入射波汇聚在球面上，也可以将从球面或近球面某点辐射出的球面波转化为平面波，出射波束一致性好，光程图如图 6.1.1 所示。

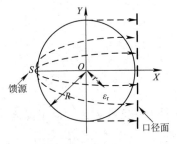

图 6.1.1 理想龙伯透镜光程图

基于龙伯透镜特殊的形状和功能，只要在透镜表面安放多个馈源，切换馈源的工作状态即可实现多波束扫描。得益于高增益、宽工作频带、多波束扫描和宽覆盖范围的优势，龙伯透镜天线在现代军事、电气与电子领域中展现出巨大的性能优势及应用前景。

在工程中，电磁波由馈源天线辐射后产生再经龙伯透镜天线折射后向自由空间传递，故在龙伯透镜天线的设计与仿真中必定不可忽视馈源天线。对于同一透镜天线而言，馈源天线辐射出的电磁波极化特性影响透镜天线辐射出的电磁波极化特性；馈源天线产生的波束数目与透镜天线的扫描范围正相关；馈源天线与透镜天线的距离影响透镜天线的增益、方向性和旁瓣电平。本章设计的是以喇叭天线作馈源的球形龙伯透镜天线。

6.2 设 计 原 理

由于自然界中不存在介电常数连续变化的电磁材料，所以在设计和制备龙伯透镜过程中常利用梯度介电常数分布等效连续介电常数分布，以达到相同的改变电磁波传播路径的效果。在本章对透镜的设计过程中，选用同心分层球壳结构实现梯度介电常数分布。

对于这类同心结构的龙伯透镜天线，Benjamin Fuchs 针对如何实现最高增益进行了研究，在利用梯度介电常数等效连续介电常数这一思路的基础上，提出了描述归一化球形龙伯透镜的理想介电常数 $\varepsilon_r^{th}(r)$ 与重构的梯度介电常数 $\varepsilon_r^{rec}(r)$ 之间的差异性的代价函数：

$$J = \int_{V_{lens}} \left| \varepsilon_r^{th}(r) - \varepsilon_r^{rec}(r) \right|^q dV \tag{6.2.1}$$

依据球体对称性，此处 $dV = 4\pi r^2 dr$。设透镜经过 N 次分层，则产生 $N+1$ 层球壳，每一层球壳的介电常数为固定值，这就是梯度。因此，当 $r_{i-1} \leqslant r \leqslant r_i$ 时，$\varepsilon^{rec} = \varepsilon_i$。故上式可进一步化简为

$$J = \sum_{i=1}^{N+1} \int_{r_{i-1}}^{r_i} \left| \varepsilon_r^{th}(r) - \varepsilon_i \right|^q 4\pi r^2 dr \tag{6.2.2}$$

为了使代价函数最小，需将其在每一个区间内的最大值最小化。当 $q = \infty$ 时，有 $\left| \varepsilon_r^{th}(r) - \varepsilon_i \right|^q = \max_r \left| \varepsilon_r^{th}(r) - \varepsilon_i \right| = M_i$。$M_i$ 是各区间内误差的最大值，在第 i 层球壳的整个区间内保持不变，在 r_{i-1} 或 r_i 处得到。当 ε_i 在两个边界处产生相同的差异时，M_i 取得最小值，此时有：

$$\varepsilon_i = \frac{\varepsilon_r^{th}(r_i) + \varepsilon_r^{th}(r_{i-1})}{2} \tag{6.2.3}$$

$$M_i = M = \frac{\varepsilon_r^{th}(0) - \varepsilon_r^{th}(1)}{2N+1} \tag{6.2.4}$$

这种方法被称为最大最小优化法，其最终给出不同球壳的相对介电常数为 $\varepsilon^* = 2 - \dfrac{2i-1}{2N+1}$，归一化半径为 $r^* = \sqrt{\dfrac{2i}{2N+1}}$。在 6.3 节中将以这一组公式为依据进行球形龙伯透镜的设计。

6.3　龙伯透镜 HFSS 建模

本章设计的天线实例是使用同轴馈电的喇叭天线和球形龙伯透镜天线，HFSS 工程可以选择模式驱动求解类型。在 HFSS 中如果需要计算远区辐射场，必须设置辐射边界表面或 PML 边界表面，这里使用辐射边界条件。为了保证计算的准确性，辐射边界表面距离辐射源通常需要大于 1/4 个波长。因为使用辐射边界表面，所以同轴馈线端口位于模型内部，端口激励方式需要定义为集总端口激励。

天线的中心频率为 6 GHz，因此设置 HFSS 的求解频率(即自适应网格剖分频率)为 6 GHz，不添加扫频设置，分析天线在 6 GHz 处的回波损耗、增益和 3 dB 波束宽度。喇叭天线的材料为 pec 和 vacuum，龙伯透镜天线的材料将在后续给出，两种天线均使用 50 Ω 的同轴馈电。

1. HFSS 设计环境概述

(1) 求解类型：采用模式驱动求解方法。

(2) 建模操作：

模型原型：球体、长方体、圆柱体；

模型操作：相减操作、合并操作。

(3) 边界条件和激励：

边界条件：理想导体边界条件、辐射边界条件；

端口激励：集总端口激励。

(4) 求解设置：

求解频率：6 GHz；

扫频设置：无。

(5) 数据后处理：回波损耗图 S11、3D 增益图、2D 增益图。

下面详细介绍具体的设计操作和完整的设计过程。

2. 新建 HFSS 工程

HFSS 运行后，会自动新建一个工程文件，再选择主菜单栏【File】→【Save As】命令，把工程文件另存为 luneburglens.hfss。

3. 设置求解类型

把当前设计的求解类型设置为模式驱动求解：从主菜单栏选择【HFSS】→【Solution Type】命令，打开对话框后选中 Driven Modal 和 Network Analysis，如图 6.3.1 所示，然后单击【OK】按钮完成设置。

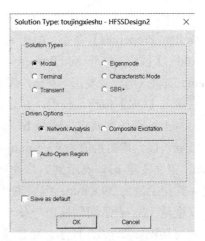

图 6.3.1　设置求解类型

6.3.1 创建喇叭天线模型

1. 喇叭天线的设计要求

喇叭天线是波导管终端渐变张开的圆形或矩形截面的微波天线，其结构简单，频带宽，功率容量大，辐射特性好，是使用最广泛的天线类型之一。本实例中使用角锥喇叭天线作馈源，向龙伯透镜天线辐射电磁波。

为了方便建模和性能分析，在设计时首先定义多个变量来表示喇叭天线的结构尺寸。变量的定义以及天线的结构尺寸如表 6.3.1 所示。

表 6.3.1　喇叭天线尺寸和变量定义

结构参数	名　称	变量名	变量值/mm
喇叭天线的结构参数	波导宽度	a	40.4
	波导高度	b	20.2
	波导长度	c	62.5
	喇叭口径宽度	a1	122.5
	喇叭口径高度	b1	100
	喇叭长度	c1	39.8
同轴线的结构参数	外导体长度		3
	内导体长度		3 + 0.5b
	外导体半径	r1	1.52
	内导体半径	r2	0.635

2. 添加和定义设计变量

设置当前设计在创建模型时所使用的默认长度单位为 mm。从主菜单栏选择【Modeler】→【Units】命令，在打开的对话框中，Select units 项选择毫米(mm)单位，然后单击【确定】完成设置。

在 HFSS 中定义和添加表 6.3.1 列出的所有设计变量。从主菜单栏中选择【HFSS】→【Design Properties】命令，打开设计属性对话框，如图 6.3.2(a)所示。单击对话框中的【Add…】按钮，打开 Add Property 对话框，如图 6.3.2(b)所示。在 Add Property 对话框中，Name 项输入第一个变量名称 a，表示波导宽度，Value 项输入该变量的初始值 40.4 mm，然后单击【OK】按钮。最后，在设计属性对话框中点击【确定】完成变量 a 的创建。

按上述操作方式定义变量 b，表示波导高度，其初始值为 20.2 mm；定义变量 c，表示波导长度，其初始值为 62.5 mm；定义变量 a1，表示喇叭口径宽度，其初始值为 122.5 mm；定义变量 b1，表示喇叭口径高度，其初始值为 100 mm；定义变量 c，表示喇叭长度，其初始值为 39.8 mm；定义变量 r1，表示同轴线外导体半径，其初始值为 1.52 mm；定义变量 r2，表示同轴线内导体半径，其初始值为 0.635 mm。定义完成后，确认设计属性对话框如图 6.3.3 所示，单击【确定】，完成所有变量的定义和添加工作，并退出对话框。

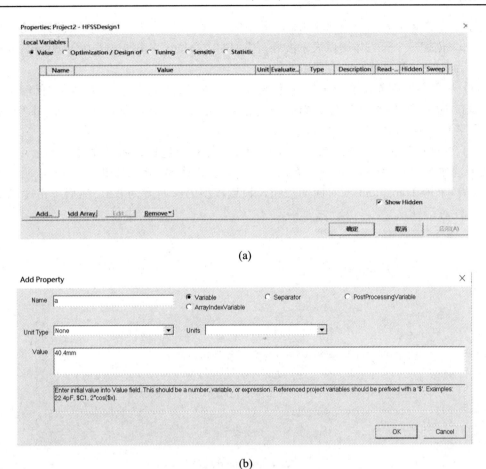

(a)

(b)

图 6.3.2　定义变量

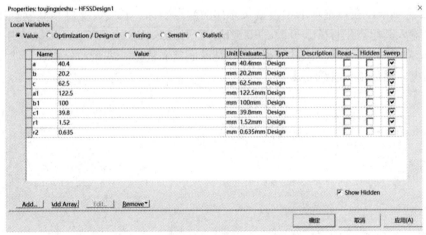

图 6.3.3　定义所有设计变量后的设计属性对话框

3. 创建喇叭天线

1) 创建 BJ58 波导模型

不同型号的波导对应不同的工作频率，本次仿真的工作频率为 6 GHz，所以选用 BJ58

型波导(其工作频率为 4.64～7.05 GHz，能够满足本次仿真需求)，其截面尺寸为 40.4 mm × 20.2 mm。创建一个长方体用以表示波导，模型的中心位于 X 轴，材料为 vacuum，并将模型命名为 BJ58。其具体操作步骤如下所述。

(1) 从主菜单栏选择【Draw】→【box】进入创建长方体状态，然后移动鼠标在三维模型窗口创建一个任意大小的长方体。新建的长方体会添加到操作历史树的 Solids 节点下，其默认名称为 Box1。

(2) 双击操作历史树 Solids 节点下的 Box1，打开新建长方体属性对话框的 Attribute 选项卡，如图 6.3.4 所示。其中，Name 项输入长方体的名称 BJ58；Material 项默认为 vacuum。单击 Transplant 项对应的按钮，设置模型的透明度为 0.6，然后单击【确定】，退出属性对话框。

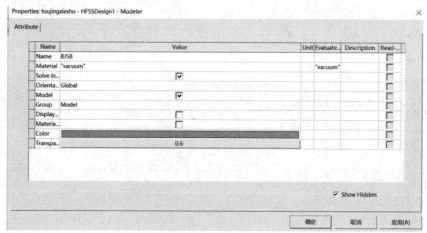

图 6.3.4　Attribute 选项卡

(3) 双击操作历史树中 BJ58 节点下的 CreateBox 选项，打开新建长方体属性对话框的 Command 选项卡，在该选项卡中设置长方体的起点坐标、长度、宽度和高度。在 Position 文本框中输入其起点坐标(c1, -0.5*a, -0.5*b)，在 XSize、YSize 和 ZSize 文本框中分别输入 c、a 和 b，如图 6.3.5 所示。其中，c、a、b 是前面定义的设计变量，分别表示波导的长度、宽度和高度，然后单击【确定】。

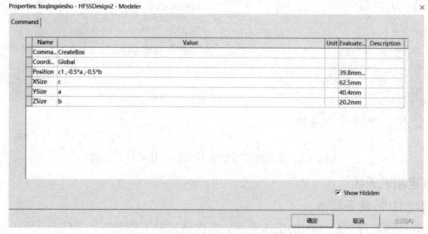

图 6.3.5　Command 选项卡

2) 创建喇叭模型

在 BJ58 波导模型上 X = c1 平面处创建大小为 a × b 的平面，在 X = 0 平面上创建大小为 a1 × b1 的平面，则两平面的中心都位于 X 轴。然后选中这两个平面，执行【Modeler】→【Surface】→【Connect】命令，即可生成角锥喇叭模型。其具体操作步骤如下所述。

(1) 在三维模型窗口单击右键，将【Selection Mode】改为【Faces】，而后选中 BJ58 在 X = c1 与 X 轴垂直的平面，单击右键，如图 6.3.6(a)所示，执行【Edit】→【Surface】→【Create Object From Face】命令，这样就在 X = c1 处生成一个大小为 a × b 的平面。此时，可以在操作历史树的 Sheets 节点下查看所生成的平面，如图 6.3.6(b)所示，其默认名称为 Box1_ObjectFromFace1。

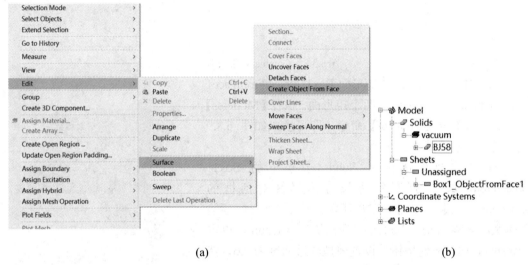

(a)　　　　　　　　　　　　　　　(b)

图 6.3.6　创建 a × b 平面

(2) 单击工具栏上的坐标选项，如图 6.3.7 所示，选择 YZ，将当前绘图平面设置为 YZ 平面。从主菜单栏中选择【Draw】→【Rectangle】命令，进入创建矩形面的状态，然后在三维模型窗口的 YZ 面创建一个任意大小的矩形面。新建的矩形面会添加到操作历史树的 Sheets 节点下，其默认名称为 Rectangle1。

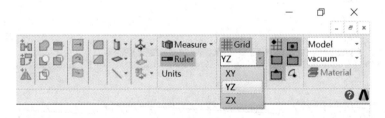

图 6.3.7　更改绘图平面设置

(3) 双击操作历史树中 Rectangle1 节点下的 CreateRectangle 选项，打开新建矩形面属性对话框的 Command 选项卡。在该选项卡中设置矩形面的顶点坐标和大小。在 Position 文本框中输入其顶点位置坐标(0 mm, −a1/2, −b1/2)，在 YSize 和 ZSize 文本框中分别输入 a1 和 b1，如图 6.3.8 所示。其中，a1、b1 是前面定义的设计变量，分别表示喇叭的宽度和高度，然后单击【确定】。

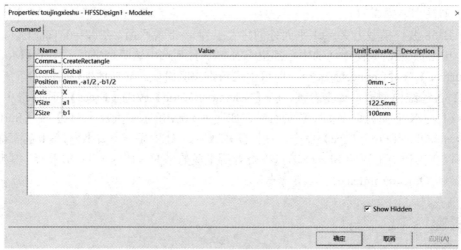

图 6.3.8　Command 选项卡

(4) 按住 Ctrl 键，单击矩形面 Box1_ObjectFromFace1 和 Rectangle1，同时选中这两个矩形面，执行【Modeler】→【Surface】→【Connect】命令，即可生成如图 6.3.9 所示的角锥喇叭模型。

(5) 双击操作历史树 Solids 节点下的 Box1_ObjectFromFace1，打开新建长方体属性对话框的 Attribute 选项卡，如图 6.3.10 所示。其中，Name 项输入喇叭的名称 horn；Material 项默认为 vacuum。单击 Transplant 项对应的按钮，设置模型的透明度为 0.6，然后单击【确定】，退出属性对话框。

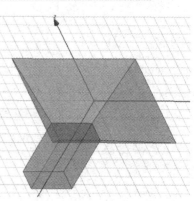

图 6.3.9　角锥喇叭模型

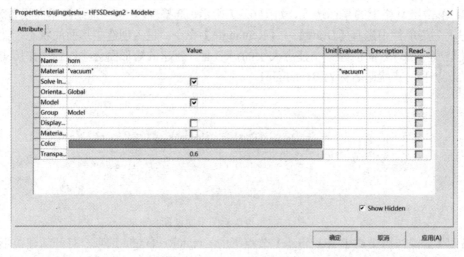

图 6.3.10　Attribute 选项卡

3) 创建同轴馈线

同轴线馈电点放置于波导宽边中心线上，其与底侧短路板的距离为 1/4 波长。同轴线的外导体与波导的外侧壁相接，其半径为 1.52 mm，长度为 3 mm。同轴线的内导体半径为

0.635 mm，内导体在波导内的长度为波导高度的一半，即 b/2。创建两个圆柱体模型，用来表示同轴线的外导体和内导体。其具体操作步骤如下所述。

(1) 单击工具栏上的坐标选项，如图 6.3.11 所示，选择 XY，将当前绘图平面设置为 XY 平面。从主菜单栏选择【Draw】→【Cylinder】命令，进入创建圆柱体状态，然后移动鼠标在三维模型窗口创建一个任意大小的圆柱体。新建的圆柱体将被添加到操作历史树的 Solids 节点下，其默认名称为 Cylinder1。

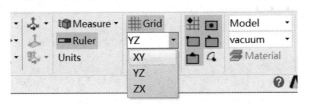

图 6.3.11　更改绘图平面设置

(2) 双击操作历史树 Solids 节点下的 Cylinder1 选项，打开新建圆柱体属性对话框中的 Attribute 选项卡，如图 6.3.12 所示。其中，Name 项输入喇叭的名称 outer，Materia 项默认为 vacuum；将颜色修改为明黄色。单击 Transplant 项对应的按钮，设置模型的透明度为 0.4，然后单击【确定】，退出属性对话框。

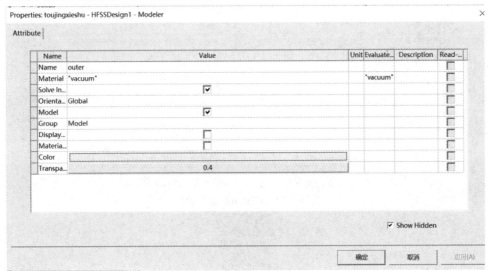

图 6.3.12　Attribute 选项卡

(3) 双击操作历史树中 outer 节点下的 CreateCylinder 选项，打开新建圆柱体属性对话框的 Command 选项卡，在该选项卡中设置圆柱体的底面圆心坐标、半径和高度。在 Position 文本框中输入其底面圆心坐标(c1 + 50 mm, 0 mm, −b/2 − 3 mm)，在 Radius 和 Height 文本框中分别输入 r1 和 3 mm，如图 6.3.13 所示。其中，r1、b 是前面定义的设计变量，分别表示同轴线外导体的半径和波导的高度。最后，单击【确定】按钮。

(4) 用同样的方法创建同轴线内导体，将其命名为 inner，其底面圆心坐标为(c1 + 50 mm, 0 mm, −b/2 − 3 mm)，半径为 r2，高度为 b/2 + 3 mm，如图 6.3.14 所示。其中，r2 表示同轴线内导体的半径。

完整的同轴线模型如图 6.3.15 所示。

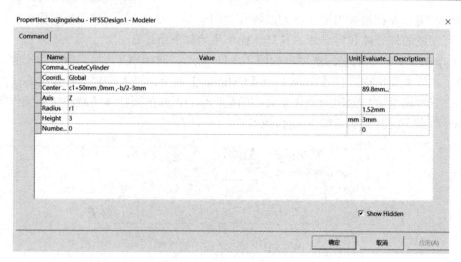

图 6.3.13　Command 选项卡

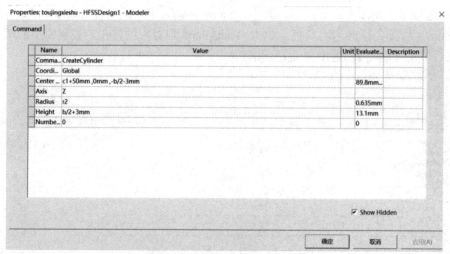

图 6.3.14　Command 选项卡

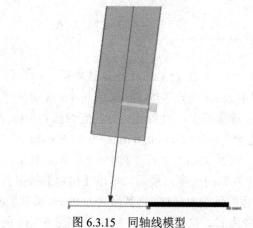

图 6.3.15　同轴线模型

4) 布尔操作

上述模型都创建完毕之后，利用布尔操作生成最终的角锥喇叭天线模型。其具体操作步骤如下所述。

(1) 按住 Ctrl 键的同时在操作历史树下按先后次序单击 horn、outer 和 BJ58 选项, 然后选择主菜单栏中的【Modeler】→【Boolean】→【Unite】命令, 执行合并操作, 将选中的三个物体合并成一个整体。合并生成的物体的名称、属性与执行合并操作时选中的第一个物体的名称、属性相同, 因此生成的新物体的名称为 horn。

(2) 按住 Ctrl 键的同时在操作历史树下按先后次序单击 horn 和 inner 选项, 然后选择主菜单栏中的【Modeler】→【Boolean】→【Subtract】命令, 如图 6.3.16 所示, 选中 Clone to objects before operation 复选框, 表示使用模型 horn 减去模型 inner 的同时又保留了模型 inner。然后单击【OK】执行相减操作。此时就生成了最终的喇叭天线模型和同轴馈电线。

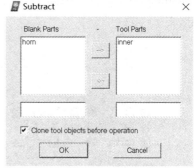

图 6.3.16　Subtract 对话框

4. 设置边界条件和激励

1) 设置理想导体边界条件

因为喇叭天线的各个壁都是金属材质的, 所以需要把喇叭天线模型外侧和表面都设置为理想导体边界条件(Perfect E), 但是不需要把喇叭的口径面、同轴线端口面和同轴线内表面设为理想导体边界条件。其具体操作步骤如下所述。

(1) 在三维模型窗口单击鼠标右键, 在弹出菜单中选择【Select Objects】→【By Name】选项, 打开如图 6.3.17 所示的 Select Face 对话框, 选中该对话框左侧的模型名称 horn, 则在右侧的 Face ID 列表框中会列出该模型所有表面的名称。其中, 喇叭口径面、同轴线端口面和同轴线内表面对应的名称分别为 Face68、Face81 和 Face108。这里表面名称可能会因为版本或电脑问题有所不同。按住 Ctrl 键, 在 Face ID 列表框中同时选中除了这 3 个表面之外的其余所有表面, 然后单击【OK】。此时即可选中 horn 模型上除去喇叭的口径面、同轴线端口面和同轴线内表面之外的所有表面。

(2) 在三维模型窗口中单击鼠标右键, 在弹出的快捷菜单中选择【Assign Boundary】→【Perfect E】命令, 打开如图 6.3.18 所示的对话框, 单击【OK】, 将前面选中的表面设置为理想导体边界条件。

图 6.3.17　Select Face 对话框

图 6.3.18　理想导体边界条件设置对话框

2) 创建辐射边界条件

使用 HFSS 分析天线问题时，需要设置辐射边界条件，且辐射边界距离模型需大于 0.25 个波长。在此创建一个长方体模型，令该模型的所有表面与喇叭天线的距离均为 1/4 波长。

(1) 如图 6.3.19 所示，单击操作栏上的 Create region，在弹出的 Region 对话框中将 Padding Data 设置为 Transverse padding，并将 Value 设置为 12.5 mm(1/4 工作波长)。

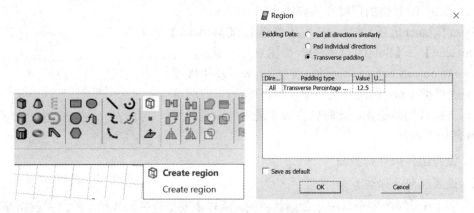

图 6.3.19　Region 对话框

(2) 在操作历史树中选中 Region，单击鼠标右键，执行【Assign Boundary】→【Radiation】命令，打开如图 6.3.20 所示的对话框，单击【OK】，将选中的长方形模型表面设置为辐射边界条件。

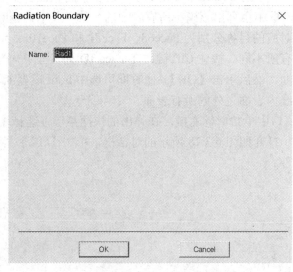

图 6.3.20　辐射边界条件设置对话框

3) 设置端口激励

把同轴线的端口面设置为负载阻抗为 50 Ω 的集总端口激励，操作步骤如下所述。

(1) 选中同轴线的端口面，单击鼠标右键，在弹出的快捷菜单中选择【Assign Excitation】→【Lumped Port】命令，打开如图 6.3.21 所示的集总端口设置对话框。使用 Name 文本框中的默认名称 1，并确认其端口阻抗为 50 Ω，然后单击【下一步】按钮。在打开的对话框中单击 Integration Line 项下边的 None，在其下拉列表中选择 New Line 选项，设置集总端口的积分校准线。

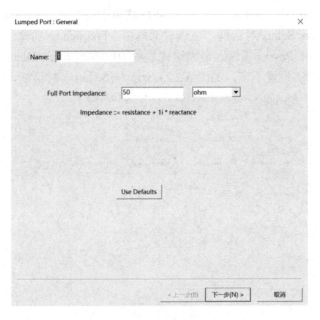

图 6.3.21 集总端口设置对话框

(2) 积分校准线的起点在同轴线内导体边界，终点在同轴线外导体边界。这里借助鼠标捕捉功能，在同轴线内导体边界附近移动鼠标指针，当鼠标指针变成一个大的三角形时，表示捕捉到了内导体边界的最上侧顶点，单击鼠标左侧确认；然后移动鼠标指针到外导体边界附近，当鼠标变成一个大的三角形时，表示捕捉到了外导体边界的最上侧顶点，再次单击鼠标左键确认。此时即完成了积分校准线的设置。设置完成后会自动返回到集总端口设置对话框，然后继续单击该对话框中的【下一步】按钮直到结束，集总端口激励方式的设置就完成了，如图 6.3.22 所示。

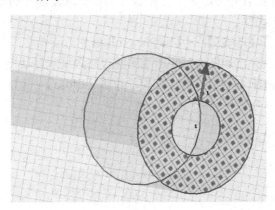

图 6.3.22 设置完毕的集总端口激励

5. 求解设置

因为喇叭天线的工作频率为 6 GHz，所以求解频率设置为 6 GHz。为了清楚地与添加透镜之后的性能对比，此次运算不添加扫频设置，但需要设置求解频率为 6 GHz，自适应网格剖分的最大迭代次数为 10，收敛误差为 0.01。

右键单击工程树下的 Analysis 节点，从弹出菜单中选择【Add Solution Setup】命令，打开 Driven Solution Setup 对话框。在该对话框中，Frequency 项输入求解频率 6 GHz，Maximum Number of Passes 项输入最大迭代次数 10，Maximum Delta S 项输入收敛误差 0.01，其他项保留默认设置不变，如图 6.3.23 所示。然后退出对话框，完成求解设置。

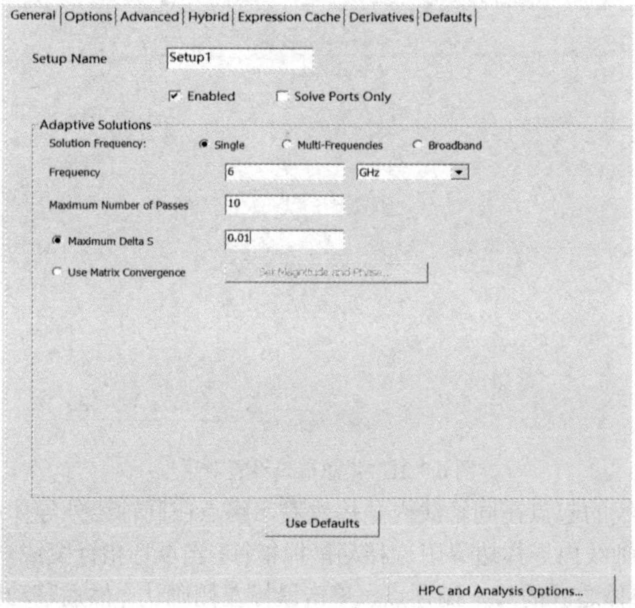

图 6.3.23　求解设置

6. 设计检查和运行仿真分析

通过前面的操作，已经完成了模型创建和求解设置等 HFSS 设计的前期工作，接下来就可以运行仿真计算并查看分析结果了。在运行仿真计算之前，通常需要进行设计检查，确认设计的完整性和正确性。

(1) 从主菜单栏选择【HFSS】→【Validation】命令，或者单击工具栏中对应的按钮，进行设计检查。此时，会弹出如图 6.3.24 所示的检查结果显示对话框，该对话框中每一项的显示图标都表示当前的 HFSS 设计正确、完整。单击【Close】关闭对话框，运行仿真计算。

图 6.3.24　检查结果显示对话框

(2) 右键单击工程树 Analysis 节点下的求解设置项 Setup1，从弹出菜单中选择【Analyze】

命令，或者单击工具栏中的按钮 🎤 ，进行仿真。整个仿真计算大概两分钟即可完成。在仿真计算的过程中，进度条窗口会显示求解进度；在仿真计算完成后，信息管理窗口会给出完成提示信息。

7. 查看天线性能

在仿真计算完成后，利用 HFSS 的数据后处理功能查看喇叭天线的分析结果：在工作频率为 6 GHz 时天线的回波损耗、E 面和 H 面上的二维增益方向图和三维增益方向图。

1) 回波损耗

右键单击工程树下的 Results 节点，从弹出菜单中选择【Create Modal Solution Data Report】→【Rectangular Plot】命令，打开报告设置对话框，如图 6.3.25 所示。在 Category 列表框中选择 S Parameter 选项，在 Quantity 列表框中选择 S(1, 1)选项，在 Function 列表框中选择 dB 选项。然后单击【New Report】生成结果报告，再单击【Close】关闭对话框。

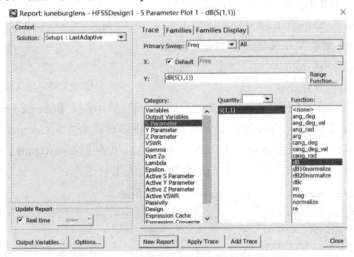

图 6.3.25　回波损耗结果报告的设置对话框

此时，生成的 S11 报告如图 6.3.26 所示，可以看出，在 6 GHz 处 S11 的值为 −16.42 dB。

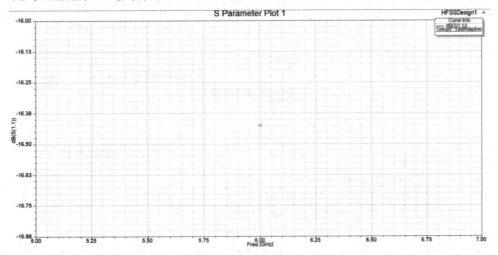

图 6.3.26　天线的回波损耗 S11

2) 三维增益方向图

要查看天线方向图一类的远区场计算结果，首先需要定义辐射表面，辐射表面是在球坐标系下定义的。三维立体空间在球坐标系下就相当于 $0° \leq \varphi \leq 360°$、$0° \leq \theta \leq 180°$。

(1) 右键单击工程树下 Radiation 节点，从弹出菜单中选择【Insert Far Field Setup】→【Infinite Sphere】命令，打开 Far Field Radiation Sphere Setup 对话框，定义辐射表面，如图 6.3.27 所示。在该对话框中，Name 项输入辐射表面的名称 3D，Phi 角度对应的 Start、Stop 和 Step Size 项分别输入 0 deg、360 deg 和 1 deg，Theta 角度对应的 Start、Stop 和 Step Size 项分别输入 0 deg、180 deg 和 1 deg；最后单击【确定】按钮完成设置。此时，定义的辐射表面名称 3D 会被添加到工程树的 Radiation 节点下。

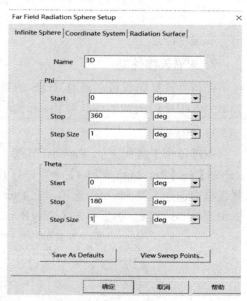

图 6.3.27　定义辐射表面

(2) 右键单击工程树下的 Results 节点，从弹出菜单中选择【Create Far Fields Report】→【3D Polar Plot】命令，打开报告设置对话框。在该对话框中，Geometry 项选择上一步定义的辐射面 3D，其他设置项如图 6.3.28 所示，然后单击【New Report】按钮，生成如图 6.3.29 所示的 E 平面增益方向图，再单击【Close】关闭对话框。

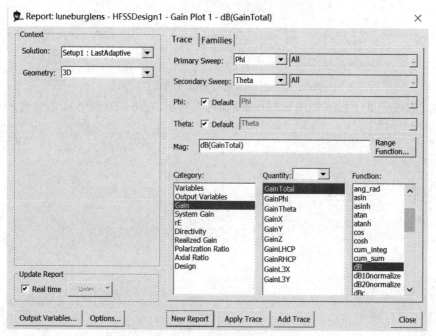

图 6.3.28　三维增益结果报告的设置对话框

从三维增益方向图中可以看出，喇叭天线最大辐射方向是喇叭的开口方向，即 x 轴负向，且最大增益为 14.0 dB。

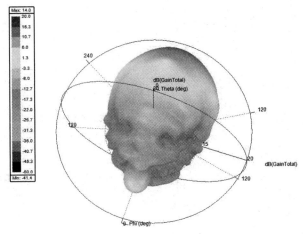

图 6.3.29　三维增益方向图

3) 二维增益方向图

(1) 右键单击工程树下 Radiation 节点，从弹出菜单中选择【Insert Far Field Setup】→
【Infinite Sphere】命令，打开 Far Field Radiation Sphere Setup 对话框，定义辐射表面，如
图 6.3.30 所示。在该对话框中，Name 项输入辐射表面的名称 2D，Phi 角度对应的 Start、
Stop 和 Step Size 项分别输入 0 deg、90 deg 和 90 deg，Theta 角度对应的 Start、Stop 和 Step
Size 项分别输入 −180 deg、180 deg 和 1 deg，然后单击【确定】按钮完成设置。此时，定
义的辐射表面名称 2D 会添加到工程树的 Radiation 节点下。

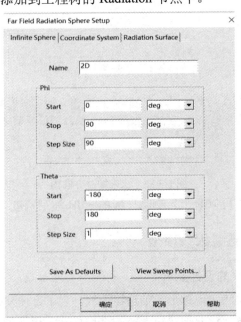

图 6.3.30　定义辐射表面的对话框

(2) 右键单击工程树下的 Results 节点，从弹出菜单中选择【Create Far Fields Report】
→【Rectangular Plot】命令，打开报告设置对话框。在该对话框中，Geometry 项选择上一
步定义的辐射面 3D，其他设置项如图 6.3.31 所示。然后单击【New Report】按钮，生成如
图 6.3.32 所示的 E 平面增益方向图，再单击【Close】关闭对话框。

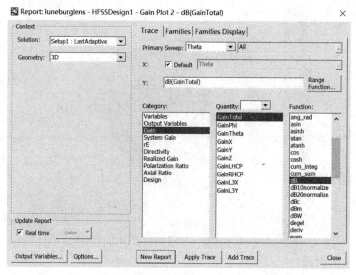

图 6.3.31　二维增益结果报告的设置对话框

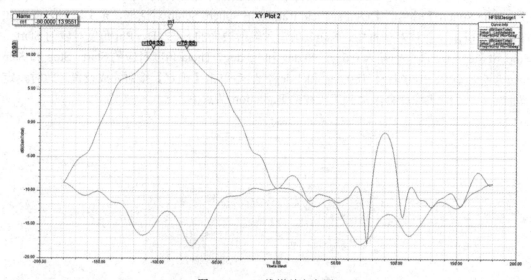

图 6.3.32　二维增益方向图

从二维增益方向图中可以看出，喇叭天线的 3 dB 波束宽度为 28.48°。

6.3.2　创建球形龙伯透镜天线模型

1. 球形龙伯透镜天线的设计要求

在本实例中采用分层法实现球形龙伯透镜天线。为了方便建模和性能分析，在设计中首先定义多个变量来表示球形龙伯透镜天线的结构尺寸。根据最大最小优化法设计原则。确定不同球壳的相对介电常数 $\varepsilon^* = 2 - \dfrac{2i-1}{2N+1}$ 和归一化半径 $r^* = \sqrt{\dfrac{2i}{2N+1}}$。若取透镜半径为 100 mm，令层数 $N = 5$，则球形龙伯透镜天线的结构尺寸以及相对介电常数如表 6.3.2 所示。这里透镜与馈源的距离为 10 mm。

表 6.3.2　龙伯透镜天线的尺寸和变量的定义

层数	相对介电常数	实际半径/mm
1	1.91	42.6
2	1.73	60.3
3	1.55	73.9
4	1.36	85.3
5	1.18	100

2. 创建球体

因为本节重点是将加透镜之前的喇叭天线与加透镜之后的喇叭天线进行性能对比，进而验证龙伯透镜天线提高增益和波束聚焦的作用，所以按以下操作步骤创建球体。

(1) 在工程树下右键单击【HFSSDesign1(DrivenModal)】选择【copy】，而后右键单击工程树选择【paste】，这样就复制了已经建好的喇叭天线模型。新模型名称默认为HFSSDesign2(DrivenModal)，再在此模型基础上创建透镜天线并分析计算。

(2) 从主菜单栏选择【Draw】→【Sphere】命令进入创建球体状态，然后移动鼠标在三维模型窗口创建一个任意大小的长方体。新建的长方体会添加到操作历史树的 Solids 节点下，其默认名称为 Sphere1。

(3) 双击操作历史树 Solids 节点下的 Sphere1，打开新建长方体属性对话框的 Attribute 选项卡。其中，Name 项使用默认名称。单击 Material 下拉菜单选择【Edit】，在弹出窗口中选中【Add Material】添加新材料，如图 6.3.33 所示，名称为 Material1，Relative Permittivity 设为 1.91，Dielectric Loss Tangent 设为 0.001，单击【OK】，退出添加材料对话框。在 Attribute 选项卡中的 Color 项选择天蓝色，如图 6.3.34 所示，然后单击 Transplant 项对应的按钮，设置模型的透明度为 0.6，最后单击【确定】按钮，退出属性对话框。

图 6.3.33　添加新材料的对话框

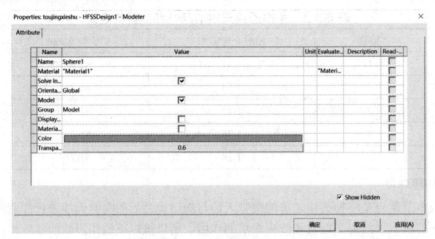

图 6.3.34　Attribute 选项卡

（4）双击操作历史树中 Sphere 节点下的 CreateSphere 选项，打开新建球体属性对话框的 Command 选项卡，在该选项卡中设置圆柱体的底面圆心坐标、半径和高度。在 Position 文本框中输入其球体圆心坐标(-110 mm, 0 mm, 0 mm)，在 Radius 文本框中输入 42.6 mm，如图 6.3.35 所示，然后单击【确定】按钮。

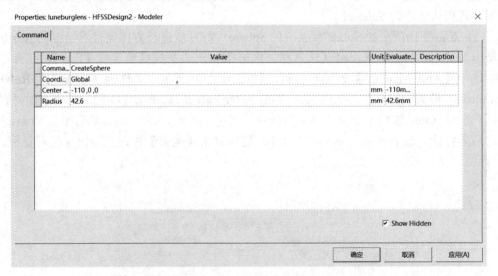

图 6.3.35　Command 选项卡

用同样的方法依次创建 Sphere2、Sphere13、Sphere4、Sphere5，各球体圆心坐标均为(-110 mm, 0 mm, 0 mm)，各球体半径和材料的设置见表 6.3.2。

3. 布尔操作

上述模型都创建完毕之后，利用布尔操作生成最终的球形龙伯透镜天线模型。

（1）按住 Ctrl 键的同时，在操作历史树下按先后次序单击 Sphere5 和 Sphere4 选项，然后选择主菜单栏中的【Modeler】→【Boolean】→【Subtract】命令，如图 6.3.36 所示，选中 Clone to objects before operation 复选框，表示使用模型 Sphere5 减去模型 Sphere4 的同时又保留了模型 Sphere4。最后单击【OK】执行相减操作。

(2) 重复上述操作，使用模型 Sphere4 减去模型 Sphere3，同时保留模型 Sphere3；使用模型 Sphere3 减去模型 Sphere2，同时保留模型 Sphere2；使用模型 Sphere2 减去模型 Sphere1，同时保留模型 Sphere1。这样就得到了一个五层球形龙伯透镜天线，如图 6.3.37 所示。

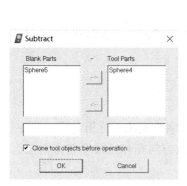

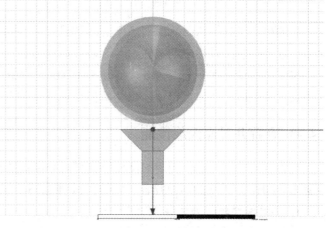

图 6.3.36　Subtract 对话框 　　　　　图 6.3.37　喇叭天线与五层球形龙伯透镜天线的模型

4. 设置边界条件和激励

复制了已经建好的喇叭天线模型，其理想导体边界条件和集总端口激励也被一并复制。同时，Region 自动根据模型的大小进行调整，与模型的每个面均保持 12.5 mm 的距离，因此也不需要重新设置辐射边界条件。

5. 求解设置

复制了已经建好的喇叭天线模型，其求解频率、自适应网格剖分的最大迭代次数和收敛误差也被一并复制，因此不需要重新进行求解设置。为了简化运算量，依旧不添加扫频设置。

6. 设计检查和运行仿真分析

从主菜单栏选择【HFSS】→【Validation】命令，或者单击工具栏中的按钮 ✓，进行设计检查。此时，会弹出如图 6.3.38 所示的检查结果显示对话框，该对话框中的每一项显示图标都表示当前的 HFSS 设计正确、完整。单击【Close】关闭对话框，运行仿真计算。

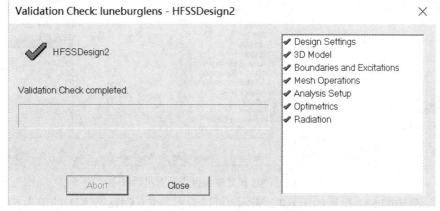

图 6.3.38　检查设计结果对话框

6.4 仿真结果的分析与讨论

右键单击工程树 Analysis 节点下的求解设置项 Setup1，从弹出菜单中选择【Analyze】命令，或者单击工具栏中的按钮 ，进行运算仿真。

整个仿真计算大概需要 1 h。在仿真计算的过程中，进度条窗口会显示出求解进度，在仿真计算完成后，信息管理窗口会给出完成提示信息。

6.4.1 查看并对比天线性能

在仿真计算完成后，利用 HFSS 的数据后处理功能查看喇叭天线的分析结果：在工作频率为 6 GHz 时天线的回波损耗、E 面和 H 面上的二维增益方向图和三维增益方向图。

1. 加透镜后的回波损耗

右键单击工程树下的 Results 节点，从弹出菜单中选择【Create Modal Solution Data Report】→【Rectangular Plot】命令，打开报告设置对话框，如图 6.4.1 所示。在 Category 列表框中选择 S Parameter 选项，在 Quantity 列表框中选择 S(1, 1)选项，在 Function 列表框中选择 dB 选项。然后单击【New Report】生成结果报告，再单击【Close】关闭对话框。

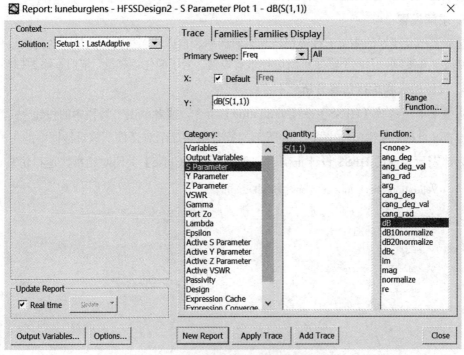

图 6.4.1　回波损耗结果报告设置对话框

此时，生成的 S11 报告如图 6.4.2 所示，可以看出，在 6 GHz 处 S11 的值为 -16.14 dB，与未加透镜时 S11 的值(-16.42 dB)相比较，二者相差不大。

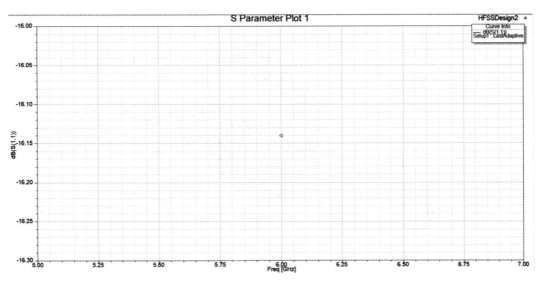

图 6.4.2　加透镜后的回波损耗

2. 加透镜后的三维增益方向图

右键单击工程树下的 Results 节点，从弹出菜单中选择【Create Far Fields Report】→【3D Polar Plot】命令，打开报告设置对话框。在该对话框中，Geometry 项选择上一步定义的辐射面 3D，其他设置项与 6.3.1 节相同。然后单击图 6.4.3 中的【New Report】按钮，生成如图 6.4.4 所示的三维增益方向图，再单击【Close】关闭对话框。

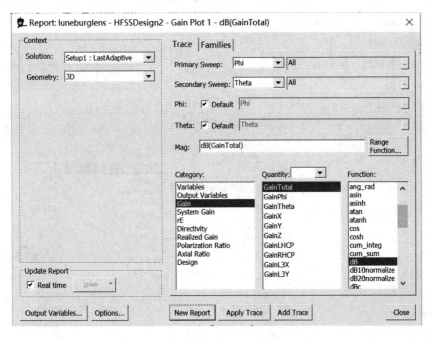

图 6.4.3　三维增益结果报告设置对话框

从三维增益方向图中可以看出，喇叭天线最大辐射方向仍是喇叭的开口方向，即 x 轴负向，且最大增益为 19.1 dB。该增益与未加透镜时最大增益(14 dB)相比较，可以看出增益有明显提高。

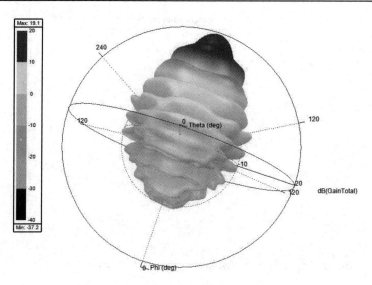

图 6.4.4　加透镜后的三维增益方向图

3. 加透镜后的二维增益方向图

右键单击工程树下的 Results 节点，从弹出菜单中选择【Create Far Fields Report】→【Rectangular Plot】命令，打开报告设置对话框。在该对话框中，Geometry 项选择上一步定义的辐射面 2D，其他设置项如图 6.4.5 所示，然后单击【New Report】按钮，生成如图 6.4.6 所示的 E 平面增益方向图，再单击【Close】关闭对话框。

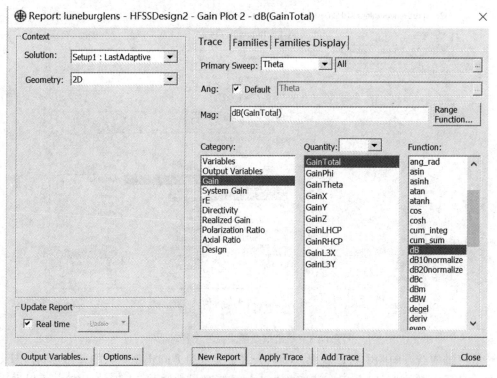

图 6.4.5　二维增益结果报告设置对话框

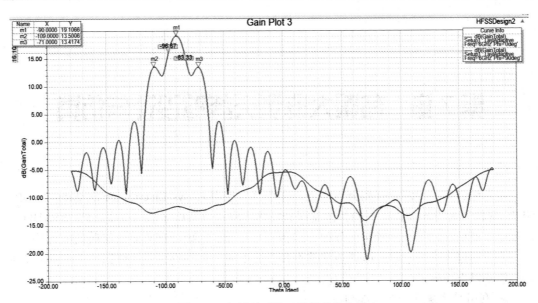

图 6.4.6　加透镜后的三维增益方向图

从三维增益方向图中可以看出,加透镜后天线的 3 dB 波束宽度由 28.48° 变为 13.34°,波束明显变窄。

6.4.2　保存设计

至此,我们完成了喇叭天线和球形龙伯透镜天线的设计分析,验证了龙伯透镜天线具有提高天线增益和波束聚焦的作用。最后,单击工具栏上的【Save】按钮保存设计。

第7章 有限大阵列天线的设计与仿真

本章通过八单元波导阵列分析实例，详细讲解使用 Ansys Electronics Desktop 2019R3 HFSS 软件分析设计天线阵列的具体流程和操作步骤，包括单元法、有限大阵法(FADDM) 以及全模型仿真，带领读者学习阵列天线仿真从设计到精确验证再到最终验证的方法。

希望通过本章的学习，读者能够熟悉和掌握如何分析并设计天线阵列。在本章，读者可以学到以下内容：

➢ 利用单元法设计天线阵列。

➢ Floquet 端口的使用。

➢ 利用 HFSS 有限大阵法(FADDM)进行精确验证。

➢ 天线阵列全模型仿真。

7.1 设计背景

相控阵天线通过控制阵列中天线单元的馈电相位，可以实现方向图形象的改变，其中包括控制相位来改变天线方向图的最大值指向，从而达到波束扫描的目的。此外，也可以通过加权优化控制副瓣电平、最小值位置等参数。在卫星通信系统空间段和用户终端相控阵天线都有应用，在空间段主要是利用相控阵天线的同时多点波束、敏捷波束和空域滤波能力，在用户终端则是看中其低轮廓、灵活波束形成处理、空域自适应调零滤波以及潜在的低成本等特点。另一方面，随着 5G 甚至 6G 时代的到来，在基站、车载、低轨卫星通信等领域，相控阵天线的需求也在增加。因此，对相控阵天线进行高效精准的分析具有重要意义。

7.2 设计原理

相控阵即相位补偿(也称为延时补偿)基阵。其工作原理是按一定规则排列的基阵阵元的信号均加以适当的移相(或延时)，以获得波束的偏转，在不同方位上同时进行相位(或延时)补偿，即可获得多波束。在相控阵中，波束的形状可通过调节每个单元的振幅来控制，波束指向可通过调节每个单元的相位来控制。阵列中的相互耦合单元和输入阻抗起关键作用。此外，分析不同频率和扫描角度下的阵列性能是非常必要的。利用 HFSS 软件对天线进行仿真可分为三个步骤：

(1) 利用单元法进行阵列设计。

(2) 利用有限大阵进行精确验证。

(3) 进行全模型仿真。

7.3 ANSYS HFSS 软件的仿真实现

7.3.1 单元法仿真

单元法分析对阵列进行了如下假设：

(1) 阵列无限大。

(2) 每个单元的方向图完全相同。

(3) 阵列所有单元等幅激励，相位可以不同。

波导单元模型如图 7.3.1 所示。

1. 波导单元模型的创建

为了方便建模和进行性能分析，在设计中首先定义多个变量来表示全可调滤波器的结构尺寸。这里变量的定义以及滤波器的结构尺寸如表 7.3.1 所示。

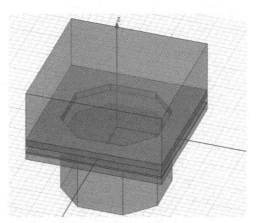

图 7.3.1 波导单元模型

表 7.3.1 波导单元主要参数

变量名	a	b	b1	b2
变量值/mm	21	0.25	1	50

1) 运行 HFSS 并新建工程

HFSS 运行后，会自动新建一个工程文件，选择主菜单栏中的【File】→【Save As】命令，把工程文件另存为 guide_array.aedt。

2) 设置求解类型

把当前设计的求解类型设置为模式驱动求解。

从主菜单栏中选择【HFSS】→【Solution Type】命令，打开如图 7.3.2 所示的对话框。选中图中的 Modal、Network Analysis，然后单击【OK】完成设置。

3) 设置默认长度单位

将当前设计的默认长度单位设置为创建模型时所使用的默认长度单位 mm。从主菜单栏中选择【Modeler】→【Units】命令，打开如图 7.3.3 所示的对话框。在图中，Select units 项后面选择 mm，然后单击【OK】完成设置。

4) 添加和定义设计变量

在 HFSS 中定义和添加表 7.3.1 列出的所有设计变量。从主菜单栏中选择【HFSS】→【Design Properties】命令，打开设计属性对话框，如图 7.3.4 所示，单击该对话框中的

【Add…】按钮，打开 Add Property 对话框见图 7.3.5。在 Add Property 对话框中，Name 项输入第一个变量名称 a，Value 项输入该变量的初始值 21，然后单击【Add…】按钮，变量 a 添加到设计属性对话框中，点击【OK】键完成创建。

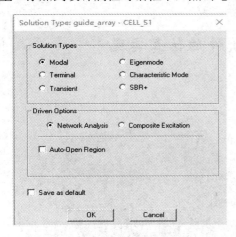

图 7.3.2　设置模式驱动类型

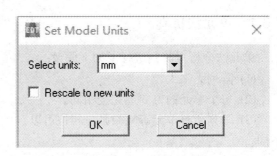

图 7.3.3　设置默认长度单位

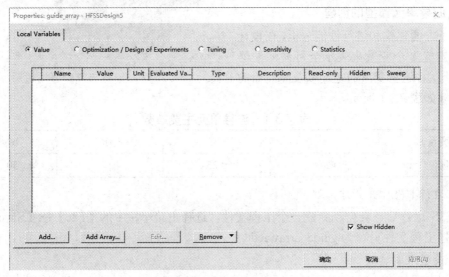

图 7.3.4　定义变量

图 7.3.5　增加变量的对话框

使用相同的操作步骤，分别定义表 7.3.1 中的变量，定义完成后，确认设计属性对话框如图 7.3.6 所示。最后，单击【确定】完成所有变量的定义和添加工作，并退出对话框。

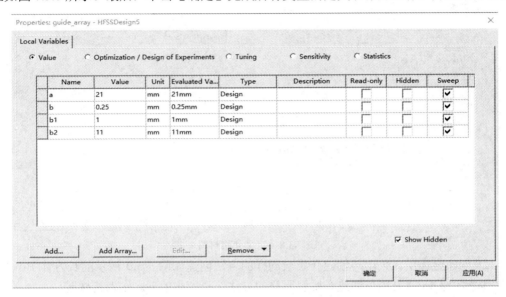

图 7.3.6　变量定义后的设计属性对话框

5. 创建全可调滤波器金属层模型

波导单元由一层介质层和一层金属层组成，此外，还需创建两个空气腔。下面分别对其进行建模。

(1) 创建介质层。从主菜单栏中选择【Draw】→【Box】命令，或者单击工具栏上的 ▥ 按钮，进入创建矩形的状态。随机画出一个矩形 Rectangle1 后，双击 ▥ CreateBox 按钮，对该矩形尺寸进行编辑。其中，Position 栏为长方体的起点，XSize、YSize、ZSize 分别表示矩形的长、宽、高，如图 7.3.7 所示。然后点击【确认】按钮，创建介质层。为了便于理解模型结构，可在左侧模型的特征栏将该矩形命名为 sub。

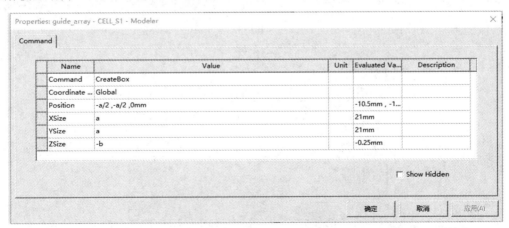

图 7.3.7　编辑介质层属性

完成结构绘制后，再为其分配材料类型。双击白 ▱ Sub 按钮，在【Material】项中选择【Edit...】，添加一个项目材料"2.65"作为介质材料其属性，如图 7.3.8 所示。

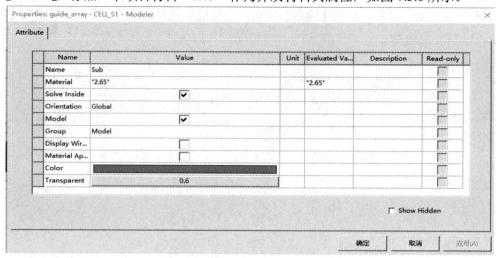

图 7.3.8　定义介质材料

(2) 创建金属层。采用与创建介质层同样的方法创建如图 7.3.9 所示的长方体 Box2，并将其命名为 pec。采用与创建介质层同样的方法选择库中的 pec 作为其材料。

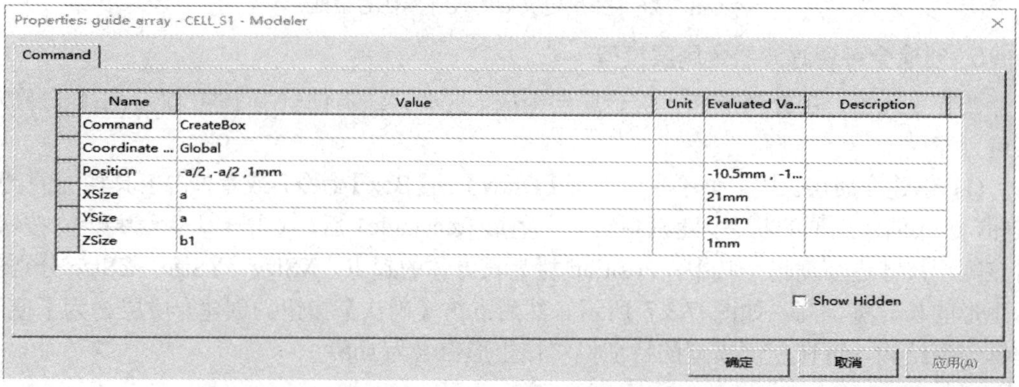

(a)

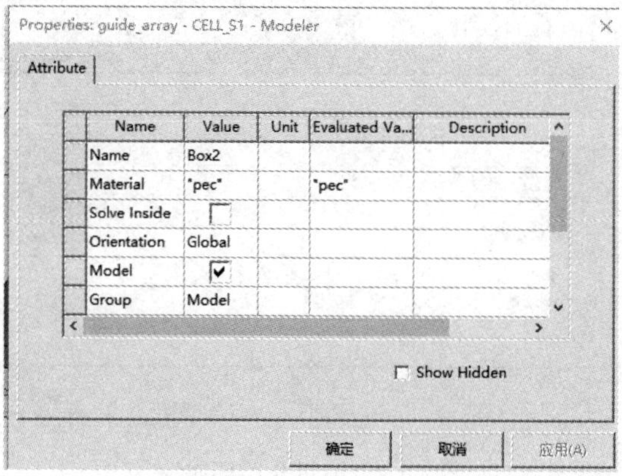

(b)

图 7.3.9　创建金属层

创建一个矩形 Box3，其属性如图 7.3.10 所示。

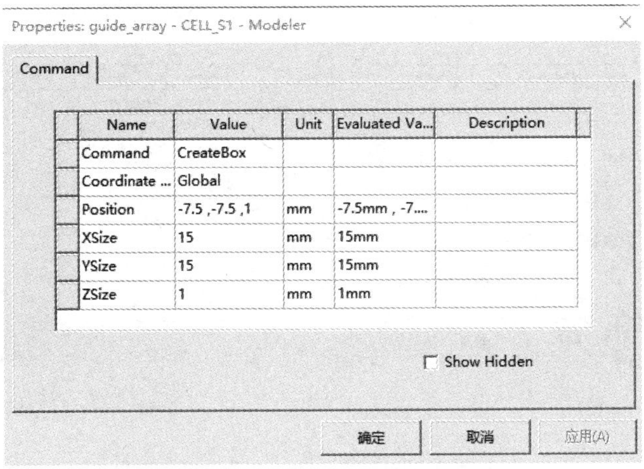

图 7.3.10　矩形属性设置对话框

选择矩形 BOX 3 中 z 轴方向的一个边，单击菜单栏中 Chamfer 按钮，对矩形进行切角操作，如图 7.3.11 所示。

(a)　　(b)　　(c)

图 7.3.11　切角操作

用同样的方式对矩形 BOX 3 中其余 3 个 z 轴方向的边进行切角。然后依次选择 pec 和 Box3，单击 Subtract 按钮进行相减操作，完成金属层创建，如图 7.3.12 所示。

(a)　　(b)

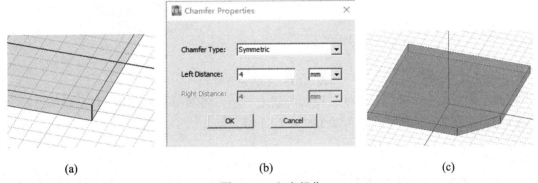

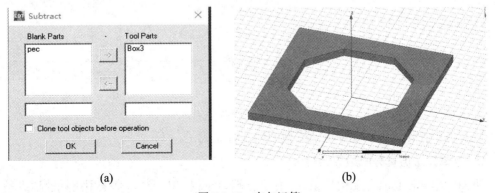

图 7.3.12　布尔运算

(3) 创建空气腔。采用上一步的长方体创建方法，创建长方体 wg，如图 7.3.13(a)所示，其属性如图 7.3.13(b)所示。然后采用切角操作完成绘制，如图 7.3.13(c)和(d)所示。

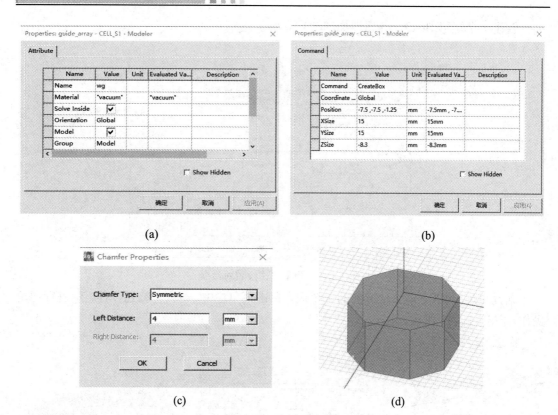

图 7.3.13　创建空气腔

再次采用长方体的创建方法，绘制外层空气腔，将其命名为 Air，并定义其材料为 vacuum，如图 7.3.14(a)所示，其属性如图 7.3.14(b)所示。

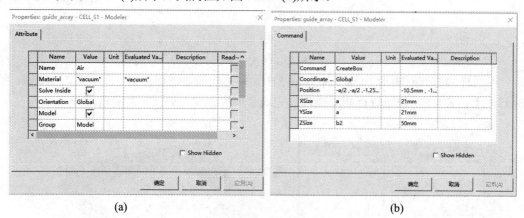

图 7.3.14　空气腔属性

经过以上操作步骤，波导单元模型的创建就完成了。

2. 为单元法仿真分配边界条件

下面为单元法仿真分配边界条件，并进行端口设置。单元法仿真采用周期性边界条件，使 Slave 边界上的场与 Master 边界上的场相同，或加入固定相差，并将馈电端口设为波端口，且在辐射场上方采用 Floquet 端口。

1) 波端口设置

首先选中空气腔的下表面，单击鼠标右键选择【Assign Excitation】→【Wave Port】命令，将其命名为 "Port 1"；单击【Integration Line】命令，在下拉菜单栏中选择 New Line 项，使其从中心 X 轴正方向终止于一边。单击【下一页】按钮，然后单击【完成】，波端口设置完成，如图 7.3.15 所示。

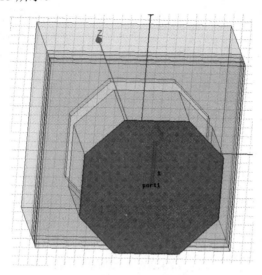

图 7.3.15　波端口激励

2) 主从边界设置

主边界和从边界强制电场具有周期性，它将电场从主边界映射到相应的从边界。除了可能的相移之外，这些场彼此相同。这种是通过使用阵列的渐进相移来控制波束的。主边界和从边界使用 UV 坐标系来确定场的映射。由于主从边界对是在阵元的对边定义的，所以从边界 UV 坐标系应该是主边界 UV 坐标系的简单线性平移。此外，主从边界之间的相位差在从边界的相位延迟选项卡上进行定义，它可以定义为相位延迟，也可以定义为阵列的扫描角度。如果选择阵列的扫描角度，则 HFSS 软件将计算适当的相位延迟，从而控制波束指向所需的方向。

(1) 定义第一对主从边界。

① 定义第一个主边界的操作。首先选择空气腔左表面，点击右键选择【Assign Boundary】→【Master】命令，弹出 Master Boundary 对话框。在该对话框中，【Name】项默认为 "Master1"。在【U Vector】处选择【New Vector】。然后在选中面上左键点击该面左上方顶点，再点击右上方顶点完成 U 矢量的定义。所建立的主从边界如图 7.3.16 所示。

② 定义第一个从边界的操作。已知第一个从边界在第一个主边界所定义面的对面，在 3D Modeler 窗口单击右键选择【Assign Boundary】→【Slave】命令，弹出窗口【Slave:General Data】。在【Slave Boundary】窗口选择【Master Boundary】为已定义好的 "Master1"，并在【U Vector】处选择【New Vector】；在选中面上左键点击该面右上方顶点，再点击左上方顶点，完成 U 矢量的定义。

定义的第一对主从边界如图 7.3.17 所示。

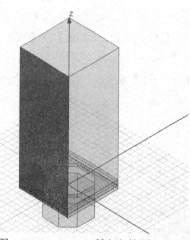

图 7.3.16　Master1 所定义的面

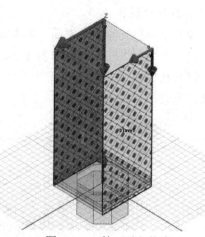

图 7.3.17　第一对主从边界

(2) 定义第二对主从边界。

① 定义第二个主边界的操作。选择空气腔后表面，点击右键选择【Assign Boundary】→【Master】命令，弹出 Master Boundary 对话框。在该对话框中【Name】默认为"Master2"。在【U Vector】处选择【New Vector】，随后在选中面上左键点击该面左上方顶点，再点击右上方顶点，完成矢量的定义。Master2 所定义的面如图 7.3.18 所示。

② 定义第二个从边界的操作。已知第二个从边界在第二个主边界所定义面的对面，在 3D Modeler 窗口单击右键选择【Assign Boundary】→【Slave】命令，弹出窗口【Slave:General Data】。在【Slave Boundary】窗口中选择【Master Boundary】为已定义好的"Master2"，并在【U Vector】处选择【New Vector】。在选中面上左键点击该面右上方顶点，再点击左上方顶点，完成 U 矢量的定义。

定义的第二对主从边界如图 7.3.19 所示。

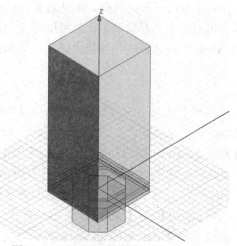

图 7.3.18　Master2 所定义的面

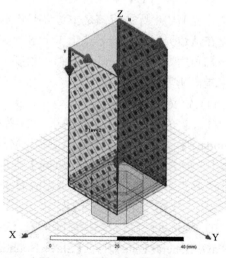

图 7.3.19　第二对主从边界

3) Floquet 端口设置

选择空气腔顶部的面，在【3D Modeler】窗口点击右键选择【Assign Excitation】→

【Floquet Port】命令，打开如图 7.3.20 所示的【Floquet port】窗口，并分别定义 A Direction 和 B Direction。

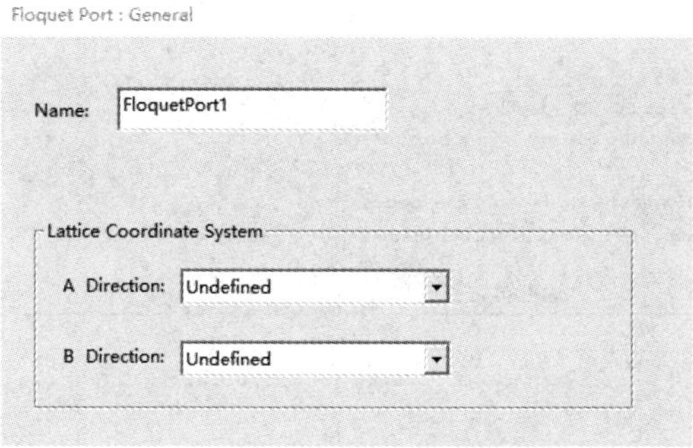

图 7.3.20　Floquet port 端口设置

(1) 定义 A Direction：点击空气腔上表面左上方顶点，再点击空气腔上表面右上方顶点。

(2) 定义 B Direction：点击空气腔上表面左上方顶点，再点击空气腔上表面左下方顶点。

(3) 点击【Next】按钮，打开图 7.3.21 所示的【Floquet Port Modes Setup】窗口。

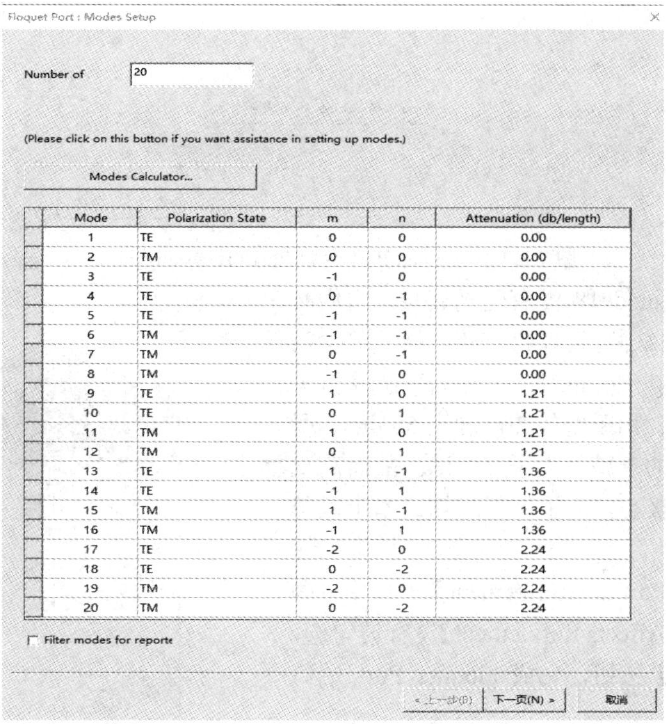

图 7.3.21　Floquet port 端口设置

(4) 在 Floquet Port：模式设置窗口点击【Modes Calculator】以打开 Mode Table Calculator，并进行下列设置：

Number of Modes: 20。

Frequency: 12.625 GHz。

Scan Angles Phi: Start:0 deg；Stop:90deg；Step Size:1deg。

Scan Angles Theta: Start:0deg；Stop:60deg；Step Size:1deg。

观察前 20 个模式的衰减值，将 Number of 修改为 8，点击【下一步】进入图 7.3.22 所示的 Floquet Port: 3D Refinement 窗口。

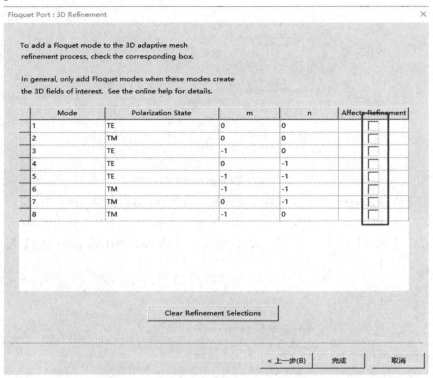

Mode	Polarization State	m	n	Affects Refinement
1	TE	0	0	☐
2	TM	0	0	☐
3	TE	-1	0	☐
4	TE	0	-1	☐
5	TE	-1	-1	☐
6	TM	-1	-1	☐
7	TM	0	-1	☐
8	TM	-1	0	☐

图 7.3.22　Floquet Port 端口 Post Processing 设置

这里，由于 mode18 没有受到衰减，它们必须被 Floquet 端口截断，可以将这两个模式包含在 Mode setup 窗口中。从 mode9 开始，衰减系数大于 1.21 dB/length。由于空气腔高度为 50 mm，所以高次模式受到的衰减将大于 50 dB。故而高次模式产生的影响极小，为了降低计算成本可以忽略不计。

在【Floquet Port:3D Refinement】窗口中，确保所有 mode 的【Affects Refinement】没有被勾选，然后点击【完成】按钮，完成 Floquet Port 端口的创建。

创建的 Floquet Port 端口如图 7.3.23 所示。

4) 创建天线阵列

在工程栏中右键单击【Radiation】选择【Antenna Array Setup】命令，在弹出的对话框中选择【Regular Array Setup】项，并按图 7.3.24 进行设置。最后点击【确定】完成设置。

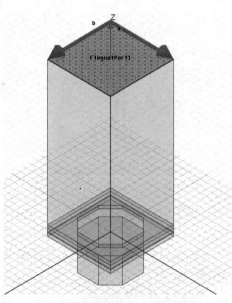

图 7.3.23　Floquet Port 端口模型

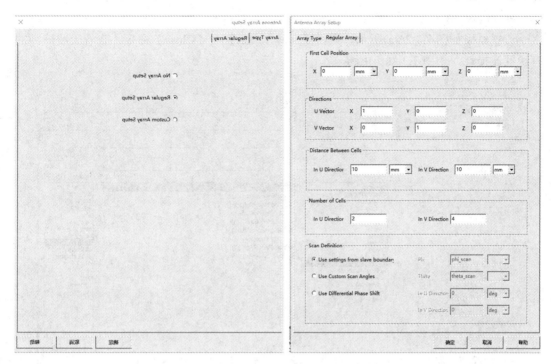

图 7.3.24　Antenna Array Setup 设置

5) 评估 S 参数

(1) 激励设置。在【Project Manger】窗口，右键点击【Excitation】并选择 Edit Sources，或从 HFSS 菜单栏选择【HFSS】→【Fields】→【Edit Sources】命令，完成如图 7.3.25 所示的设置，再点击【OK】。

	Source	Type	Magnitude	Unit	Phase	Unit
1	1:1	Port	1	W	0	deg
2	FloquetPort1:1	Port	0	W	0	deg
3	FloquetPort1:2	Port	0	W	0	deg
4	FloquetPort1:3	Port	0	W	0	deg
5	FloquetPort1:4	Port	0	W	0	deg
6	FloquetPort1:5	Port	0	W	0	deg
7	FloquetPort1:6	Port	0	W	0	deg
8	FloquetPort1:7	Port	0	W	0	deg
9	FloquetPort1:8	Port	0	W	0	deg

图 7.3.25　激励设置

(2) 建立有源回波损耗(Active Return Loss)。在【Project Manager】窗口，右键点击【Results】并选择【Create Modal Solution Data Report】→【Rectangular Plot】命令。在【Trace】选项卡进行下列设置：

Solution: Setup1:sweep。

Domain: Sweep。

Category: Active S Parameter。

Quantity: ActiveS(1:1)。

Function: dB。

设置结果如图 7.3.26(a)所示。点击【New report】→【Close】命令，查看天线阵列的有源回波损耗，如图 7.3.26(b)所示。

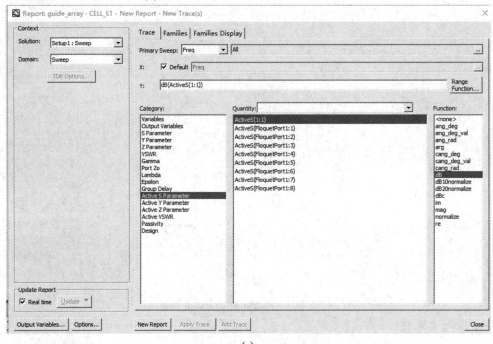

(a)

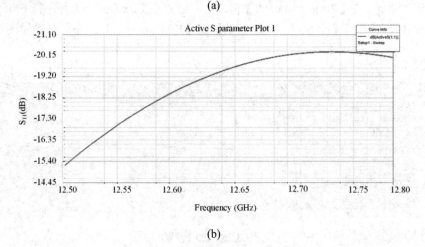

(b)

图 7.3.26　查看有源回波损耗

(3) 通过扫描评估匹配。设置参数扫描【theta_scan】，添加设置如图 7.3.27 所示。在【Ribbon】区选择【Simulation】选项卡，点击【Optimetrics】并选择【Parametric】项，打开【Setup Sweep Analysis】窗口，或在【Project Manager】窗口，右键点击【Optimetrics】并选择【Add】→【Parametric】命令，再打开【Setup Sweep Analysis】窗口。

在【Setup Sweep Analysis】对话框中【Sweep Definitions】选项卡下，点击【Add...】打开【Add/Edit Sweep】对话框。

在【Add/Edit Sweep】窗口进行下列设置：

Variable: theta_scan。

Linear Step。

Start: 0 deg。

Stop: 60 deg。

Step: 5 deg。

点击【Add】，再点击【OK】关闭
【Add/Edit Sweep】对话框。回到【Setup
Sweep Analysis】对话框，点击【Table】
选项卡，查看【Parametric Sweep】中定义
的"theta_scan"扫描角度。

在【General】选项卡中确保在【include】
复选框中，只勾选【Setup1】，确保在
【Starting Point】选项下的【Override】复
选框中没有任何勾选项，界面如图7.3.28所示。

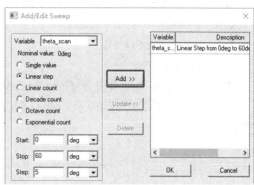

图 7.3.27　添加参数扫描

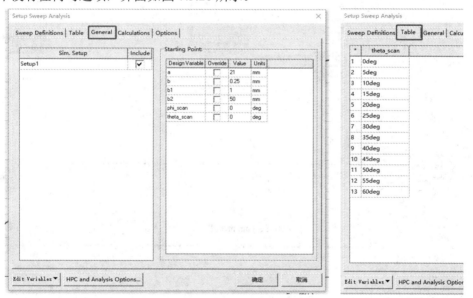

图 7.3.28　参数扫描设置

在【Setup Sweep Analysis Calculation】选项卡中不做任何设置。

在【Options】选项卡中勾选【Save geometrically equivalent meshes】【Copy geometrically equivalent meshes】和【Solve with copied meshes only】。

点击【确定】关闭【Setup Sweep Analysis】对话框。

在【Project Manger】窗口中【Optimetrics】选项下，右键点击【Parametric Setup1】并选择【Analyze】，运行扫参分析。

在【Ribbon】区选中【Results】选项卡，选择【Modal Solution Data Report】→【2D】，或在【Project Manager】窗口右键点击【Results】，选择【Create Modal Solution Data Report】→【Rectangular Plot】。

在【Trace】选项卡进行下列设置：

Solution: Setup:Sweep。

Domain: Sweep。

Category: Active S Parameter。

Quantity: Active S(1:1)。

Function: dB。

在【Families】选项卡设置 Theta_scan Value 为 ALL。

设置结果如图 7.3.29(a)所示。点击【New Report】→【Close】，得到的有源回损结果见图 7.3.29(b)。

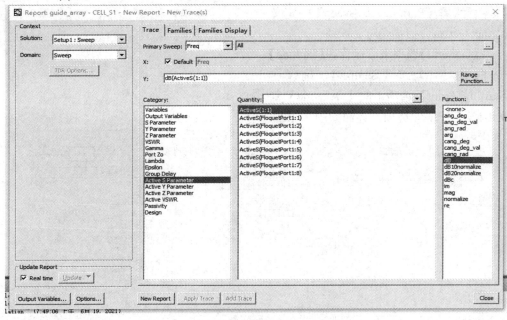

(a)

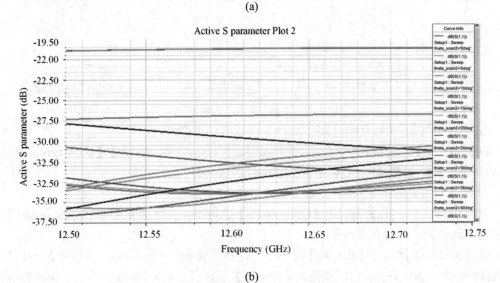

(b)

图 7.3.29　扫描量的有源回损图

6) 评估方向图

(1) 创建远场辐射球。在【Project Manger】窗口右键点击【Radiation】，选择【Insert Far Field Setup】→【Infinite Sphere】，界面见图 7.3.30。在【Infinite Sphere】选项卡进行下列设置：

Name: Infinite Sphere 1。

Phi: Start: 0, Stop: 180, Step Size: 10。

Theta: Start: -90, Stop: 90, Step Size: 5。

点击【确定】完成远场辐射球的创建。

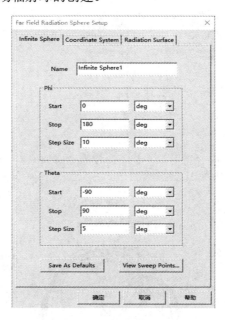

图 7.3.30　创建远场辐射球

(2) 创建远场辐射图。在【Ribbon】区选中【Results】，点击【Far Fields Report】并选择【Mag/polar】，或在菜单栏选择【HFSS】→【Results】→【Create Far-Field Report】→【Radiation Pattern】命令。

在【Trace】选项中进行下列设置：

Solution: Setup1:LastAdaptive。

Geometry: Infinite Sphere1。

Primary Sweep: Theta。

Category: Realized Gain。

Quantity: RealizedGainTotal。

Function: dB。

在【Families】选项中进行下列设置：

Phi: 0。

Freq: 12.625 GHz。

theta_scan Value: All。

设置结果如图 7.3.31(a)所示，点击【New Report】→【Close】命令，完成远场辐射图的创建，如图 7.3.31(b)所示。

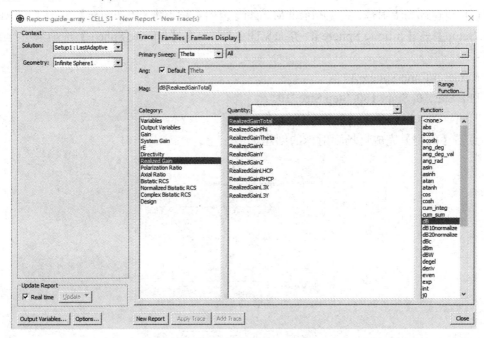

(a) 设置结果

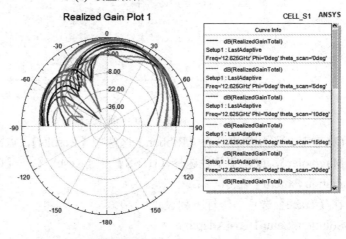

(b) 远场辐射图

图 7.3.31　创建远场辐射图

（3）创建局部坐标系。在菜单栏选择【Modeler】→【Coordinate System】→【Creat】→【Relative CS】→【Both】命令，再依次点击 X 轴、Y 轴完成局部坐标系的创建。双击【Coordinate Systems】下创建的相对坐标系"RelativeCS1"，进行以下参数设置：

Name: Scan。

Origin: 0,0,0。

X Axis: cos(theta_scan)*cos(phi_scan), cos(theta_scan)*sin(phi_scan), -sin(theta_scan)。

Y point: cos(theta_scan)*sin(phi_scan), cos(theta_scan)*cos(phi_scan), sin(theta_scan)。

点击【确定】完成设置，设置界面见图 7.3.32。

Name	Value	Unit	Evaluated Va...	Description
Type	Relative			
Name	Scan_CS			
Reference CS	Global			
Mode	Axis/Position			
Origin	0 ,0 ,0	mm	0mm , 0mm ...	
X Axis	cos(theta_scan)*cos(phi_scan) ,cos(theta_scan)*sin(phi_scan) ,-sin(theta_scan)		1 , 0 , -0	
Y Point	-cos(theta_scan)*sin(phi_scan) ,cos(theta_scan)*cos(phi_scan) ,sin(theta_scan)		-0 , 1 , 0	

图 7.3.32　相对坐标系的设置界面

(4) 创建扫描 CS 辐射指示球 (Scan_CS Radiation Indicate Sphere)。在【Project Manager】窗口，右键点击【Radiation】并选择【Insert Far Field Setup】→【Infinite Sphere】，在该选项卡进行下列设置：

Name: Scan_1。

Phi: Start:0, Stop:0, Step Size:0。

Theta: Start:0, Stop:0, Step Size:0。

设置结果如图 7.3.33 所示，在【Coordinate System】选项卡中选择【Use local coordinate system】，并在已有的坐标系中选择【Scan_CS】。

最后点击【确定】，完成扫描 CS 辐射指示球的创建。

(5) 创建相对坐标系下的方向图。选择菜单栏【HFSS】→【Results】→【Create Far-Field Report】→【Radiation Pattern】命令，在【Trace】选项卡中进行下列设置：

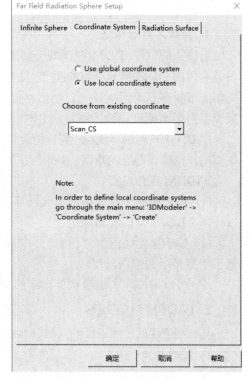

图 7.3.33　Scan_1 设置界面

Solution: Setup1:LastAdaptive。

Geometry: Scan_1。

Primary Sweep: theta_scan。

Category: Realized Gain。

Quantity: RealizedGain Total。

Function: dB。

在【Family】选项卡中进行下列设置：

Theta: ALL。

Phi: ALL。

Freq: 12.625 GHz。

然后点击【New Report】，完成相对坐标系下的方向图，如图 7.3.34 所示。

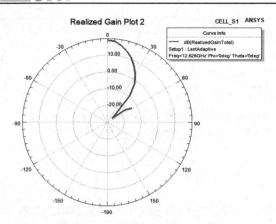

图 7.3.34　相对坐标系下的方向图

7.3.2　利用有限大阵法进行精确验证

1. 有限大阵法概述

有限大阵法(FADDM)在区域分解法(DDM)的基础上加入有限大阵列 FA 技术，采用可重复利用的 DDM 单元求解阵列。它只对单个单元的结构和网格进行处理，通过简单的 GUI 将单元节扩展成有限大阵列，然后直接从单元法仿真结果导入其自适应网格，因此极大地减少了有限大阵列分析的网格剖分时间。其网格阵列同阵列一样具有周期性。

FADDM 具有以下优点：同样的硬件可以求解更大规模的阵列；与在 HFDD 中直接建模仿真同样精确；采用 DDM 技术高效仿真大规模阵列；可以便捷地由单元转换为有限大阵列。

FADDM 工作特点：

(1) 基于单元法模型得到单元网格。FADDM 使用的单元主从边界一带的吸收边界可以使用 ABC、PML 或 FE-BI。

(2) 基于单元法模型创建有限大阵列。通过 GUI 创建阵列减少创建模型的复杂度，降低了模型显示的渲染程度。

(3) 通过增加阵列边缘额外指定的空气单元考虑阵列的边缘效应。

2. FADDM 验证实施

复制刚创建的单元工程，并将其命名为 FADDM。按照流程其具体验证操作步骤如下所述。

1) 模型构建

(1) 设置 setup1。双击【Project Manager】中的【Analysis】项下的【setup1】，打开【Driven Solution Setup】窗口进行设置，界面如图 7.3.35(a)所示。

在【General】选项卡中设置【Maximum Number of Pass】为 1，在【Options】选项卡中取消【Do Lambda Refinement】的勾选，确保这两个操作不会出现多余的网格剖分。

在【Advanced】选项卡中勾选【Import Mesh】，在【Source Project】中选择【Use This Project】，在【Source Design】中选择单元法工程【CELL_S1】，如图 7.3.35(b)所示。点击【Variable Mapping】→【Map Variable by Name】，在【Additional mesh refinements】中勾选【Ignore mesh operations in target design】。

然后点击【确定】按钮完成 setup1 的修改。

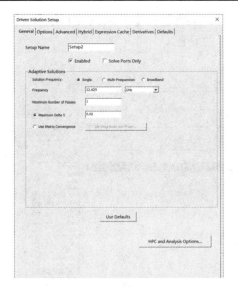

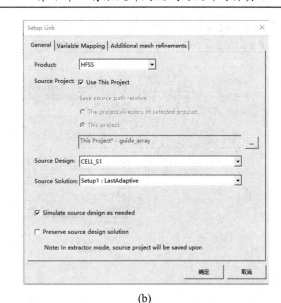

(a)　　　　　　　　　　　　　　(b)

图 7.3.35　设置 setup1 的界面

(2) 创建阵列。在【Project Manager】栏中右键点击【Model】→【Creat Array】，打开【Regular Array Properties】，完成图 7.3.36 所示的设置：

勾选 Visible。

For A Vector: Master1, 2。

For B Vector: Master2, 4。

Padding Cells: 1。

(3) 激励设置。在【Project Manager】栏中右键点击【Excitations】，再选择【Edit sources】，然后打开【Edit post process sources】完成如图7.3.37 所示的设置，并将所有激励设置为"1W"。

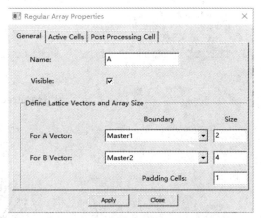

图 7.3.36　阵列设置的界面

	Source	Type	Magnitude	Unit	Phase	Unit
1	A[1,1]1:1	Port	1	W	0	deg
2	A[1,2]1:1	Port	1	W	0	deg
3	A[1,3]1:1	Port	1	W	0	deg
4	A[1,4]1:1	Port	1	W	0	deg
5	A[2,1]1:1	Port	1	W	0	deg
6	A[2,2]1:1	Port	1	W	0	deg
7	A[2,3]1:1	Port	1	W	0	deg
8	A[2,4]1:1	Port	1	W	0	deg

图 7.3.37　激励设置

在菜单栏【Simulation】中选择 ✓ 按钮，检查无误后选择 按钮进行运行分析。

2) 结果分析

(1) 查看方向图。

首先创建远场辐射图。在【Ribbon】区选中【Results】，点击【Far Fields Report】并

选择【Mag/polar】，或在菜单栏中选择【HFSS】→【Results】→【Create Far-Field Report】
→【Radiation Pattern】命令，完成如图 7.3.38(a)所示的设置。

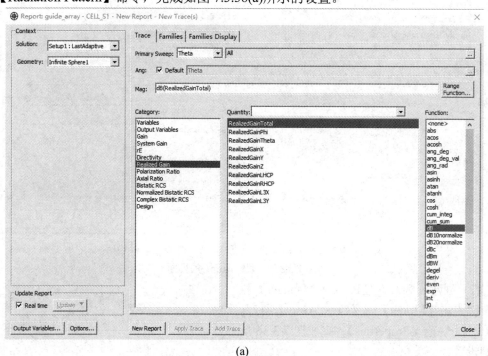

(a)

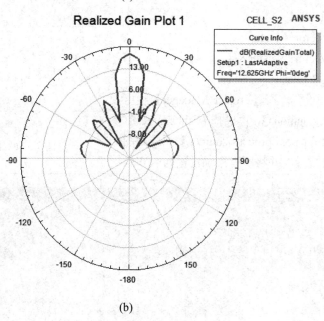

(b)

图 7.3.38　创建远场辐射图

在 Trace 选项下进行如下设置：

Solution: Setup1:LastAdaptive。

Geometry: Infinite Sphere1。

Primary Sweep: Theta。

Category: Realized Gain。

Quantity: RealizedGainTotal。

Function: dB。

点击【New Report】，完成远场辐射图的创建，如图 7.3.38(b)所示。此时，可以查看方向图了。

(2) 波束扫描计算。点击菜单栏【HFSS】→【Toolkit】→【Finite Array Beam Angle】，打开【Finite Array Beam Angle Calculator】，完成如图 7.3.39(a)所示界面的设置。这个工具可自动计算特定扫描角度下的激励相位。例如，实现 15° 的角度的设置如下：

Frequency: 12.625 GHz。

Theta: 15deg。

Phi: 0deg。

然后点击【Calculate】进行计算，点击【Apply to Edit Sources】得到如图 7.3.39(b)所示的结果，将其应用到激励。

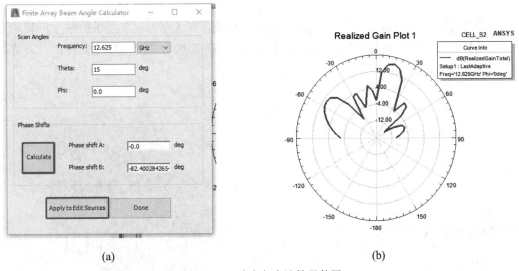

(a)　　　　　　　　　　　　　　　(b)

图 7.3.39　波束角度计算器使用

7.3.3　全模型仿真

完成 FADDM 验证便可以进行全模型仿真了。将 FDDAM 工程按上文方法复制一份，并命名为 Full_Model。点击【Project Manager】栏中【Model】项下的 A，点击菜单栏中的【Delete】以删除 FADDM 阵列设置。用同样的方法删除【Project Manager】栏中【Boundaries】项下所有主从边界(如 Master1、Master2、Slave1、Slave2)以及【Excitations】项下的 1。

1. 天线阵列的构建

全选已绘制好的天线单元，点击菜单栏中 Along Line 按钮，而后依次点击空气盒子的左上角和右上角，在【Duplicate】中选择【Total number】为 2。此时，完成了在 Y 方向的一次复制，设置结果如图 7.3.40 所示。

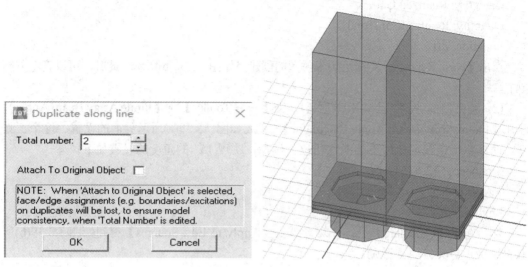

图 7.3.40　Y 方向的复制结果

再次全选模型，点击菜单栏中 Along Line 按钮，依次点击空气盒子的左上角和左下角，在【Duplicate】中选择【Total number】为 4，则在 X 轴方向等间距复制 3 次，设置结果如图 7.3.41 所示。

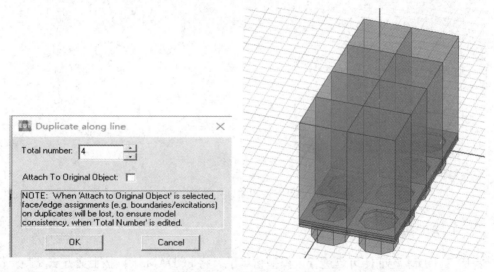

图 7.3.41　X 方向的复制结果

2. 激励设置

如图 7.3.42 所示，在菜单栏中将绘制方向改为 XZ，通过矩形绘制工具绘制端口，将其命名为 Port1。

选中绘制好的矩形，在工程界面右键点击，选择【Assign Excitation】→【Lumped Port】命令，打开【Lumped Port:General】窗口，将端口命名为"Port1"，点击【下一页】，在【Intergration Line】项选择【New Line】，而后依次点击矩形的下边中点和上边中点，点击【下一页】→【完成】，设置结果见图 7.3.43。

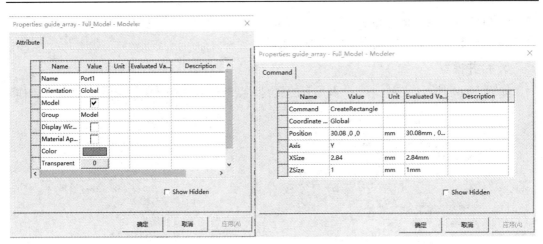

图 7.3.42　端口绘制

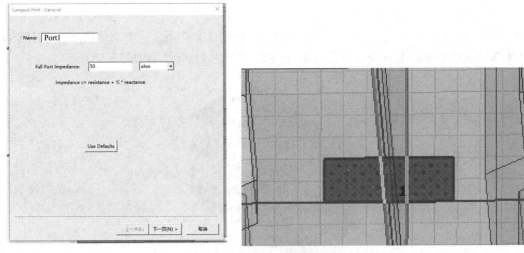

图 7.3.43　端口设置的界面

3. 馈电网络的绘制

如图 7.3.44 所示，图中模型为设计的一分八馈电网络，将其选中，然后在工程栏中右键选择【Assign Boundary】→【Perfect E】命令，为其分配理想导体边界。

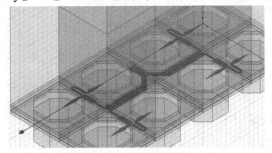

图 7.3.44　馈电网络的绘制界面

4. 修改 Setup

如图 7.3.45 所示，删除【Project Manager】中【Analysis】下的 Setup1，而后右键单击

【Analysis】。点击【Add Solution Setup】→【Advanced】命令，打开【Driven Solution Setup】，在【General】选项卡中完成图中所示的设置。

5. 合并模型

如图 7.3.46 所示，选中 "sub" 及所有的复制，点击菜单栏中的  按钮完成合并操作。

图 7.3.45　Setup1 的设置　　　　　　　　　　图 7.3.46　合并介质基板

利用相同操作合并空气盒子以及波导单元，如图 7.3.47 所示。在菜单栏点击【HFSS】→【Design Properties】命令，将空气盒子高度 b2 改为 11 mm，如图 7.3.48 所示。

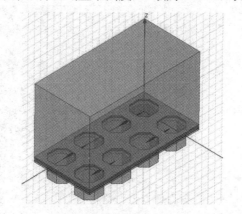

图 7.3.47　合并操作后的阵列

Name	Value	Unit	Evaluated Va...	Type	Description	Read-only	Hidden	Sweep
phi_scan	0	deg	0deg	Design		☐	☐	☑
theta_scan	0	deg	0deg	Design		☐	☐	☑
a	21	mm	21mm	Design		☐	☐	☑
b	0.25	mm	0.25mm	Design		☐	☐	☑
b1	1	mm	1mm	Design		☐	☐	☑
b2	11	mm	11mm	Design		☐	☐	☑

图 7.3.48　修改参数

在菜单栏【Simulation】中点击 ✓ 按钮进行检查，检查无误后点击 按钮，进行运行分析。

6. 查看 3D 辐射图

如图 7.3.49 所示，在【Ribbon】区选中【Results】，点击【Far Fields Report】并选择【Mag/polar】，或在菜单栏中选择【HFSS】→【Results】→【Create Far-Field Report】→Radiation Pattern。

在 Trace 选项卡进行下列设置：

Solution: Setup1:LastAdaptive。

Geometry: Infinite Sphere2。

Primary Sweep: Theta。

Category: Realized Gain。

Quantity: RealizedGainTotal。

Function: dB。

点击【New Report】完成 3D 辐射图，并进行查看。

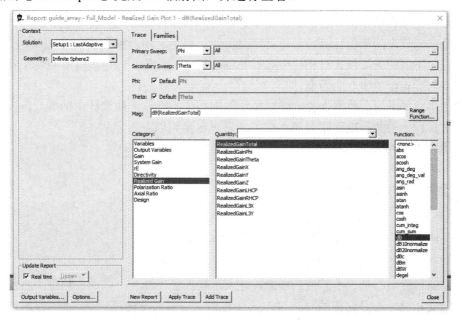

(a)

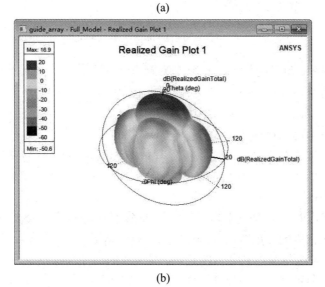

(b)

图 7.3.49　修改参数

至此，完成了阵列天线的仿真设计。

第8章 天线相位中心的分析与计算

本章首先阐明了相位中心的定义及概念，而后对以移动参考点计算法、三点计算法和相位积分法为代表的相位计算方法进行研究分析，最后利用对称振子、双频 Wi-Fi 和北斗圆极化三种不同的天线样式对相位中心计算的应用加以验证，一定程度上阐明了实际仿真应用中如何确定相位中心的问题。

通过本章的学习，希望读者能够熟悉和掌握相位中心在天线设计中的确立，以便高效地解决仿真设计中的疑难问题。在本章，读者可以学到以下内容：

➢ 相位中心的定义及概念。

➢ 三种相位中心计算方法。

➢ 仿真设计中相位中心计算的应用。

8.1 相位中心的概念

天线的相位中心是一个等效的概念，在《近代天线设计》一书中，相位中心的描述为"我们定义相位中心是这样的'点'，天线将由这点辐射球面波。"天线辐射的远场一般可以表示为

$$E_u = \hat{u}E(\theta,\ \phi)\mathrm{e}^{\mathrm{j}\psi(\theta,\phi)}\frac{\mathrm{e}^{-\mathrm{j}kr}}{r} \tag{8.1.1}$$

其中，$\hat{u}$ 为单位向量；$E(\theta,\ \phi)$ 和 $\psi(\theta,\ \phi)$ 分别为随着 $(\theta,\ \phi)$ 变化的电场幅度和相位。在给定的频率定义一个参考点，使得 $\psi(\theta,\ \phi)$ 不随着 θ 和 ϕ 变化，即 $\psi(\theta,\ \phi)=$ 常数，这个参考点在 Balanis 的 *Antenna Theory* 一书中被称为相位中心。

上面两种相位中心的描述方式实际上表示了相同的含义，即天线的电磁场随着辐射在远离天线的远场区逐渐接近于球面波。从数学上理解相位中心，可将其描述为天线远区辐射场的等相位面的曲率中心，如果是理想球面，就存在唯一球心；反之，不同区域的等相位面有不同曲率中心。

实际上，除了电源外任何天线都不可能使远场相位值为一个常数。因为任何天线都可以看成由无数点源构成的，虽然从远场观察可以近似等效为一个点源，而实际上在有限距离下它是像散的，且这与场点到源点的距离，与天线的口径场分布有很大关系。另一方面，实际天线一定存在各种误差，因此通过测试或计算得到的相位值不会是常数。但在满足工程应用的条件下，可以给出一个等效获得等相位面的相位中心定义。对于许多天线，可以找到一个在主瓣某一范围内使辐射场的相位分布最平坦的参考点，这个参考点是一个等效

的近似相位中心，定位为"视在相位中心"。在这个定义中有两个方面需要说明：

（1）主瓣的某一范围。它已经从辐射远场全空间弱化为主瓣内某一范围，在实践中是可应用的。例如，天线大都使用能量最为集中的主瓣，不同的应用中，我们只需关注相应主瓣宽度内的相位变化情况，全空间的相位分布可以不考虑。

（2）相位分布最平坦。相位的约束从常数弱化为最平坦，最平坦一般可用数学方法定义，比如要求相位的变化量不超过限值，通常定义为在某一范围内的相位变化量最小。

8.2　相位中心的计算方法

上面描述了相位中心和视在相位中心的定义，那么另一个我们关心的问题是相位中心的计算方法。

8.2.1　移动参考点计算法

移动参考点法示意图如图 8.2.1 所示，根据视在相位中心的定义，我们可以通过相位中心移动参考点，使得远场相位最平坦来得到天线的相位中心。这一方法可在测试中使用，也可以在 HFSS 仿真中使用。在 HFSS 中，可以建立局部坐标系，通过更改局部坐标系的原点位置，然后在局部坐标系下、在指定的平面内考察远场分量的相位，使得在所关心角度范围内的相位最平坦。此时局部坐标系的原点即为视在相位中心。

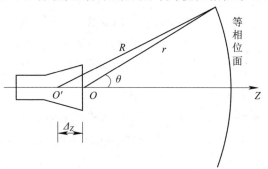

图 8.2.1　移动参考点法示意图

8.2.2　三点计算法

如图 8.2.2 所示，在一个原点为 O 的坐标系内，设天线的相位中心为 O'，根据相位中心的定义，以相位中心辐射出的电场为球面波，即在球面各个方向上具有相同的相位，则电场可以表示为

$$E_u = \hat{u} E(\theta,\ \phi) \mathrm{e}^{\mathrm{j}\psi_0} \frac{\mathrm{e}^{-\mathrm{j}k\cdot r'}}{|r'|} \qquad (8.2.1)$$

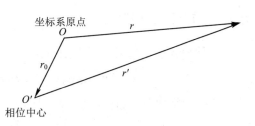

图 8.2.2　在坐标系中的相位中心

公式(8.2.1)可以写为

$$E_u = \hat{u}E(\theta, \phi)\mathrm{e}^{\mathrm{j}\psi_0}\frac{\mathrm{e}^{-\mathrm{j}k\cdot(r-r_0)}}{|r-r_0|} \approx \hat{u}E(\theta, \phi)\mathrm{e}^{\mathrm{j}\psi_0}\frac{\mathrm{e}^{-\mathrm{j}k\cdot(r-r_0)}}{r}$$

$$= \hat{u}E(\theta, \phi)\mathrm{e}^{\mathrm{j}\psi_0}\frac{\mathrm{e}^{-\mathrm{j}k\cdot(r-r_0)}}{r} = \hat{u}E(\theta, \phi)\mathrm{e}^{\mathrm{j}\psi_0}\mathrm{e}^{\mathrm{j}k\cdot r_0}\frac{\mathrm{e}^{-\mathrm{j}kr}}{r} \tag{8.2.2}$$

因此，电场的相位为

$$\Psi(\theta, \phi) = \psi_0 + k \cdot r_0 \tag{8.2.3}$$

其中：

$$k = k[\sin\theta\cos\phi\hat{x} + \sin\theta\sin\phi\hat{y} + \cos\theta\hat{z}] \tag{8.2.4}$$

$$r_0 = x_0\hat{x} + y_0\hat{y} + z_0\hat{z} \tag{8.2.5}$$

相位表达式可重新写为

$$\Psi(\theta, \phi) = k[\sin\theta\cos\phi x_0 + \sin\theta\sin\phi y_0 + \cos\theta z_0] + \psi_0 \tag{8.2.6}$$

一般情况下，天线的相位中心在各个面上可能并不重合。我们通常会考察坐标系的三个平面，那么基于公式(8.2.6)相位表达式，在各个平面可以计算各个平面内的相位中心。

(1) 在 Θ 平面，当 $\phi = 0°$ 时，$Y_0 = 0$，则在该平面上电场相位表示为

$$\Psi(\theta, \phi) = k\sin\theta X_0 + k\cos\theta Z_0 + \psi_0 \tag{8.2.7}$$

在所关注的波瓣宽度范围内，取任意三个方向，得到该方向上的辐射场相位值

$$\begin{cases} k\sin\theta_1 X_0 + k\cos\theta_1 Z_0 + \psi_0 = \Psi_1 \\ k\sin\theta_2 X_0 + k\cos\theta_2 Z_0 + \psi_0 = \Psi_2 \\ k\sin\theta_3 X_0 + k\cos\theta_3 Z_0 + \psi_0 = \Psi_3 \end{cases} \tag{8.2.8}$$

求解上面的方程组，可以得到 X_0、Z_0、ψ_0 的值。

(2) 在 Θ 平面，当 $\phi = 90°$ 时，$X_0 = 0$，则在该平面上电场相位表示为

$$\Psi(\theta, \phi) = k\sin\theta Y_0 + k\cos\theta Z_0 + \psi_0 \tag{8.2.9}$$

同理，建立方程组求解。

(3) 在 ϕ 平面，当 $\theta = 90°$ 时，$Z_0 = 0$，则在该平面上电场相位表示为

$$\Psi(\theta, \phi) = k\cos\phi X_0 + k\sin\phi Y_0 + \psi_0 \tag{8.2.10}$$

同理，建立方程组求解。

8.2.3 相位积分法

仍然要考虑相位表达式，如下：

$$\Psi(\theta, \phi) = k[\sin\theta\cos\phi X_0 + \sin\theta\sin\phi Y_0 + \cos\theta Z_0] + \psi_0 \tag{8.2.11}$$

(1) 在 Θ 平面，当 $\phi = 0°$ 时，$Y_0 = 0$，则在该平面上电场相位表示为

$$\Psi(\theta, \phi) = k\sin\theta X_0 + k\cos\phi Z_0 + \psi_0 \tag{8.2.12}$$

对公式两边同时乘以 $\cos\theta$，并在 $[0, \pi]$ 内进行积分，可得

$$\int_0^\pi \Psi(\theta, \phi)\cos\theta\,\mathrm{d}\theta = \int_0^\pi kZ_0\cos^2\theta\,\mathrm{d}\theta = kZ_0\frac{\pi}{2} \tag{8.2.13}$$

因此：

$$Z_0 = \frac{2}{k\pi}\int_0^\pi \Psi(\theta, \phi)\cos\theta\,\mathrm{d}\theta = \frac{c_0}{\pi^2 f_0}\int_0^\pi \Psi(\theta, \phi)\cos\theta\,\mathrm{d}\theta \tag{8.2.14}$$

同理，两边同时乘以 $\sin\theta$，并在 $\left[-\dfrac{\pi}{2}, \dfrac{\pi}{2}\right]$ 内进行积分，可得

$$X_0 = \frac{c_0}{\pi^2 f_0}\int_{-\frac{\pi}{2}}^{\frac{\pi}{2}} \Psi(\theta, \phi)\sin\theta\,\mathrm{d}\theta \tag{8.2.15}$$

(2) 在 Θ 平面，当 $\phi = 90°$ 时，$X_0 = 0$，则在该平面上电场相位表示为

$$\Psi(\theta, \phi) = k\sin\theta Y_0 + k\cos\theta Z_0 + \psi_0 \tag{8.2.16}$$

公式两边同时乘以 $\cos\theta$，并在 $[0, \pi]$ 内进行积分，可得

$$Z_0 = \frac{c_0}{\pi^2 f_0}\int_0^\pi \Psi(\theta, \phi)\cos\theta\,\mathrm{d}\theta \tag{8.2.17}$$

同理，两边同时乘以 $\sin\theta$，并在 $\left[-\dfrac{\pi}{2}, \dfrac{\pi}{2}\right]$ 内进行积分，可得

$$Y_0 = \frac{c_0}{\pi^2 f_0}\int_{-\frac{\pi}{2}}^{\frac{\pi}{2}} \Psi(\theta, \phi)\sin\theta\,\mathrm{d}\theta \tag{8.2.18}$$

(3) 在 Φ 平面，当 $\theta = 90°$ 时，$Z_0 = 0$，则在该平面上电场相位表示为

$$\Psi(\theta, \phi) = k\cos\phi X_0 + k\sin\phi Y_0 + \psi_0 \tag{8.2.19}$$

公式两边同时乘以 $\cos\phi$，并在 $[0, \pi]$ 内进行积分，可得

$$X_0 = \frac{c_0}{\pi^2 f_0}\int_0^\pi \Psi(\theta, \phi)\cos\phi\,\mathrm{d}\phi \tag{8.2.20}$$

同理，两边同时乘以 $\sin\phi$，并在 $\left[-\dfrac{\pi}{2}, \dfrac{\pi}{2}\right]$ 内进行积分，可得

$$Y_0 = \frac{c_0}{\pi^2 f_0}\int_{-\frac{\pi}{2}}^{\frac{\pi}{2}} \Psi(\theta, \phi)\sin\phi\,\mathrm{d}\phi \tag{8.2.21}$$

8.3 天线相位中心计算实例与验证

8.3.1 对称振子天线

首先我们考察一个简单的对称振子算例，看看相位中心的特性。图 8.3.1 所示的对称振子的计算频率为 3.25 GHz，对称振子的中心位于全局坐标系的坐标原点。显然，此时的坐标原点即为天线的相位中心，则 Θ 面内的电场相位如图 8.3.2 所示，可以看出相位为一个常数。

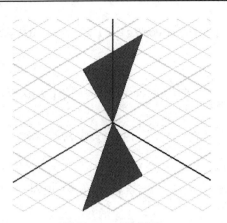

图 8.3.1   对称振子

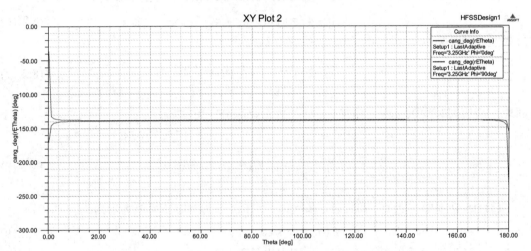

图 8.3.2   全局坐标系下的 Theta 面内的远场电场相位

如果我们在(10 mm, −10 mm)点建立初始局部坐标系,则在局部坐标系下天线的相位中心已经不在坐标原点了,Θ 面内的电场相位如图 8.3.3 所示,此时相位不再保持恒定。

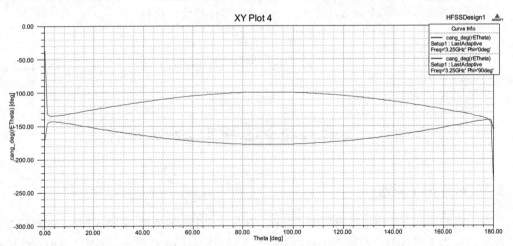

图 8.3.3   局部坐标系下的 Theta 面内的远场电场相位

8.3.2　双频 Wi-Fi 天线

接下来对双频 Wi-Fi 天线的 HFSS 和相位中心软件的计算结果进行对比，验证软件计算结果的准确性。双频天线的模型和仿真结果如图 8.3.4 所示。

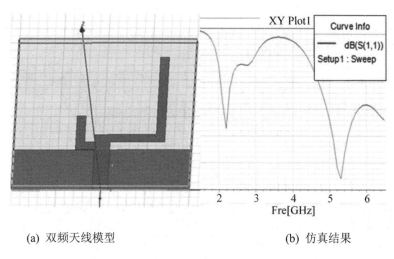

(a) 双频天线模型　　　　　　　　　　　　　(b) 仿真结果

图 8.3.4　双频天线的模型和仿真结果

该天线在 2.45 GHz 和 5.3 GHz 分别有一个谐振点，相位中心的计算过程与 dipole 天线一样，两个频点的相位中心计算结果如图 8.3.5 所示。

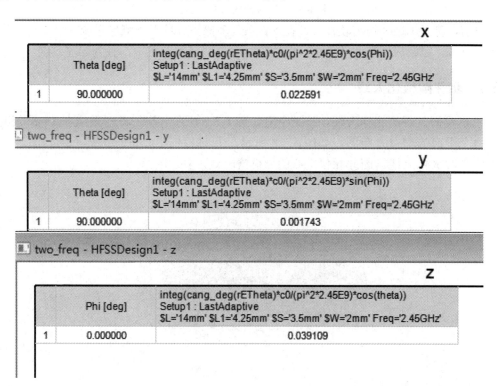

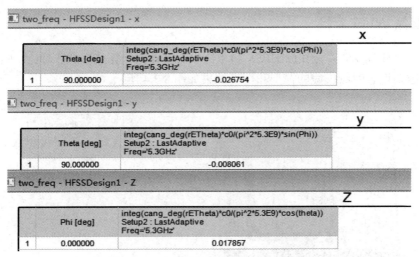

图 8.3.5 两个频点的相位中心计算结果

用相位中心软件将 HFSS 的远场数据进行计算，得到图 8.3.6 所示的结果。两组结果的对比表明，只要导入的远场相位数据正确，该软件就能算出正确的天线相位中心。

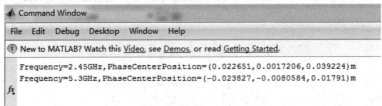

图 8.3.6 软件求得的相位数据

目前，基于 HFSS 仿真软件，新益 SY 系列多探头近场天线测量系统，可支持天线相位中心测试，已经应用在北斗天线、测距雷达等一些产品开发中，且为国内首创。

8.3.3 北斗圆极化天线

考察我们关心的北斗天线，天线模型如图 8.3.7 所示。首先考察天线在 $\phi = 0°$ 和 $\phi = 90°$ 两个平面的增益方向图，如图 8.3.8 所示，并对相位中心进行大体上的判断。由于该天线是圆极化天线，因此相位中心的分析情况更为复杂。

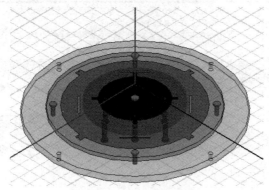

图 8.3.7 北斗天线模型

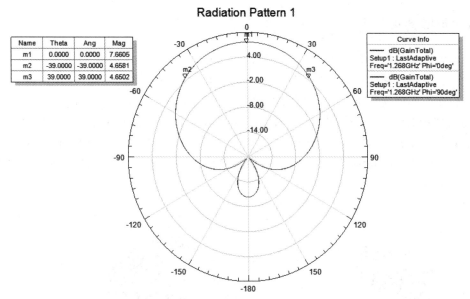

图 8.3.8 在 $\phi=0°$ 和 $\phi=90°$ 两平面内的增益方向图

采用三点法计算，在 $\phi=0°$ 面内取电场的 E_θ，求解得到相位中心坐标为($X=0.1$ mm，$Z=8.9$ mm)；如果取 E_ϕ 分量，求解得到相位中心坐标为($X=0$，$Z=24.3$ mm)，如图 8.3.9 所示。

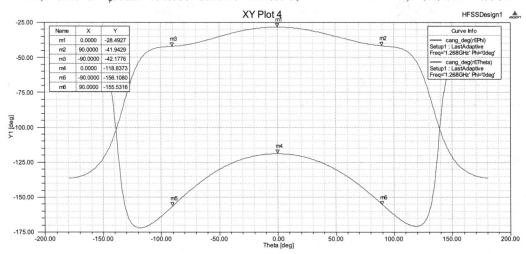

图 8.3.9 在 $\phi=0°$ 面内分别取电场的 E_θ 和 E_ϕ 的相位

表 8.3.1 和表 8.3.2 分别给出了两个分量在不同方向上所对应的相位值。可以看到，由两个分量得到的相位中心坐标中 Z 的差别很大，这是因为两个电场的分量其相位并不是在每个角度都相差 $90°$，即电场的轴比随着方向会变化。

表 8.3.1 E_θ 分量的方向和相位

E_θ 分量的方向/(°)	E_θ 分量的相位/(°)
0	−28.4927
+90	−41.9429
−90	−42.1776

表 8.3.2 E_ϕ 分量的方向和相位

E_ϕ 分量的方向/(°)	E_ϕ 分量的相位/(°)
0	−118.8373
+90	−156.1080
−90	−155.5316

8.3.4　角锥喇叭天线

角锥喇叭天线的模型如图 8.3.10 所示。

由上述三点法算例可以看到,当天线的相位中心位于坐标系原点时,远场相位为常数,符合相位中心的定义。对于有定向性的天线,一般情况下,远场相位只能在主波束的一定范围内保持相对恒定。我们计算一个矩形角锥喇叭天线来考察相位中心在不同平面的特性。已知 $a = 22.86\,\mathrm{mm}$,$b = 10.16\,\mathrm{mm}$ 的标准波导,喇叭天线的高度为 90 mm,全局坐标系原点位于波导底面馈电端口的中心,计算频率为 9.375 GHz。该天线的增益方向图如图 8.3.11 所示。

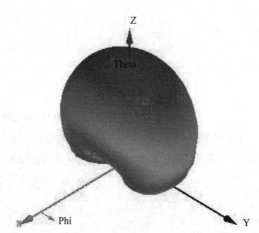

图 8.3.10　角锥喇叭天线　　　　图 8.3.11　3D 增益方向图

我们主要考察 $\phi = 0°$ 和 $\phi = 90°$ 两个平面。显然,由于具有对称性,因此在这两个平面内,相位中心的 X 和 Y 坐标都为 0,区别主要在于 Z 坐标的不同。

我们在全局坐标系中建立 $z = 90\,\mathrm{mm}$ 的局部坐标系,在此坐标系下,$\phi = 90°$ 平面内的电场 E_θ 的相位如图 8.3.12 所示。因此,$\phi = 90°$ 的面内的天线相位中心 Z 近似为 90 mm。

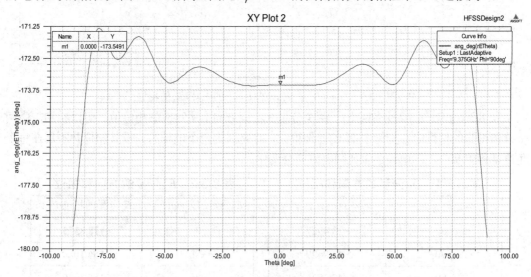

图 8.3.12　$\phi = 90°$ 平面内的电场 E_θ 的相位

我们在全局坐标系中建立 $Z = 84$ mm 的局部坐标系，在此坐标系下，$\phi = 0°$ 平面内的电场 E_θ 的相位如图 8.3.13 所示。因此，$\phi = 0°$ 的面内的天线相位中心 Z 近似为 84 mm。

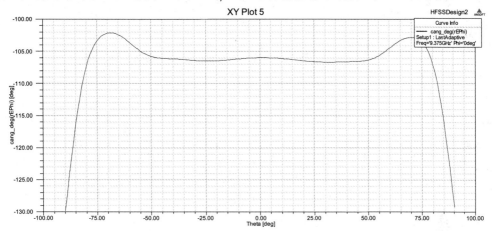

图 8.3.13　$\phi = 90°$ 平面内的电场 E_θ 的相位

由上面的结果可以看出，天线的相位中心在各个平面内并不重合，我们可以从天线远场方向图的波瓣宽度的不同来理解这一问题。

当采用三点计算法进行相位中心计算时，在全局坐标系下，在 $\phi = 0°$ 面内的增益方向图如图 8.3.14 所示。我们选择在主瓣最大增益方向，以及左右 3 dB 波瓣宽度的两个方向，选择的点位如图 8.3.15 所示，用三个点(即 m1、m2 和 m3)来进行相位中心的计算。这三个点对应的相位见表 8.3.3。

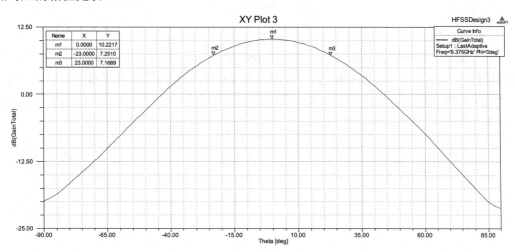

图 8.3.14　$\phi = 0°$ 面内的增益方向图

表 8.3.3

方向/(°)	相位/(°)
0	121.1044
+23	44.7272
−23	44.8155

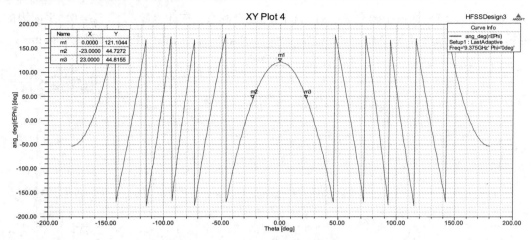

图 8.3.15　$\phi = 0°$ 面内的远场相位

建立方程组：

$$\begin{cases} k\sin\theta_1 x_0 + k\cos\theta_1 z_0 + \psi_0 = \varPsi_1 \\ k\sin\theta_2 x_0 + k\cos\theta_2 z_0 + \psi_0 = \varPsi_2 \\ k\sin\theta_3 x_0 + k\cos\theta_3 z_0 + \psi_0 = \varPsi_3 \end{cases} \tag{8.3.1}$$

求解得到

$$\begin{cases} x_0 = 0 \\ z_0 = 0.0854 \\ \psi_0 = -14.6454\text{rad} \end{cases}$$

通过求解可以知道，在该平面内的视在相位中心 $z_0 = 85.4\,\text{mm}$，重新建立局部坐标系进行检验，在所关心的角度内相位波动小于 0.2 deg。如果我们关心求解的角度更大，则相位分布平坦度会变差，相位中心也会有微小变化。该情况取决于我们定义的相位平坦度，如图 8.3.16 所示。

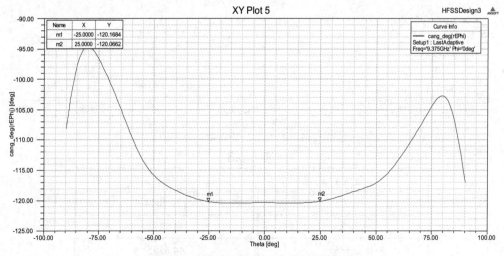

图 8.3.16　设置局部坐标系后的远场相位

当采用相位积分法进行计算时,在全局坐标系中建立远场的积分角度如图8.3.17所示。在远场计算后处理【Create Far Fields Report】→【Data Table】命令建立的积分计算公式如下:

$$\text{integ(cang\_deg(rEPhi)*c0/(pi\^{}2*9.375E9)*cos(Theta))} \tag{8.3.2}$$

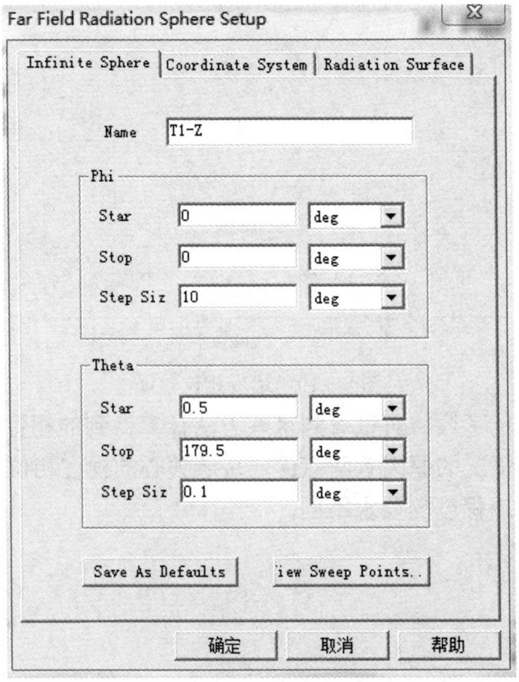

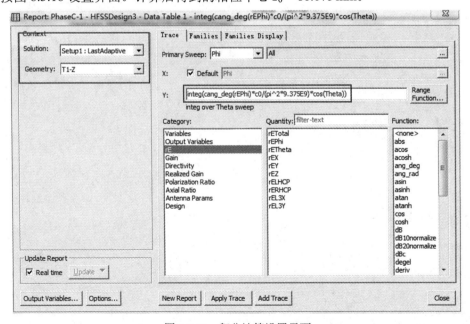

图 8.3.17　远场积分角度

按图 8.3.18 设置界面。计算后得到的相位中心 $z_0 = 86.075\,\text{mm}$。

图 8.3.18　积分计算设置界面

重新建立局部坐标系，考察远场相位并进行验证，如图 8.3.19 所示。

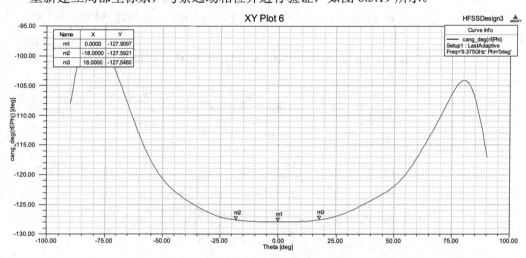

图 8.3.19　远场相位验证

通过以上几种方法的考察，可以看到这些方法计算得到的相位中心并不完全相同，有略微的差别。造成这种情况的原因有两点：一是所关心的视在相位中心对应的波瓣角度范围不同；二是对相位平坦程度的要求不同。

ANSYS HFSS

微波元件篇

第 9 章　腔体滤波器的设计与实现

本章基于复用结构的小型化腔体滤波器仿真实例，详细讲解了使用 HFSS 分析设计腔体滤波器的具体流程和操作步骤。在此款小型化腔体滤波器设计过程中，详细讲述并演示了在 HFSS 软件中变量的定义和使用、创建同轴腔体滤波器模型的过程、添加端口激励的具体操作、设置求解分析项、参数扫描分析和查看 S 参数分析结果等内容。

通过本章的学习，读者可以学到以下内容：

➢ 如何定义和使用设计变量。

➢ 如何使用理想导体边界条件和辐射边界条件。

➢ 如何设置波端口激励。

➢ 如何进行参数扫描分析。

➢ 如何查看滤波器的 S 参数。

➢ 如何进行优化。

9.1　设　计　背　景

腔体滤波器具有高 Q 值、低损耗、信号屏蔽性能优异等优点，在基站等通信系统中得到广泛运用。面对大容量、高速率的通信需求，结构紧凑、传输性能高的腔体滤波器对于通信系统射频前端设备的小型化、可集成化有着重要的意义，使得相同空间范围内承载的滤波器数量得到增加，从而提高通信系统收发信号的抗干扰能力及信息传输质量。单个谐振腔的小型化技术有阶跃阻抗技术、多模技术、电容加载技术等，虽然减小了单个谐振腔的体积，但是存在着电路较为复杂，调试困难，或以 Q 值为代价降低腔体的谐振频率的不足之处。

本章采用复用结构，将两个同轴谐振单元复用，形成一个单腔，无须额外的元件加载，降低了单个谐振腔谐振频率的同时，Q 值仍保持在 1900 以上。

9.2　设　计　原　理

9.2.1　单腔结构

图 9.2.1(a)是单个谐振腔的单腔结构模型，是由两个凹型谐振柱上下嵌套和空气腔构成的。其中，外谐振柱高度为 h_1；外谐振柱半径为 r_{12}；单个凹型谐振柱壁厚度为 r_r；底部

厚度及两个谐振柱间距离均为 n_h1；空气腔半径为 $n_3 + r_{12}$；空气腔高度为 $h_1 + $ n_h1，如图 9.2.1(b)所示。

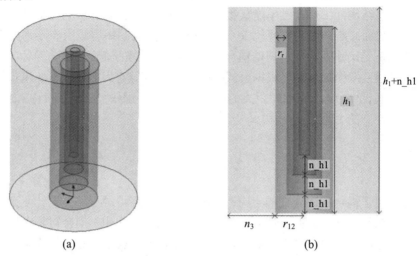

(a) (b)

图 9.2.1　腔体滤波器单腔结构模型及参数

9.2.2　腔体滤波器单腔结构分析与设计

腔体滤波器具有高功率容量和高 Q 值的特点，一般可以分为波导结构、介质谐振腔体以及同轴腔体结构等。同轴腔体结构具有结构紧凑、设计灵活、加工和调试优化方法成熟等优点。本章采用类同轴结构，两个圆柱形同轴单元嵌套形成一个谐振单元。与同频率下梳状结构谐振腔、标准方同轴谐振腔以及其他加载电容的谐振腔相比，同轴结构的体积缩小为原来的 1/2～1/3，且结构更为紧凑，组成部件更简单、更易加工。

单腔模型中，外谐振柱与腔体相连形成等效电感，其尺寸对单腔谐振频率起着主要的决定作用，r_{12} 越大，谐振频率 f_0 越向中低频靠近。内谐振柱与腔体顶部相连形成等效电容，改变内波导的半径和波导单元间隔距离 n_h1，对频率也有细微的调节作用。谐振单元高度一般选取 $\lambda/4$ 或小于 $\lambda/4$，且谐振频率随着谐振单元高度 h_1 的增大而减小。同时，腔体的半径和高度也会影响单腔模型的 Q 值。根据式(9.2.1)和式(9.2.2)，在所需的谐振频率下，取合适的 Q 值，确定相应的单腔结构尺寸。

$$f_0 = \frac{1}{2\pi\sqrt{LC}} \tag{9.2.1}$$

$$Q = \omega_0 RC \tag{9.2.2}$$

本章中确定的单腔谐振频率为 1.41 GHz，Q 值为 1962，相应的单腔半径为 7.95 mm，高度为 21 mm。

9.3　HFSS 建模设计

本章设计的腔体模型为两腔嵌套同轴腔体结构，HFSS 选择驱动求解模型，输入输出结构使用 50 Ω 同轴馈电，采用直接耦合方式。直接耦合方式与感性耦合、容性耦合相比，输入端直接与圆柱相连,结构稳定且耦合强度高,端口采用波端口激励。腔体间的耦合结构有空间耦合、膜片耦合、探针耦合等。本章采用的空间耦合属于磁耦合,两个腔体之间没有额外的电路结构,只有电磁场能量相互作用形成耦合。耦合量的大小耦合随着同轴谐振腔间距的增大而减小,两者成反比关系。此外,还具有功率容量大、不易产生高次谐波的特点;缺点是受尺寸限制,可调谐耦合量少。两腔之间的耦合系数与腔体间距离有关,耦合系数可以通过双模提取法,根据公式(9.3.1)计算,f_1、f_2 为 HFSS 本征模式下求解的两个谐振频率,假设 $f_2 > f_1$。两腔间距离的确定需对腔体间距离为变量进行扫描,得到耦合系数和腔体间距离的关系:

$$k = \frac{f_2^2 - f_1^2}{f_2^2 + f_1^2} \tag{9.3.1}$$

将矩阵运用于耦合带通滤波器,构造矩阵形式的电路,对于综合设计复杂电路、寻找合适的拓扑结构及优化仿真的调试方向起到了极大的简化作用。耦合矩阵中每一位元素与微波滤波器实际电路元件参数唯一对应,可以通过矩阵元素相应的多项式表达式得出每个元件的特性。

运用滤波器矩阵计算软件 filteryxs.exe 对滤波器设计指标进行综合,辅助求解耦合矩阵,对应的 $N+2$ 耦合矩阵 M 为

$$M = \begin{bmatrix} 0.000\,00 & 1.147\,83 & 0.000\,00 & 0.000\,00 \\ 1.147\,83 & 0.000\,00 & 1.495\,27 & 0.000\,00 \\ 0.000\,00 & 1.495\,27 & 0.000\,00 & 1.147\,83 \\ 0.000\,00 & 0.000\,00 & 1.147\,83 & 0.000\,00 \end{bmatrix} \tag{9.3.2}$$

且有 $M_{12} = M_{21}$,$M_{s1} = M_{1s}$,$M_{2L} = M_{L2}$。根据 $k = \dfrac{M}{\sqrt{L_1 L_2}}$,可得实际耦合系数矩阵为

$$m = \begin{bmatrix} 0.000\,00 & 0.022\,96 & 0.000\,00 & 0.000\,00 \\ 0.022\,96 & 0.000\,00 & 0.029\,90 & 0.000\,00 \\ 0.000\,00 & 0.029\,90 & 0.000\,00 & 0.022\,96 \\ 0.000\,00 & 0.000\,00 & 0.022\,96 & 0.000\,00 \end{bmatrix} \tag{9.3.3}$$

从耦合系数矩阵 m 可直接得出实现二阶嵌套耦合滤波器所需的腔体间耦合系数、输入输出结构和相邻腔间的耦合系数,即 $k_{12} = 0.029\,90$,$k_{2L} = k_{s1} = 0.02296$。

腔体滤波器的中心频率为 1.5 GHz,设置 HFSS 的求解频率为 1.5 GHz,同时添加 0.5～4.5 GHz 的扫频设置,分析腔体滤波器在该频段范围内的插入损耗 S_{21} 和回波损耗 S_{11}。同轴谐振柱材料为铜,为使整个滤波器结构稳定,在谐振柱间隔之间注入了一定高度的介质作为支撑,介质材料为 Arlon AD250A (tm),其相对介电常数为 $\varepsilon_r = 2.5$,损耗正切 $\tan\delta = 0.0015$。

9.3.1 腔体滤波器建模概述

为了方便建模和性能分析,在设计中首先定义多个变量来表示腔体滤波器的结构尺寸。变量的定义以及滤波器的结构尺寸如表 9.3.1 所示。

表 9.3.1　变 量 定 义

结构名称		变量名	变量值/mm
外谐振柱	外半径	r12	3
	内半径	r1111	1.8
	高度	h1	19
	凹陷深度	h1 − n_h1	17
内谐振柱	外半径	r21	1.2
	内半径	r211	0.577 179 841 691 58
空气腔	半径	r12 + n3	7.954 987 378 17
同轴馈线	外表面半径	choutou_r	0.8
	内芯半径	xian_r	0.3
	馈线高度	choutou_h	13.336
耦合窗	谐振单元距离	p1	2.792 017 183 108 1
Arlon 支撑介质	高度	lon	6

9.3.2　HFSS 设计环境概述

(1) 求解类型：模式驱动求解。

(2) 建模操作：

模型原型：圆柱体。

模型操作：合并、相减操作。

(3) 边界条件和激励：

边界条件：理想导体边界条件、辐射边界条件。

端口激励：波端口激励。

(4) 求解设置：

求解频率：1.5 GHz。

扫频设置：快速扫频，频率范围 0.5～4.5 GHz。

(5) 数据后处理：插入损耗 S_{21}、回波损耗 S_{11}。

下面详细介绍具体的设计操作和完整的设计过程。

9.3.3　新建 HFSS 工程

1. 运行 HFSS 并新建工程

HFSS 运行后，会自动新建一个工程文件，选择主菜单栏中的【File】→【New】命令，把工程文件另存为 Cavity filter.hfss。

2. 设置求解类型

把当前设计的求解类型设置为模式驱动求解。

从主菜单栏选择【HFSS】→【Solution Type】命令，在打开的对话框中选择 Driven 项中的 Modal，并单击【OK】按钮完成设置，界面如图 9.3.1 所示。

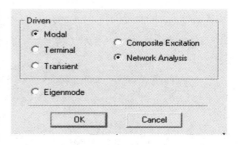

图 9.3.1　设置求解类型

9.3.4　创建同轴腔体滤波器模型

1. 设置默认的长度单位

设置当前设计在创建模型时所使用的默认长度
单位为mm。

从主菜单栏中选择【Modeler】→【Units】命令，
在打开的对话框中，Select units 项选择 mm，然后
单击【OK】按钮完成设置，如图 9.3.2 所示。

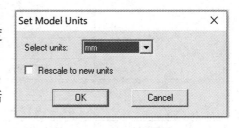

图 9.3.2　设置默认长度单位

2. 添加和定义设计变量

在 HFSS 中定义和添加表 9.3.1 中列出的所有设计变量。

从主菜单栏中选择【HFSS】→【Design Properties】命令，打开设计属性对话框，单
击对话框中的【Add…】按钮，打开【Add Property】对话框。在该对话框中，Name 项输
入第一个变量名称 r12，Unite Type 项为 Length，Value 项输入该变量初始值 3 mm，然后单
击【OK】按钮添加变量 r12 到设计变量对话框中，如图 9.3.3 和图 9.3.4 所示。接着使用相
同的操作步骤，依次定义其余变量。

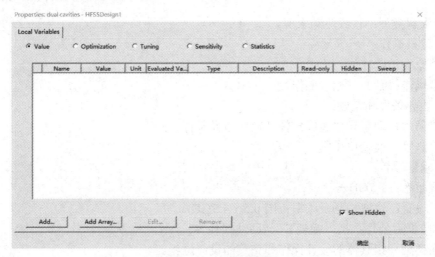

图 9.3.3　添加变量

图 9.3.4　定义变量

9.3.5　创建复用谐振单腔

1. 创建外谐振柱

外谐振柱是由两个圆柱体相减形成，具有一定深度的凹型单元，单元高度为 h1，谐振柱壁厚度为 rr，即 r12 − r111，深度为 h1 − n_h1。

从主菜单栏中选择【Draw】→【Cylinder】命令，创建一个圆柱体模型。在弹出的 Properties 对话框上设置具体参数：

(1) 在 Attribute 选项卡上，Name 项为 Cylinder1，在 Material 项的下拉菜单中选择 copper，透明度设为 0.8，设置结果如图 9.3.5(a)所示。

(2) 切换到 Command 选项卡上，起始坐标为(0, 0, 0)，底面半径为设计变量 r12，初始值为 3 mm；高度为设计变量 h1，初始值为 19 mm，设置结果如图 9.3.5(b)所示。

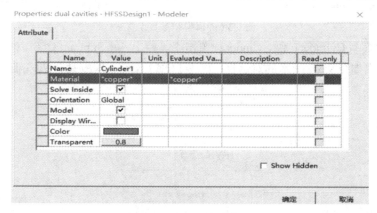

(a) Attribute 选项卡

(b) Command 选项卡

图 9.3.5　模型和参数设置

重复上述操作步骤，画一个圆柱体模型 Cylinder2，在弹出的 Properties 对话框上设置具体参数：

(1) 在 Attribute 选项卡上，Name 项为 Cylinder2，在 Material 项的下拉菜单中选择 copper，透明度设为 0.8，设置结果如图 9.3.6(a)所示。

(2) 切换到 Command 选项卡上，起始坐标为(0, 0, n_h1)，底面半径为设计变量 r1111，初始值 1.8 mm；高度为 h1 − n_h1，初始值为 17 mm，设置结果如图 9.3.6 所示。

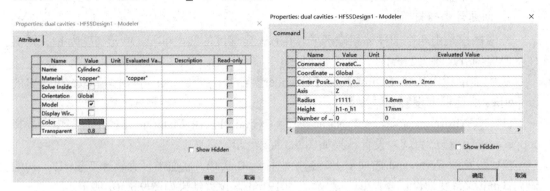

(a) Attribute 选项卡　　　　　　　　　　(b) Command 选项卡

图 9.3.6　模型和参数设置

同时选中模型 Cylinder1 和 Cylinder2，单击工具栏上 Subtract 命令，对模型 Cylinder1 进行掏空，弹出如图 9.3.7 所示的对话框，单击【OK】按钮，构成具有凹陷部分的外谐振柱。

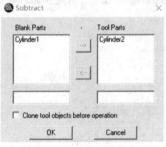

图 9.3.7　模型相减对话框

2. 创建内谐振柱

如图 9.3.8 所示，选中模型 Cylinder1，执行【Copy】命令，在 Solids 下粘贴生成一个同样的凹陷单元模型 Cylinder3。具体操作步骤如下：

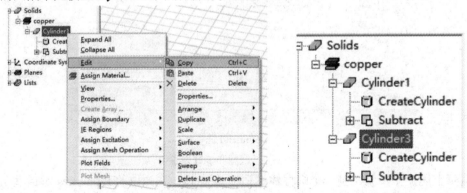

图 9.3.8　创建内波导

(1) 选中模型 Cylinder3，打开 Properties 对话框，在 Command 选项卡上设置起始坐标为(0, 0, n_h1*2)，底面半径为设计变量 r21，初始值为 1.2 mm；高度为 h1 − n_h1，初始值为 17 mm，如图 9.3.9(a)所示。

(2) 展开 Cylinder3 下的 Subtract 命令，打开模型 Cylinder4 的 Properties 对话框，在 Command 选项卡上，设置起始坐标为(0, 0, n_h1*3)，底面半径为设计变量 r211，初始值为 0.577 179 841 691 58 mm；高度为 h1 − n_h1*2，初始值为 15 mm，如图 9.3.9(b)所示。

此时，创建的单腔谐振单元模型如图 9.3.10 所示。

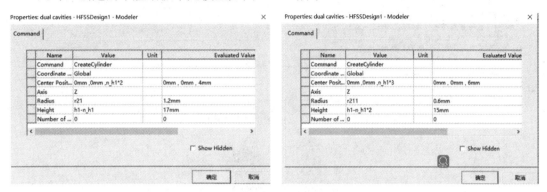

(a)   (b)

图 9.3.9 模型参数设置对话框

图 9.3.10 单腔谐振单元模型

3. 创建两腔谐振单元

创建两腔谐振单元的具体操作如下：

(1) 同时选中 Solids 下的模型 Cylinder1 和 Cylinder3，执行【Edit】→【Duplicate】→【Along Line】命令，弹出如图 9.3.11(a)所示对话框，Total number 项为 2，点击【OK】按钮得到模型 Cylinder1_1 和 Cylinder3_1。

(2) 修改 Cylinder1 和 Cylinder3 模型下的 Duplicate Along Line 复制平移的矢量参数 Vector 为(0, p1 + 2*r1, 0)，如图 9.3.11(b)所示。

此时，创建的两腔谐振单元模型如图 9.3.12 所示。

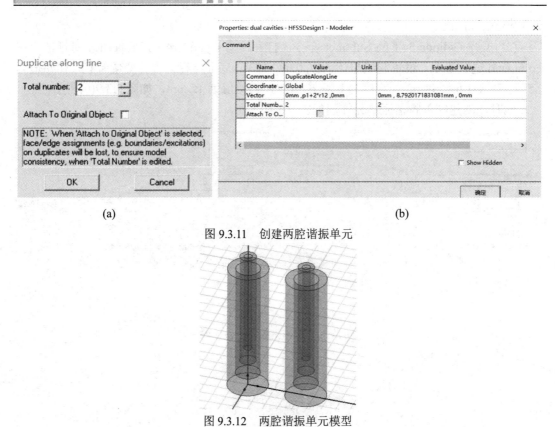

图 9.3.11　创建两腔谐振单元

图 9.3.12　两腔谐振单元模型

9.3.6　创建空气腔

从主菜单栏选择【Draw】→【Cylinder】命令，创建一个圆柱体模型。在弹出的 Properties 对话框上设置具体参数：

(1) 在 Attribute 选项卡上，Name 项为 Cylinder5，Material 项为 vacuum，透明度设为 0.8，如图 9.3.13(a)所示。

(2) 切换到 Command 选项卡上，起始坐标为(0, 0, 0)，底面半径为 r12 + n3，高度为设计变量 h1 + n_h1，如图 9.3.13(b)所示。

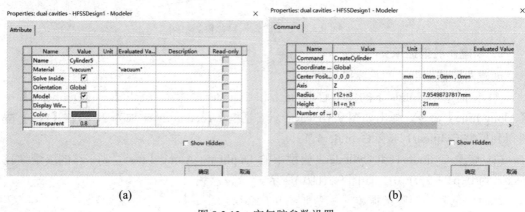

(a)　　　　　　　　　　　　　　　　　　　(b)

图 9.3.13　空气腔参数设置

选择【Edit】→【Duplicate】→【Along Line】命令，沿线复制模型 Cylinder5，得到模型 Cylinder5_1，设置 Duplicate Along Line 复制平移的矢量参数 Vector 为(0, p1 + 2*r1, 0)。同时选中模型 Cylinder5 和 Cylinder5_1，单击 🔛 按钮进行合并，得到的空气腔模型如图 9.3.14 所示。

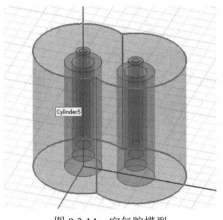

图 9.3.14   空气腔模型

9.3.7   创建同轴馈线

在主菜单栏中选择【Modeler】→【Grid Plane】→【XZ】命令，将 XY 平面切换为 XZ 平面。

1. 创建输入输出抽头，抽头材质为 Teflon

从主菜单栏中选择【Draw】→【Cylinder】命令，创建一个圆柱体模型 choutou1。在弹出的 Properties 对话框上设置具体参数：

(1) 在 Attribute 选项卡上，Name 项为 choutou1，Material 项为 Teflon(tm)，透明度设为 0.8，如图 9.3.15(a)所示。

(2) 切换到 Command 选项卡上，设置起始坐标为(0 mm, −r12 − n3 − l, choutou_h)，其中 choutou_h 表示抽头的高度；底面半径为设计变量 choutou_r，初始值为 0.8 mm；高度为设计变量 l + 0.1 mm，这里的 l 表示抽头的长度，初始值为 2 mm。设置结果如图 9.3.15 所示。

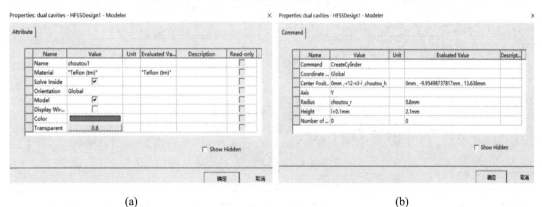

(a)   (b)

图 9.3.15   抽头参数设置

采用同样的操作方式，创建一个圆柱体模型 choutou1_1，Attribute 选项卡的设置同模型 choutou1，切换到 Command 选项卡上，起始坐标为(0 mm, -r12 - n3 - l, choutou_h)，底面半径为设计变量 xian_r，初始值为 0.3 mm，高度为设计变量 l + 0.1 mm。同时选中 choutou1 和 choutou1_1，单击工具栏上 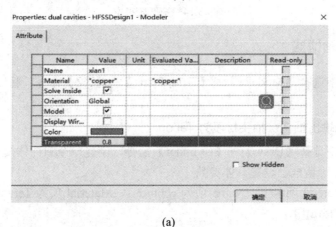 按钮，执行 Subtract 命令，得到同轴模型 choutou1 - 1。

选中 choutou1，执行【Edit】→【Duplicate】→【Mirror】命令，镜像复制 choutou1，设置矢量参数 Vector 为(0, p1/2 + r12, 0)，得到 choutou1_2，并重新命名为 choutou2。

2. 创建输入输出馈线，导线材质为 Copper

从主菜单栏中选择【Draw】→【Cylinder】命令，创建一个圆柱体模型 xian1。在弹出的 Properties 对话框上设置具体参数：

(1) 在 Attribute 选项卡上，Name 项为 xian1，Material 项为 copper，透明度设为 0.8，如图 9.3.16(a)所示。

(2) 切换到 Command 选项卡上，起始坐标为(0 mm, -r12 - n3 - l, choutou_h)，其中 choutou_h 表示抽头的高度；底面半径为设计变量 xian_r，初始值为 0.3 mm；高度为设计变量 l + n3 + r12 - r211。设置结果如图 9.3.16(b)所示。

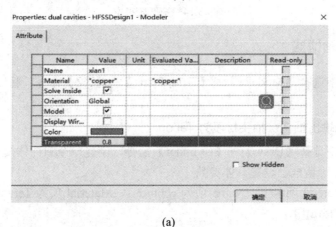

(a)

(b)

图 9.3.16　馈线 1 参数设置

选中模型 xian1，执行【Edit】→【Duplicate】→【Mirror】命令，镜像复制模型 xian1，

设置矢量参数 Vector 为(0, p1/2 + r12, 0)，得到模型 xian1_2，并重新命名为 xian2，得到输出馈线 2。

　　同时选中模型 xian1、Cylinder15 和 Cylinder3，单击 按钮进行合并；再同时选中模型 xian2、Cylinder1_1 和 Cylinder3_1，单击 按钮进行合并，得到最终的模型结构如图 9.3.17 所示。

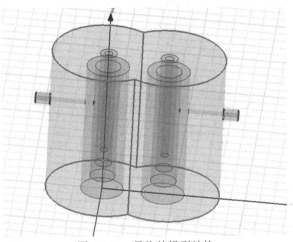

图 9.3.17　最终的模型结构

9.3.8　设置波端口激励

　　将输入、输出抽头两端设为波端口激励。鼠标移至 3D 模型编辑窗口，单击右键，选择【Select Faces】命令，选中输入抽头端面，如图 9.3.18 所示，右键选择【Assign Excitation】→【Wave Port】命令，添加波端口激励。Name 项为 1，单击【下一步】按钮，默认 Modes 设置，单击【下一步】按钮，最后单击【完成】按钮，完成端口 1 激励的设置，如图 9.3.19 所示。同样的方法，完成输出抽头的端面激励的设置。当输入、输出抽头两端端面激励设置完成后，波端口激励 1、2 会添加到工程 Excitation 节点下。

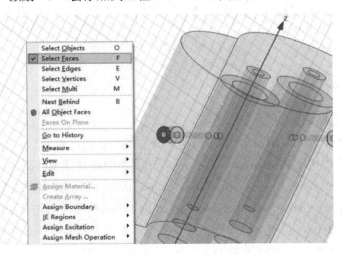

图 9.3.18　选择激励面

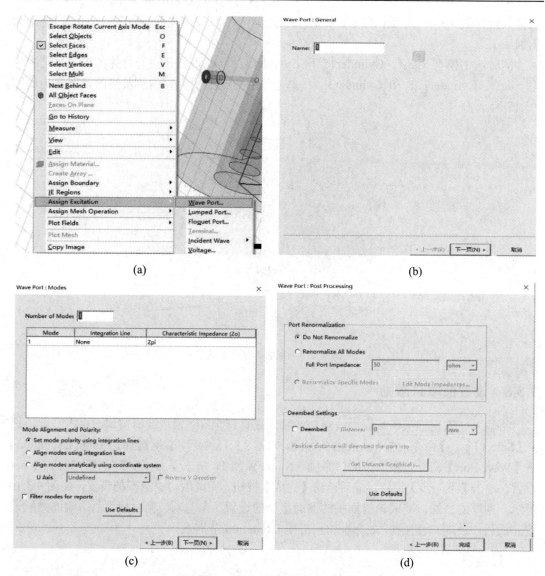

图 9.3.19　波端口 1 激励设置

9.3.9　求解设置

1. 求解频率设置

设置求解频率为 1.5 GHz，自适应网格剖分的最大迭代次数为 6，收敛误差为 0.02。

右键单击工程树下的 Analysis 节点，从弹出菜单中选择【Add Solution Setup】命令，或者单击工具栏中 💡 按钮，打开 Solution Setup 对话框。在该对话框中，Solution Frequency 项输入求解频率 1.5 GHz，Maximum Number of Passes 项输入最大迭代次数 6，Max Delta S 项输入收敛误差 0.02，其他项保留默认设置不变，如图 9.3.20 所示。然后，单击【确定】按钮，退出对话框，完成求解设置。完成设置后，求解设置项的名称 Setup1 会添加到工程树的 Analysis 节点下。

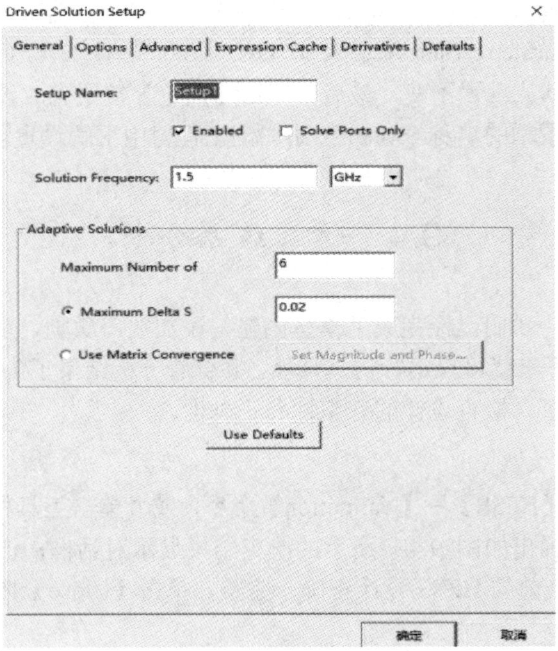

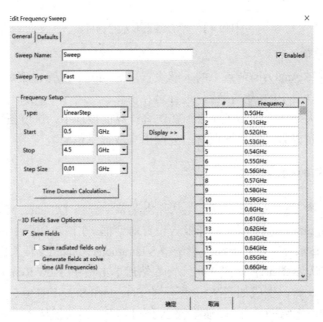

图 9.3.20　求解频率设置

2. 扫频设置

扫频类型选择快速扫频，扫频频率范围为 0.5～4.5 GHz，频率步进为 0.01 GHz。

展开工程树下的 Analysis 节点，右键单击求解设置项 Setup1，从弹出的菜单中选择【Add Frequency Sweep】命令，或者单击工具栏中的 ⌐ 按钮，打开 Edit Sweep 对话框，如图 9.3.21 所示。

图 9.3.21　扫频设置

在图 9.3.21 所示的对话框中，Sweep Type 项选择扫描类型为 Fast；在 Frequency Setup 栏，Type 项选择 LinearStep，Start 项输入 0.5 GHz，Stop 项输入 4.5 GHz，Step 项输入 0.01 GHz；其他项都保留默认设置不变。最后，单击【确定】按钮完成设置，退出对话框。设置完成后，该扫频设置项的名称 Sweep 会添加到工程树中求解设置项 Setup1 下。

9.4 仿真结果分析

通过前面的操作，我们已经完成了模型创建、添加端口激励，以及求解设置等 HFSS 设计的前期工作，接下来就可以运行仿真计算，并查看分析结果了。在运行仿真计算之前，通常需要进行设计检查。检查设计的完整性和正确性。

1. 设计检查

从主菜单栏选择【HFSS】→【Validation】命令，或者单击工具栏中的 ✔ 按钮，进行设计检查。此时，会弹出如图 9.4.1 所示的检查结果显示对话框，该对话框中的每一项都显示 ✔ 图标，表示当前的 HFSS 设计正确、完整。单击【Close】按钮关闭对话框，运行仿真计算。

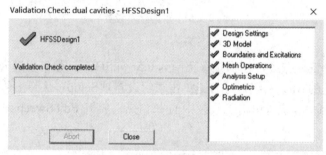

图 9.4.1 检查结果显示对话框

2. 运行仿真分析

右键单击工程树 Analysis 节点下的求解设置项 Setup1，从弹出菜单中选择【Analyze】命令，或者单击工具栏中的 🎙 按钮，进行运算仿真。

整个仿真计算大概 2 分钟即可完成。在仿真计算的过程中，进度条窗口会显示出求解进度；在仿真计算完成后，信息管理窗口会给出完成提示信息。

9.4.1 查看 S 参数曲线结构

右键单击工程树下的 Results 节点，从弹出菜单中选择【Create Modal Solution Data Report】→【Rectangular Plot】命令，打开报告设置对话框。在该对话框中，确定左侧 Solution 项选择的是 Setup1:Sweep1，在 Category 栏选中 S Parameter，Quantity 项选定 S(1, 1)和 S(2, 1)，Function 项保留默认设置(dB)，如图 9.4.2 所示。然后单击按钮【New Report】，再单击【Close】按钮关闭对话框。此时，生成如图 9.4.3 所示的 S(1, 1)和 S(2, 1)在 0.5～4.5 GHz 的扫频分析结果：在中心频率 1.5 GHz 处，回波损耗小于 −17 dB，插入损耗大于 −0.223 dB，相对带宽为 15.33%，具有良好的滤波特性。

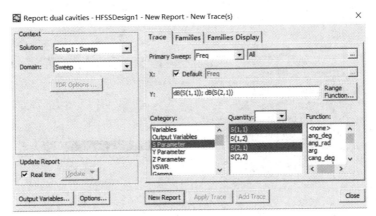

图 9.4.2　分析结果报告设置对话框

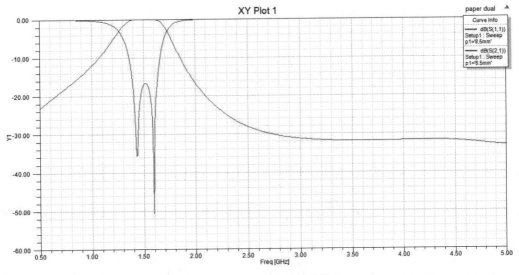

图 9.4.3　S_{11}、S_{21} 参数仿真曲线

9.4.2　创建并优化支撑介质

由于实验仿真中谐振单元内谐振柱、外谐振柱悬空复用成一个整体,这在实际加工中不现实,因而在两个谐振柱复用间隔内注入一定的支撑介质。通过实验,可确定注入介质的可行性及相应介质的高度。这里选用的是"Arlon AD250A (tm)"介质材料,其相对介电常数这里 $\varepsilon_r = 2.5$,损耗正切 $\tan\delta = 0.0015$。

1. 创建支撑介质模型

从主菜单栏中选择【Draw】→【Cylinder】命令,创建一个圆柱体模型。在弹出的 Properties 对话框上设置具体参数:

(1) 在 Attribute 选项卡下,设置 Name 为 Cylinder6,Material 下拉菜单中选择 Arlon AD250A (tm),透明度设为 0.8,如图 9.4.4(a)所示。

(2) 切换到 Command 选项卡,设置起始坐标为(0, 0, n_h1),底面半径为设计变量 r1111,初始值为 1.8 mm,高度为设计变量 lon,初始值为 6 mm,如图 9.4.4(b)所示。

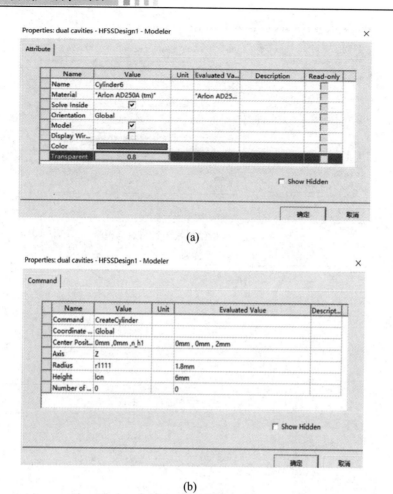

(a)

(b)

图 9.4.4　参数设置

　　同样地,创建圆柱体模型 Cylinder7,在 Attribute 选项卡中的设置同上,切换到 Command 选项卡,设置起始坐标为(0, 0, n_h1*2),底面半径为设计变量 r21,初始值为 1.2 mm,高度为设计变量 lon-n_h1。同时选中模型 Cylinder6 和 Cylinder7,单击工具栏上的 🔲 按钮或单击【Subtract】命令,得到的模型如图 9.4.5 所示。

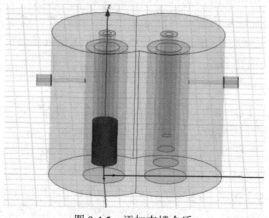

图 9.4.5　添加支撑介质

选中模型 choutou1，执行【Edit】→【Duplicate】→【Mirror】命令，镜像复制模型 Cylinder6，矢量参数 Vector 为(0, p1/2 + r12, 0)，得到模型 Cylinder6_1，此时的模型如图 9.4.6 所示，则两腔支撑介质添加完毕。

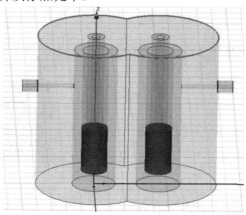

图 9.4.6　添加两腔支撑介质之后的模型

2. 优化

考虑到添加额外的支撑介质会对原本的两腔模型损耗参数和谐振频率产生影响，对注入支撑介质的高度变量 lon 进行参数变量扫描。

执行菜单中【HFSS】→【Design Properties】命令，弹出【Properties】对话框。在对话框中选择 Optimization 选项，选中优化变量 lon。

鼠标右键单击工程树中的 Optimetrics 选项，执行菜单命令【Add】→【Optimization】命令，弹出 Setup Optimization 对话框，单击【Setup Calculations】按钮，弹出 Add/Edit Calculation 对话框，单击【Add Calculation】按钮，将 S(1, 1)添加为优化目标，然后将 S(2, 1)也添加为优化目标，单击【Done】按钮，退出添加，如图 9.4.7 所示。

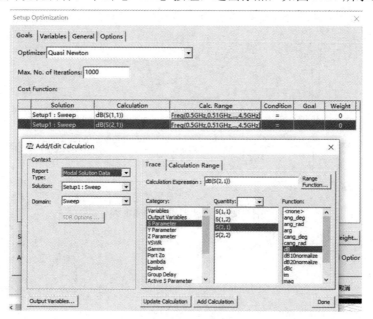

图 9.4.7　设置优化目标

回到【Setup Optimization】对话框，单击 Calc.Range 选项中的按钮，编辑优化目标的频率范围，将频率范围设置为 1.45～1.55 GHz，单击【OK】，退出对话框，如图 9.4.8 所示。

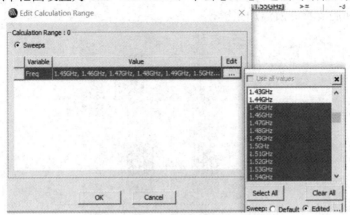

图 9.4.8　设置优化目标的频率范围

3. 设计检查

从主菜单栏选择【HFSS】→【Validation】命令，或者单击工具栏中的 按钮，进行设计检查，而后对通过设计检查的模型进行仿真计算。

4. 查看优化结果曲线图

如图 9.4.9 所示，加入支撑介质后插入损耗小于 0.2 dB，回波损耗相比之前增大到 35 dB。通常通带内反射信号越小，传输性能就越高。但是谐振频率向左有所偏移。

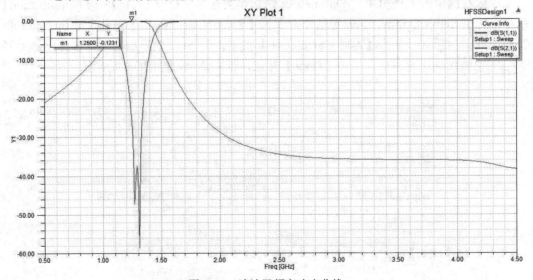

图 9.4.9　滤波器频率响应曲线

第 10 章　基于 YIG/PZT 磁电层合材料的双可调滤波器的设计与仿真

本章在微波频段分别对基于微带和共面波导换能器的 YIG/PZT 磁电层合材料进行电磁仿真验证;通过 YIG/PZT 层合结构的磁电耦合效应进行磁场调节和等效电场调节的电磁仿真实例,详细讲解了使用 HFSS 分析设计磁电双可调微波滤波器的具体流程和详细操作步骤;在滤波器设计过程中则详细讲述并演示了 HFSS 中创建磁电双可调微波滤波器模型的过程、分配边界条件和激励的具体操作、设置求解分析项、参数扫描分析和滤波器分析结果的查看等内容。

10.1　设 计 背 景

可调微波器件被广泛应用于雷达、通信和射频测试系统。传统的基于微波铁氧体旋磁材料的磁可调的互易和非互易的微波器件,可以在一个非常宽的频带范围内调节,但是调节速度相对较慢,且功耗较大。而另一类采用铁电材料设计的电场可调的微波器件的调节速度更快、功耗更小,但是也存在调节范围小的问题。近年来,一种更有前途和应用前景的双向可调微波器件却得到越来越多研究人员的关注,尤其是基于铁氧体-铁电材料层合结构制备的器件,这类器件同时拥有传统磁可调和电可调微波器件的优点。基于铁氧体-铁电材料层合结构的磁电材料具有较强的磁电耦合效应和更大的磁电系数,是磁电双可调微波器件设计的理想材料。

10.2　设 计 原 理

图 10.2.1 是基于微波换能器的 YIG/PZT 磁电层合材料的滤波器结构示意图,是由介质基板、微波换能器、磁电压缩材料等部分组成的。其中,基板为 Al_2O_3 陶瓷基板,相对介电常数 $\varepsilon_r = 9.8$,基板尺寸为 15 mm × 8 mm × 0.5 mm;磁电压缩材料包括以 GGG 为衬底的 YIG 铁氧体薄膜和 PZT 压电陶瓷材料,YIG 铁氧体薄膜的尺寸为 3 mm × 2 mm × 0.02 mm,GGG 衬底的尺寸为 3 mm × 2 mm × 0.5 mm,相对介电常数 $\varepsilon_r = 7.7$。YIG 铁氧体薄膜与 PZT 压电陶瓷紧贴,PZT 压电陶瓷两端的边界条件设置为 Perfect E,表示在其两端

镀有金属电极，其尺寸为 3 mm × 2 mm × 0.3 mm，相对介电常数 $\varepsilon_r = 3000$。微波换能器选用特征阻抗为 50 Ω 微带传输线。

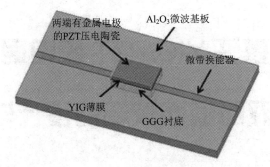

图 10.2.1 磁电双可调滤波器的结构示意图

当向上述磁电层合材料施加大小可变的外部偏置磁场时(垂直或平行于层合结构)，磁致伸缩材料会发生 FMR 铁磁共振现象，从传输微波信号的金属平面传输线中吸收能量，导致磁电层合材料发生谐振；通过改变施加在层合结构上偏置磁场的强度大小，从而实现对不同的工作频率范围或者频点 GHz 数量级的粗调。

当在压电材料两个表面的金属薄膜上施加外部电压时，通过两个金属薄膜之间的电容效应，磁电层合结构的压电材料上产生均匀的电场。因该电场，压电材料会产生形变，进而导致磁致伸缩材料发生形变，即将其所产生的影响等效为对磁致伸缩材料施加一个磁场，那么改变外加电场的强度，即通过磁电耦合效应可实现层合材料 FMR 铁磁共振频率在 MHz 数量级的精确调节。

10.3 ANSYS HFSS 软件的仿真实现

(1) 求解类型：模式驱动求解。

(2) 建模操作中的模型原型为长方体、矩形面。

(3) 边界条件和激励：

边界条件：理想导体边界条件、磁边界条件。

端口激励：集总端口激励。

(4) 求解设置：

求解频率：5 GHz。

扫频设置：插值扫频，频率范围 5.01～5.08 GHz。

(5) 数据后处理：回波损耗 S_{21}、磁电双可调仿真结果。

下面详细介绍具体的设计操作和完整的设计过程。

10.3.1 新建 HFSS 工程

1. 运行 HFSS 并新建工程

HFSS 运行后，会自动新建一个工程文件，选择主菜单栏【File】→【New】命令，把工程文件另存为 YIGPZT.hfss。

2. 设置求解类型

把当前设计的求解类型设置为模式驱动求解。从主菜单栏中选择【HFSS】→【Solution Type】命令，在打开的对话框中选择 Driven 选项卡中的 Modal，并单击【OK】按钮，如图 10.3.1 所示。

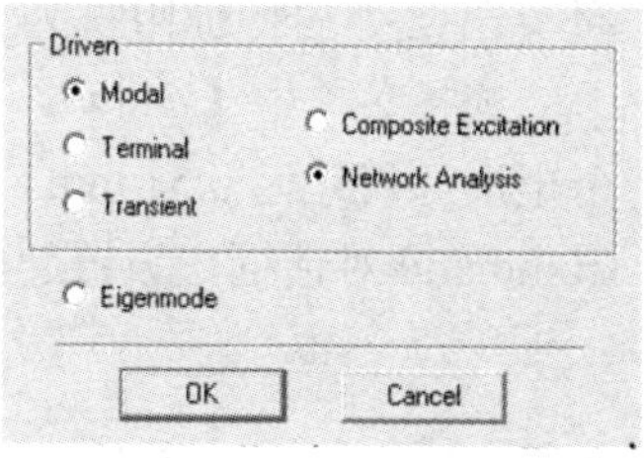

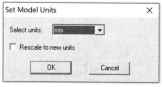

图 10.3.1　设置模式驱动类型

10.3.2　创建磁电双可调滤波器三维模型

1. 设置模型单位

设置当前设计在创建模型时所使用的默认长度单位为 mm。

如图 10.3.2 所示，从主菜单栏选择【Modeler】→【Units】命令，在打开的对话框中，Select units 项选择 mm，然后单击【OK】完成设置。

图 10.3.2　设置默认长度单位

2. 创建介质基板

如图 10.3.3 所示，选择菜单项【Draw】→【box】命令，或单击工具栏中的 ⬚ 按钮，创建长方体模型，尺寸为 15 mm × 8 mm × 0.5 mm，并在弹出的 Properties 对话框上设置具体参数：

(1) 在 Attribute 选项卡上，Name 项为 substrate，Material 项为 Edit，添加材料 Al_2O_3，其介电常数为 9.8，介质基板材料选择 Al_2O_3，基板透明度设为 0.9。

(2) 切换到 Command 选项卡，设置起始点(X, Y, Z)为(0, 0, 0)，(dX, dY, dz)为(8, 15, 0.5)，如图 10.3.3 所示。

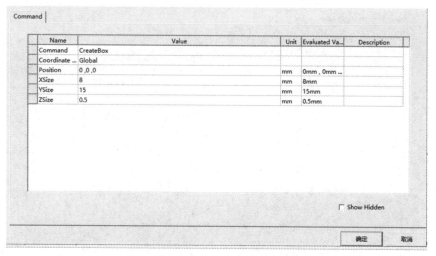

图 10.3.3　创建介质基板

3. 创建微带传输线

微带线特征阻抗为 50 Ω，通过软件 ADS 确定特征阻抗为 50 Ω 的微带换能器的宽度为 0.48 mm；然后应用 HFSS 对 ADS 中得出的微带线起始宽度进行优化，使其在中心频率 5 GHz 处的特征阻抗为 50 Ω，优化后的微带线宽度为 0.51 mm。

选择菜单中【Draw】→【Rectangle】命令，或单击工具栏中的 ▢ 按钮，任意创建一个矩形，尺寸为 0.51 mm × 15 mm。在弹出的 Properties 对话框上选择 Command 项，打开 Command 对话框，设置起始点为(4 − 0.51/2, 0, 0.5)，如图 10.3.4 所示。

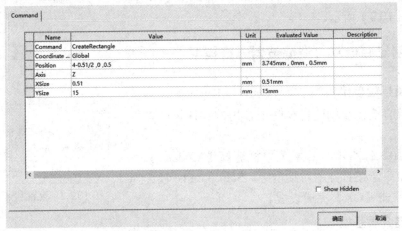

图 10.3.4　创建微带传输线时 Command 对话框

4. 创建 YIG/PZT 磁电层合部分

采用相同操作步骤，创建一个长方体模型，尺寸为 3 mm × 2 mm × 0.5 mm，并在弹出的 Properties 对话框上设置具体参数：

(1) 在 Attribute 选项卡上，Material 项为 Edit，添加材料 GGG，其介电常数为 7.7，衬底材料选择 GGG，透明度设为 0.7。

(2) 切换到 Command 选项卡，具体参数设置如图 10.3.5 所示。

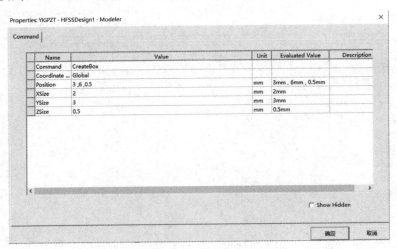

图 10.3.5　创建 GGG 衬底的参数设置对话框

5. 创建 YIG 铁氧体薄膜

选择菜单项【Draw】→【box】或单击工具栏 ⬚ 按钮，采用相同操作步骤，创建一个长方体模型，尺寸为 3 mm × 2 mm × 0.02 mm，在弹出的 Properties 对话框上设置具体参数：

(1) 在 Attribute 选项卡上，Material 为 Edit，添加材料 YIG，其参数设置如图 10.3.6 所示，材料选择 YIG，透明度选择 0.6。

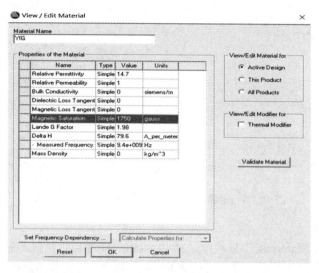

图 10.3.6　YIG 铁氧体薄膜材料参数设置对话框

(2) 切换到 Command 选项卡，经计算，起始点为(3, 6, 1)，具体参数设置如图 10.3.7 所示。

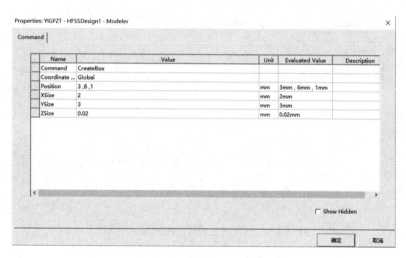

图 10.3.7　创建 YIG 铁氧体薄膜

6. 创建两端带金属电极的 PZT 压电陶瓷

选择菜单中【Draw】→【box】命令，创建一个长方体模型，尺寸为 3 mm × 2 mm × 0.3 mm，在弹出的 Properties 对话框上设置具体参数：

(1) 在 Attribute 选项卡上，Material 项为 Edit，添加材料 PZT，其介电常数为 3000，材料选择 PZT，透明度选择 0.6。

(2) 切换到 Command 选项卡，经计算，设置起始点为(3, 6, 1.02)具体参数设置如图 10.3.8 所示。

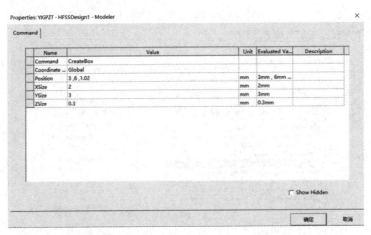

图 10.3.8　创建 PZT 压电陶瓷时 Command 对话框

7. 创建空气腔

在 3D Modeler Materials 工具栏中选择 vacuum，设置初始材料。腔体离辐射源通常需要大于 1/4 个波长，在 5 GHz 下 1/4 波长是 15 mm。这里，设置腔体起始点为(−16, −16, −16)，具体参数设置如图 10.3.9 所示。

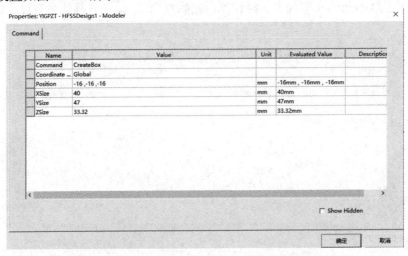

图 10.3.9　创建空气腔时 Command 对话框

10.3.3　设置边界条件和激励

1. 设置边界条件

磁电双可调滤波器在实际制作中基板底部与金属片相连、PZT 压电陶瓷两端带金属电极，需要分别画出与其底面重合的三个面，设置导体边界：Rectangle2、Rectangle3 和 Rectangle4，具体参数的设置如图 10.3.10～图 10.3.12 所示。

选中 Rectangle1 和 Rectangle2 两个面，右键选择菜单中【Assign Boundaries】→【Perfect E】命令，设置为理想电边界 PerfE1。采用同样的操作方式，将 Rectangle3 和 Rectangle4 两个面也设置为理想电边界 PerfE2。

Command
Name | Value | Unit | Evaluated Va... | Description
Command | CreateRectangle
Coordinate ... | Global
Position | 0 ,0 ,0 | mm | 0mm , 0mm ...
Axis | Z
XSize | 8 | mm | 8mm
YSize | 15 | mm | 15mm
Show Hidden
确定
取消

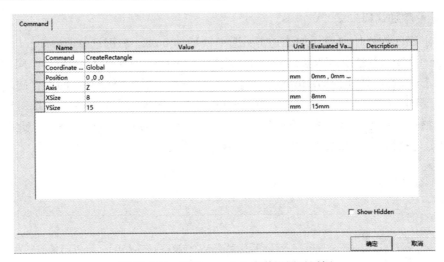

图 10.3.10　面 Rectangle2 参数设置对话框

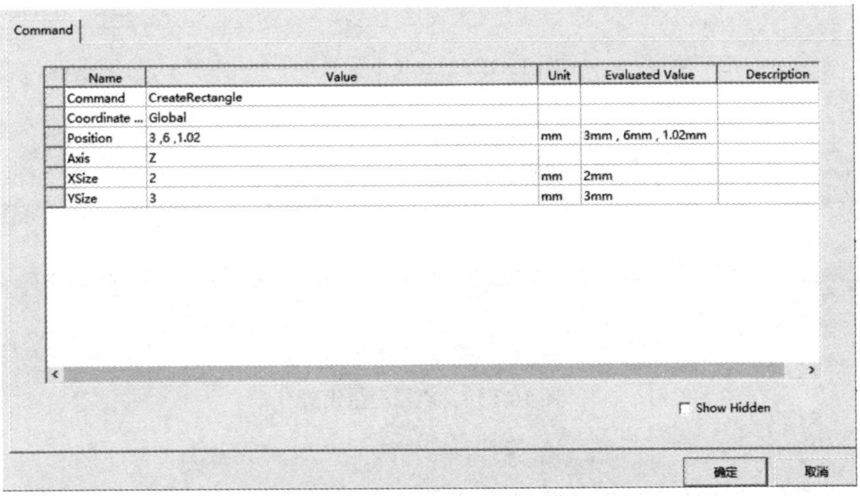

Command
Name | Value | Unit | Evaluated Value | Description
Command | CreateRectangle
Coordinate ... | Global
Position | 3 ,6 ,1.02 | mm | 3mm , 6mm , 1.02mm
Axis | Z
XSize | 2 | mm | 2mm
YSize | 3 | mm | 3mm
Show Hidden
确定
取消

图 10.3.11　面 Rectangle3 参数设置对话框

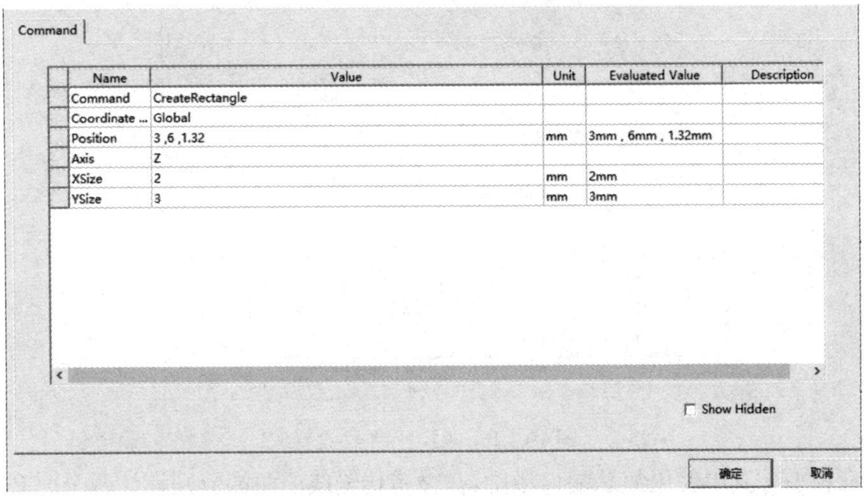

Command
Name | Value | Unit | Evaluated Value | Description
Command | CreateRectangle
Coordinate ... | Global
Position | 3 ,6 ,1.32 | mm | 3mm , 6mm , 1.32mm
Axis | Z
XSize | 2 | mm | 2mm
YSize | 3 | mm | 3mm
Show Hidden
确定
取消

图 10.3.12　面 Rectangle4 参数设置对话框

2. 设置激励端口

(1) 对 YIG 铁氧体薄膜添加磁边界：选中铁氧体 box2，右键选择【Assign Excitation】→【Magnetic Bias】命令，切换到 General 选项卡，Name 项默认 MagBias1，应用的磁边界形式为 Uniform；切换到 Uniform 选项卡，定义平行于磁电层合材料的偏置磁场变量大小为 Hparallel + 0.24*E*79.6。其中，Hparallel 为表示磁场大小的变量，磁场方向平行于磁电层合材料，此处值定义为 90 000 A/m；E 为表示电场大小的仿真变量，此时默认值为 0 kV/m。具体参数设置如图 10.3.13～图 10.3.15 所示。

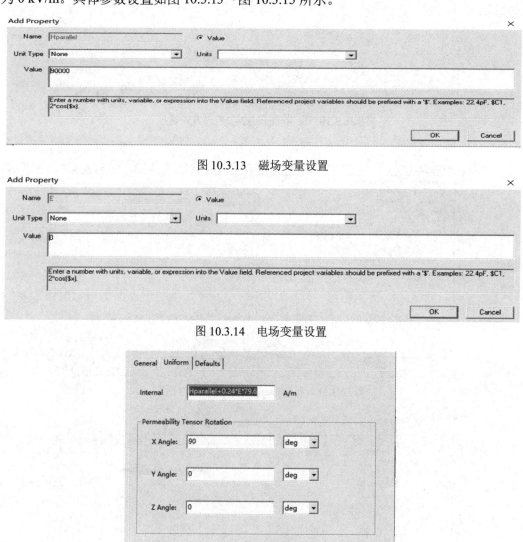

图 10.3.13　磁场变量设置

图 10.3.14　电场变量设置

图 10.3.15　磁边界条件设置

(2) 在模型仿真中使用集总端口激励。在微带传输线的两端分别设计两个面 Rectangle5 和 Rectangle6，具体参数设置如图 10.3.16 和图 10.3.17 所示。

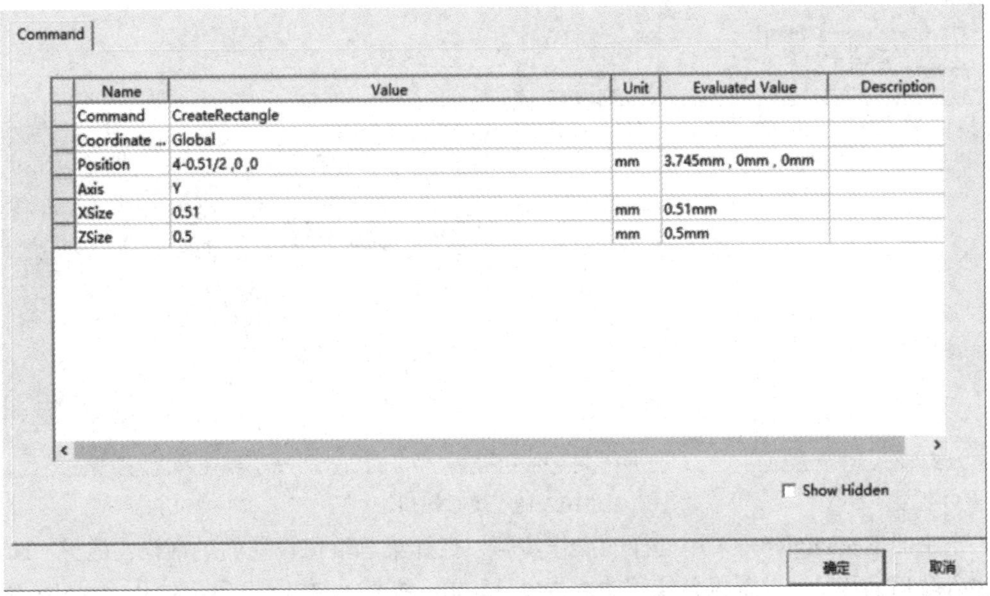

图 10.3.16　面 Rectangle5 的参数设置

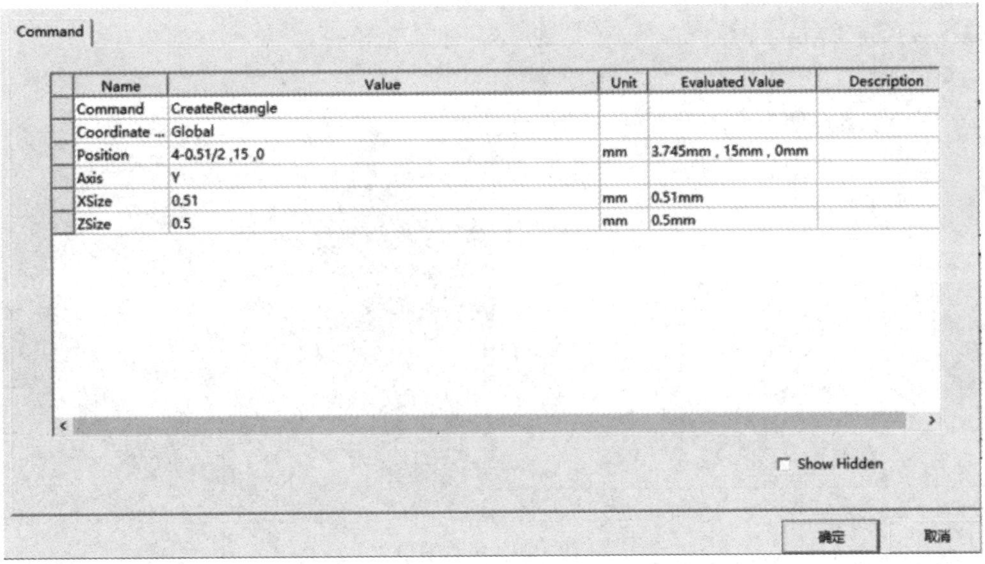

图 10.3.17　面 Rectangle6 的参数设置

选中面 Rectangle5，右键选择【Assign Excitation】→【Lumped Port】命令，打开集总端口设置的对话框。在该对话框中，Name 项输入端口名称 1，端口阻抗(Full Port Impedance)保留默认的 50 ohm 不变；在 Modes 界面，模式数目(Number of Modes)默认为 1，单击 Integration Line 项的 none，从下拉列表中单击 New Line...项，进入三维模型窗口设置积分线，沿馈电矩形面绘制如图 10.3.18 所示的积分线，设置起始点为(4, 0, 0)，终点为(4, 0, 0.5)。然后回到 Modes 界面，Integration Line 项由 none 变成 Defined，再次单击【下一步】按钮，在 Post Processing 界面中选中 Renormalized All Modes 单选按钮，并设置 Full Port Impedance 项为 50 ohm。最后单击【完成】按钮，完成集总端口 1 激励方式的设置。

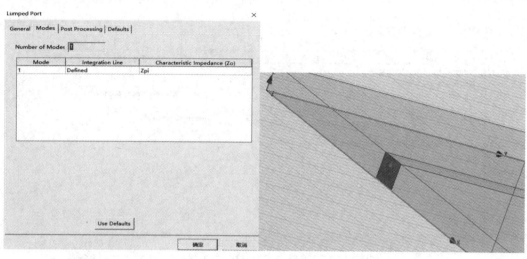

图 10.3.18　集总端口 1

选中面 Rectangle6，采用同样的操作步骤，打开集总端口设置的对话框。这里，Name 项输入端口名称 2，设置积分线起始点为(4, 15, 0)，终点为(4, 15, 0.5)。对 Rectangle6 完成集总端口 2 激励方式的设置，如图 10.3.19 所示。

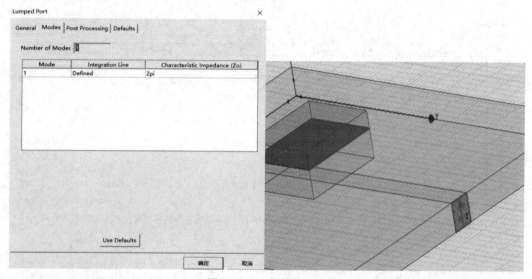

图 10.3.19　集总端口 2

10.3.4　求解设置

磁电双可调滤波器求解频率为 5 GHz，最大迭代次数为 10，收敛误差为 0.02。

右键单击工程树下的 Analysis 节点，从弹出菜单中选择【Add Solution Setup】命令，或者单击工具栏中的 $\mathcal{O}$ 按钮，打开 Solution Setup 对话框。在该对话框中，Solution Frequency 项输入求解频率 5 GHz，Maximum Number of Passes 项输入最大迭代次数 10，Max Delta S 项输入收敛误差 0.02，其他项保留默认设置不变，如图 10.3.20 所示。然后单击【确定】按钮，退出对话框，完成求解设置。

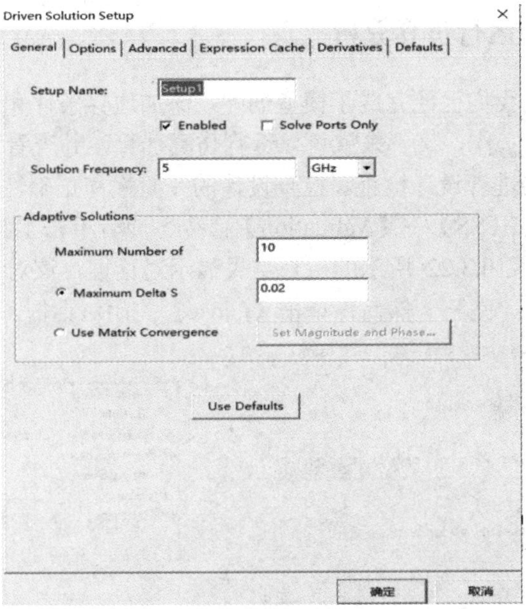

图 10.3.20　求解设置

10.3.5　扫频设置

展开工程树下 Analysis 节点,右键单击求解设置项 Setup1,选择【Add Frequency Sweep】命令,打开 Edit Frequency Sweep 对话框,如图 10.3.21 所示。在该对话框中,Sweep Type 项选择扫描类型为 Interpolating;在 Frequency Setup 栏中 Type 项选择 LinearStep,Start 项输入 5.01 GHz,Stop 项输入 5.08 GHz,Step 项输入 0.0001 GHz;其他项都保留默认设置不变,然后单击【确定】按钮,完成设置,退出对话框。

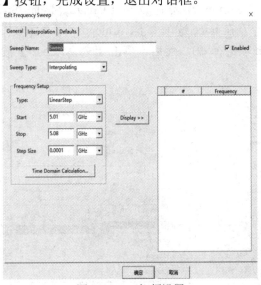

图 10.3.21　扫频设置

设置完成后,该扫频设置项的名称 Sweep 会添加到工程树中求解设置项 Setup1 下。

10.3.6 设计检查和运行仿真分析

通过前面的操作，我们已经完成了模型创建、添加边界条件和端口激励，以及求解设置等 HFSS 设计的前期工作，接下来就可以运行仿真计算，并查看分析结果了。在运行仿真计算之前，通常需要进行设计检查。检查设计的完整性和正确性。

从主菜单栏选择【HFSS】→【Validation】命令，或者单击工具栏 ✓Validate 按钮进行设计检查。此时，会弹出如图 10.3.22 所示的检查结果显示对话框，该对话框中的每项图标表示当前的 HFSS 设计正确、完整。然后，单击【Close】关闭对话框。

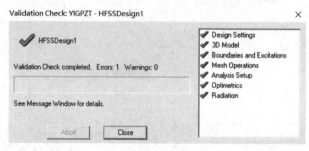

图 10.3.22 设计检查

单击工具栏中的 🏭 按钮，进行运算仿真。在仿真计算完成后，信息管理窗口会给出完成提示信息。

10.4 仿真结果的分析与讨论

1. 创建结果报告

右键单击工程树下 Results 节点，选择【Create Modal Solution Data Report】→【Rectangular Plot】命令。在 trace 选项卡上，Category 项选择 S Parameter，Quantity 项选择 S(2，1)，在 Function 项选择 dB。然后，单击【New Report】按钮生成仿真结果，如图 10.4.1 和图 10.4.2 所示。

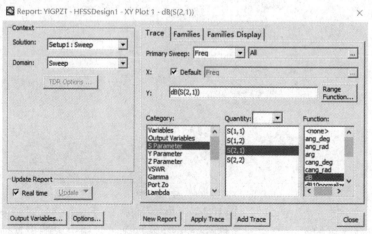

图 10.4.1 运行仿真

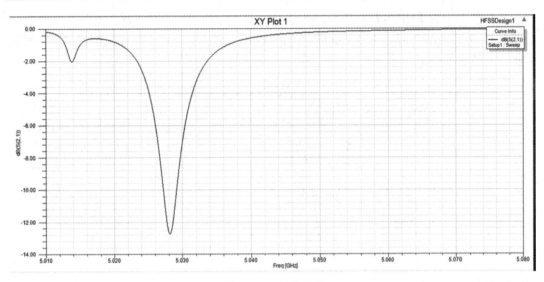

图 10.4.2　仿真结果

2. 磁调谐的实现

右键单击工程树下 Optimetrics 节点，选择【Add】→【Parametric】命令，打开 Setup Sweep Analysis 对话框，如图 10.4.3 所示。在该对话框中，单击【Add...】按钮打开 Add/Edit Sweep 对话框，设置扫描方式，然后单击【Add】按钮添加，单击【OK】按钮，回到上一个对话框，再单击【确定】按钮。

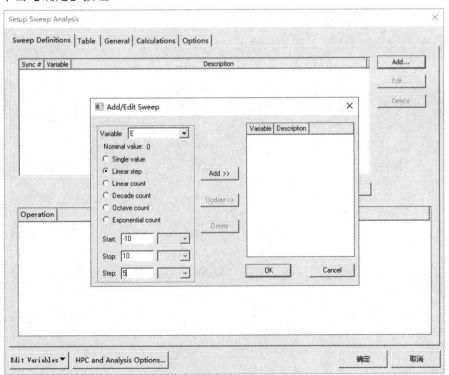

图 10.4.3　添加优化变量

选择菜单中的【HFSS】→【Analyze】命令开始分析。按上述步骤，对仿真变量 E 进行参数扫描，扫描范围从 –10 kV/cm 到 10 kV/cm，扫描步长为 5 kV/cm。创建参数扫描结果报告，结果如图 10.4.4 所示。

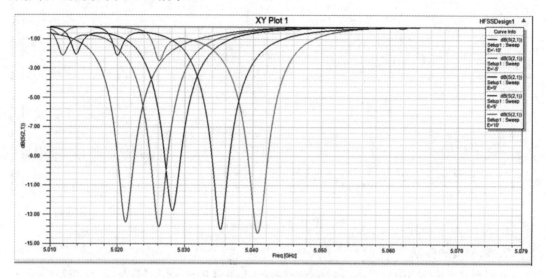

图 10.4.4　调谐仿真的结果

第 11 章　四分之一模基片集成波导可调滤波器的设计与仿真

本章通过小型化四分之一模基片集成波导(QMSIW)可调滤波器的性能分析实例，详细讲解了使用 HFSS 分析设计基片集成波导可调滤波器的具体流程和操作步骤。在可调滤波器的设计中，详细讲述并演示了 HFSS 中变量的定义和使用、创建小型化基片集成波导谐振腔的过程、分配边界条件和激励的具体操作、设置求解分析项、进行参数扫描分析和滤波器分析结果查看等内容。

通过本章的学习，读者可以学到以下内容：

➢ 如何定义和使用设计变量。
➢ 如何使用理想导体边界条件和辐射边界条件。
➢ 如何设置集总端口激励。
➢ 如何进行参数扫描分析。
➢ 如何查看滤波器的回波损耗。
➢ 如何查看滤波器的插入损耗。

11.1　设 计 背 景

基片集成波导是近年来国内外学者研究的热点方向，它不仅具备了传统金属波导高 Q 值、低损耗等优点，而且在体积方面具有极大优势，即具有小型化、集成化等优势。小型化基片集成波导滤波器有利于减小射频前端的体积，且便于和天线、功分器等微波器件相集成。在当今频谱环境日益紧张的通信系统中，基片集成波导具有很高的研究和应用价值。

11.2　设 计 原 理

SIW 滤波器的小型化技术大致可以分为三个方面：$1/n$ 模切割技术、多层折叠技术、加载技术。本章我们采用的便是四分之一模切割技术，将全模 SIW 沿长和宽进行切割形成 QMSIW，其切口可等效于虚拟磁壁，既保留了前者的波导特性，又缩小了四分之三的体积，如图 11.2.1 所示。

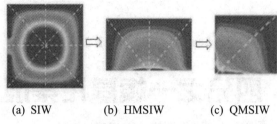

(a) SIW   (b) HMSIW   (c) QMSIW

图 11.2.1　采用模切割技术形成 QMSIW 的过程图

图 11.2.2 是二阶 QMSIW 可调滤波器结构示意图，它由两个水平级联的四分之一模基片集成波导谐振腔组成，腔间通过金属化过孔和倒 U 形缝隙进行耦合。QMSIW 包括两层金属和两层介质。其中与滤波器性能相关的参数包括滤波器的整体尺寸、两层介质的厚度、金属化通孔的排列方式和直径间距、倒 U 形缝隙的尺寸等。

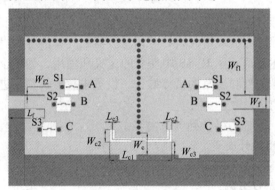

图 11.2.2　滤波器模型参数

11.3　ANSYS HFSS 软件的仿真实现

本章设计的滤波器实例是采用水平级联的两个四分之一模基片集成波导作为谐振器，在 HFSS 工程中可以选择模式驱动求解类型。在 HFSS 中如果需要计算远区辐射场，必须设置辐射边界表面或者 PML 边界表面，这里使用辐射边界条件。为了保证计算的准确性，辐射边界表面距离辐射源通常需要大于 1/4 个波长。因为使用辐射边界表面，所以同轴馈线端口位于模型内部，端口激励方式需要定义为集总端口激励。

QMSIW 滤波器的中心频率为 1.1 GHz，因此设置 HFSS 的求解频率(即自适应网格剖分频率)为 1.1 GHz，同时添加 0.5～2 GHz 的扫频设置，分析滤波器在 0.5～2 GHz 频段内的滤波特性。介质基片采用厚度为 1 mm 的 Taconic TLT 介质材料，其相对介电常数为 $\varepsilon_r = 2.55$，损耗正切 $\tan\delta = 0.0006$。

11.3.1　QMSIW 滤波器建模概述

为了方便建模和后面的性能优化，在设计中首先定义多个变量来表示滤波器的结构尺寸。变量的定义和滤波器的结构尺寸如表 11.3.1 所示。

表 11.3.1　变 量 定 义

结构尺寸的名称	变量名	变量值/mm
金属化通孔直径	d	1.8
端口缝隙长度	deep	10
端口缝隙位置	X1	−20
端口缝隙宽度	W_cf	0.5
介质板厚度	h	1
调谐柱直径	d1	0.8
U 形缝隙位置	W2	19.8
上层介质板厚度	h1	0.2

　　QMSIW 滤波器的 HFSS 设计模型如图 11.3.1 所示。接地板的中心位于左侧第一个金属化通孔，首先建立底层介质板作为滤波器主体，金属化通孔采用 T 字形进行排列分布，相当于是两个四分之一模谐振腔的平行级联，滤波器的下方为两个 U 形的缝隙，两谐振腔会通过金属化通孔和 U 形缝隙进行耦合。在滤波器主板的上方设置了材料为 FR4_epoxy 的介质板，主要用作加载 MEMS 开关，进行滤波器频率调节。在滤波器左右两侧设置激励端口，激励方式设置为集总端口激励，端口归一化阻抗为 50 Ω。

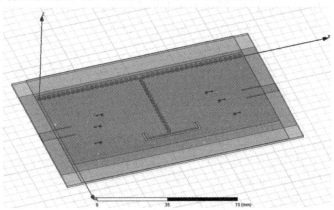

图 11.3.1　QMSIW 滤波器的 HFSS 设计模型

　　使用 HFSS 分析设计滤波器的辐射问题时，在模型建好之后，用户还必须设置辐射边界条件。辐射边界表面距离辐射源通常需要大于 1/4 个波长，1 GHz 时自由空间中 1/4 个波长约为 25 mm。这里，首先创建一个长方体模型，并设置各个表面和滤波器模型之间的距离。

11.3.2　HFSS 设计环境概述

　　(1) 求解类型：模式驱动求解。
　　(2) 建模操作：
　　模型原型：长方体介质板，圆柱形通孔，方形金属片。
　　模型操作：相加操作、相减操作。

(3) 边界条件和激励：

边界条件：理想导体边界条件、辐射边界条件。

端口激励：集总端口激励。

(4) 求解设置：

求解频率：1.1 GHz。

扫频设置：快速扫频，频率范围 0.5～2 GHz。

(5) 数据后处理：S$_{11}$ 回波损耗、S$_{21}$ 插入损耗。

下面详细介绍具体的设计操作和完整的设计过程。

11.3.3 建立 HFSS 模型

1. 运行 HFSS 并新建工程

HFSS 运行后，会自动新建一个工程文件，选择主菜单栏中的【File】→【Save As】命令，把工程文件另存为 QMSIW2pole.hfss。

2. 设置求解类型

如图 11.3.2 所示，把当前设计的求解类型设置为模式驱动求解。

从主菜单栏选择【HFSS】→【Solution Type】命令，在打开的对话框中选择 Driven Modal 项，然后单击【OK】，完成设置。

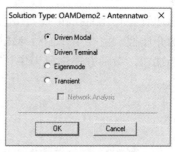

图 11.3.2 设置求解类型

3. 创建 QMSIW 滤波器模型

1) 设置默认的长度单位

设置当前设计在创建模型时所使用的默认长度单位为 mm。

如图 11.3.3 所示，从主菜单栏选择【Modeler】→【Units】命令，在打开的对话框中，Select units 项选择 mm；然后单击【OK】按钮完成设置。

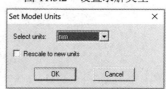

图 11.3.3 设置单位

2) 添加和定义设计变量

在 HFSS 中定义和添加表 11.3.1 列出的所有设计变量。

从主菜单栏选择【HFSS】→【Design Properties】命令，打开设计属性对话框，单击对话框中的【Add...】按钮，打开 Add Property 对话框。在该对话框中，Name 项输入第一个变量名称 d，Value 项输入该变量的初始值 1.8 mm，然后单击【Add...】按钮，添加变量 d 到设计属性对话框中，过程如图 11.3.4 所示。

使用相同的定义变量的操作步骤，分别定义变量 L1，其初始值为 6 mm；定义变量 L2，其初始值为 32 mm；定义变量 deep，其初始值为 15 mm；定义变量 X1，其初始值为 −20 mm；定义变量 h，其初始值为 1 mm；定义变量 W_cf，其初始值为 0.5 mm；定义变量 X2，其初始值为 19.8 mm；定义变量 h1，其初始值为 0.2 mm；定义变量 d1，其初始值为 0.8 mm。这些变量定义完成后，确认设计属性对话框如图 11.3.5 所示。

最后，单击【确定】按钮，完成所有变量的定义和添加工作，退出对话框。

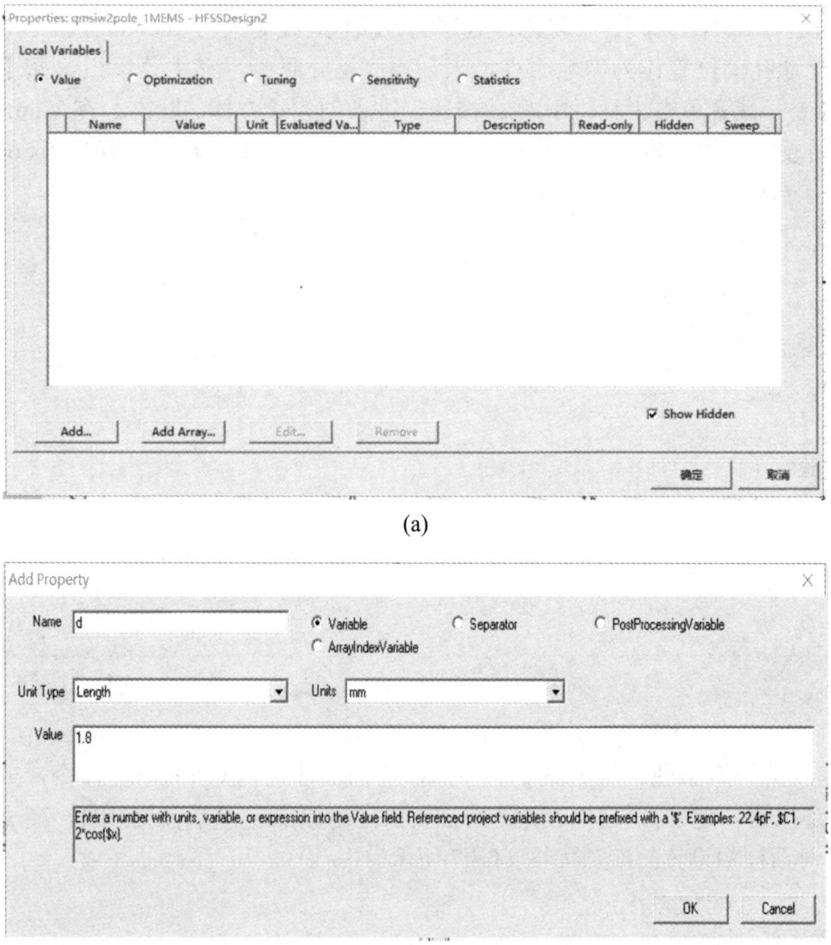

(a)

(b)

图 11.3.4　设置变量

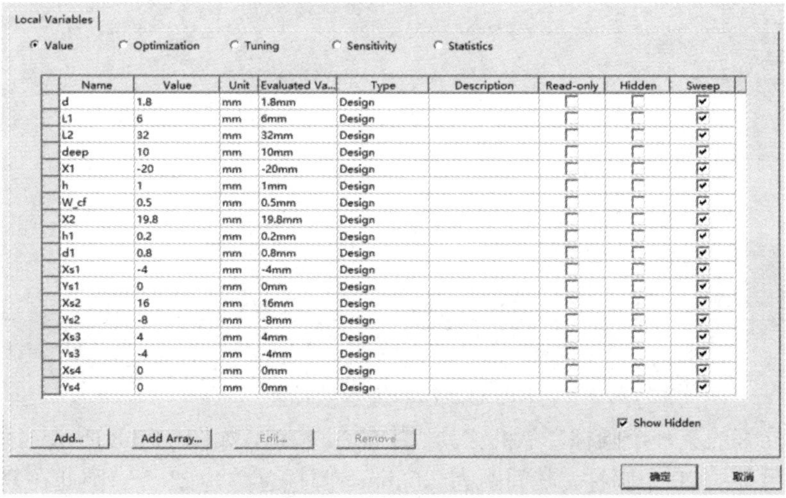

Name	Value	Unit	Evaluated Va...	Type	Description	Read-only	Hidden	Sweep
d	1.8	mm	1.8mm	Design		☐	☐	☑
L1	6	mm	6mm	Design		☐	☐	☑
L2	32	mm	32mm	Design		☐	☐	☑
deep	10	mm	10mm	Design		☐	☐	☑
X1	-20	mm	-20mm	Design		☐	☐	☑
h	1	mm	1mm	Design		☐	☐	☑
W_cf	0.5	mm	0.5mm	Design		☐	☐	☑
X2	19.8	mm	19.8mm	Design		☐	☐	☑
h1	0.2	mm	0.2mm	Design		☐	☐	☑
d1	0.8	mm	0.8mm	Design		☐	☐	☑
Xs1	-4	mm	-4mm	Design		☐	☐	☑
Ys1	0	mm	0mm	Design		☐	☐	☑
Xs2	16	mm	16mm	Design		☐	☐	☑
Ys2	-8	mm	-8mm	Design		☐	☐	☑
Xs3	4	mm	4mm	Design		☐	☐	☑
Ys3	-4	mm	-4mm	Design		☐	☐	☑
Xs4	0	mm	0mm	Design		☐	☐	☑
Ys4	0	mm	0mm	Design		☐	☐	☑

图 11.3.5　变量定义后的设计属性对话框

3) 创建底层介质板

(1) 创建 QMSIW 滤波器首先创建底层的介质板，我们采用 Taconic TLT 材料，并以第一个金属化通孔的位置作为坐标原点，来创建底层介质板。在主菜单栏选择【Draw】→【Box】命令，或者单击工具栏中的 按钮，进入创建长方体的状态，在 Command 中设置底层介质板的参数如图 11.3.6 所示。同时，在 Attribute 中将材料设置为 Taconic TLT。

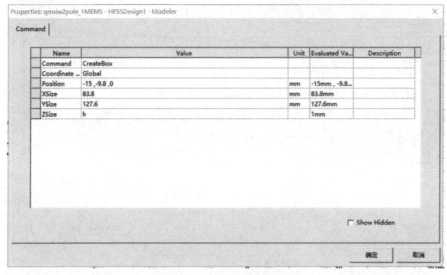

图 11.3.6　介质基板参数设置

(2) 建立第一组圆柱。从主菜单栏中选择【Draw】→【Cylinder】命令，或者单击工具栏中的 按钮，建立圆柱体；设置其原点在坐标原点上，半径为 d/2，高度为 h。在 Command 对话框中设置的参数如图 11.3.7 所示。

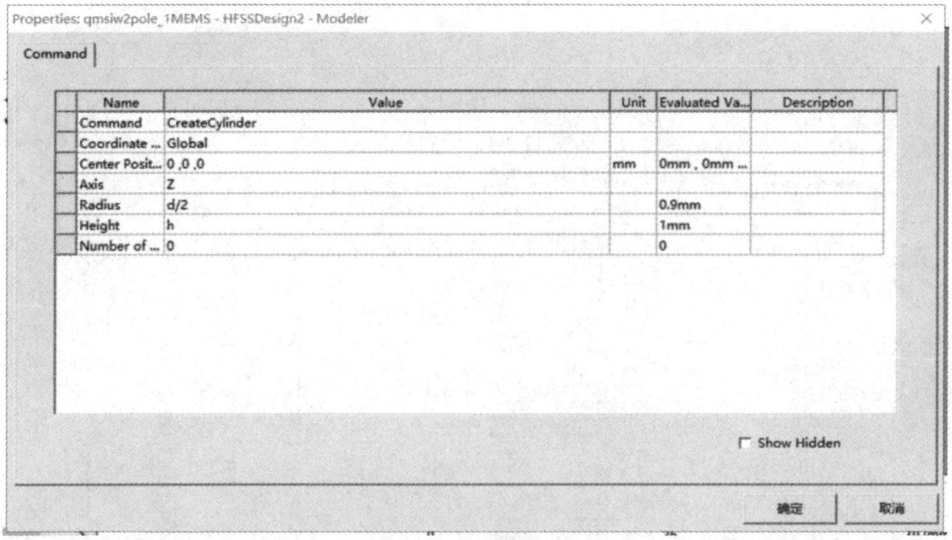

图 11.3.7　平移参数设置

选中建立好的第一个圆柱，单机工具栏中的 按钮，如图 11.3.8 所示。通过平移复制的方式建立另外的 20 个圆柱，其间距为 2.6 mm。圆柱总数为 21 个，因此在复制操作下的 Total number 处输入 21。

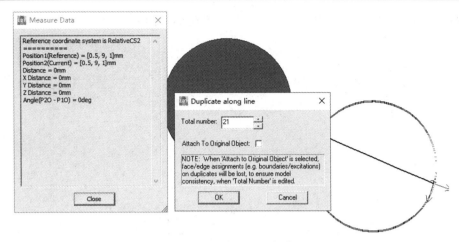

图 11.3.8　复制移动操作

(3) 建立第二组圆柱。首先建立一个圆柱，其坐标如图 11.3.9 所示。选中刚建好的圆柱，单击 按钮进行平移复制，得到 20 个另外的圆柱，其间距为 2.6 mm，如图 11.3.10 所示。

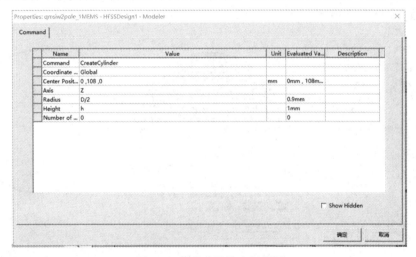

图 11.3.9　移动操作坐标设置

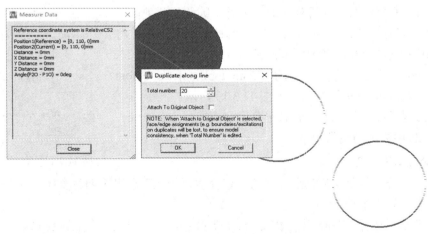

图 11.3.10　复制后的圆柱体

（4）建立第三组圆柱。首先建立一个圆柱，其坐标如图 11.3.11 所示。

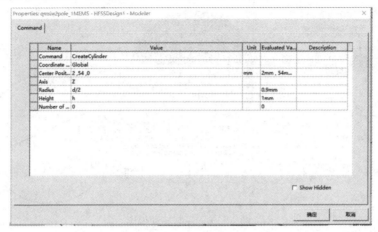

图 11.3.11　圆柱坐标设置

选中刚建立好的圆柱，单击 按钮进行平移复制，得到 20 个另外的圆柱，其间距为 2.6 mm，如图 11.3.12 所示。

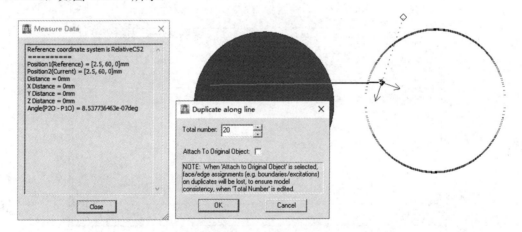

图 11.3.12　复制移动操作

（5）由于介质板与周期排列的通孔重叠，因此，此处需要布尔相减运算 。选中介质板及所有的圆柱形通孔，点击将介质板 BOX1 放在 BLANK Parts 的被减区域，将通孔放入右侧 Tool Parts 区域，选中下方的 Clone tool objects before operation，并点击【OK】按钮，如图 11.3.13 所示。

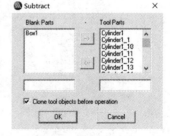

（6）设置通孔材料。选中全部通孔后右击选择 properties，在 Meterials 中将材料设置为 pec。

图 11.3.13　布尔相减运算

4）创建上下金属层

在创建好介质板及金属化通孔之后，在介质板的上下层表明创建金属层。

（1）建立底层金属层。

从主菜单栏选择【Draw】→【Rectangle】命令，进入创建方形金属层的状态，然后移动鼠标光标在三维模型窗口创建一个任意大小的矩形。新建的矩形会添加到操作历史树的 Solids 节点下，底层金属层的坐标尺寸设置如图 11.3.14 所示。在左下角的属性窗口中将圆柱体的名称(Name)改为 down。创建好矩形之后设置属性。选中创建好的矩形，单击鼠标右键，选择【Assign Boundary】→【Perfect E】命令，此时便完成了对底层金属层的设置。

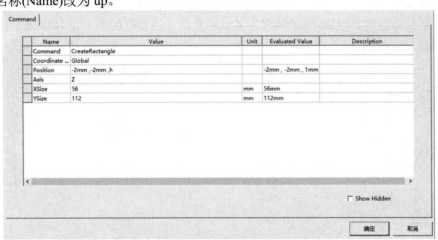

图 11.3.14　底层金属层坐标和尺寸设置

(2) 建立顶层金属层。

从主菜单栏选择【Draw】→【Rectangle】命令，进入创建方形金属层的状态，然后移动鼠标光标到三维模型窗口创建一个任意大小的矩形。新建的矩形会添加到操作历史树的 Solids 节点下，顶层金属层的坐标尺寸设置如图 11.3.15 所示。在左下角的属性窗口中将圆柱体的名称(Name)改为 up。

Name	Value	Unit	Evaluated Value	Description
Command	CreateRectangle			
Coordinate ...	Global			
Position	-2mm ,-2mm ,h		-2mm , -2mm , 1mm	
Axis	Z			
XSize	56	mm	56mm	
YSize	112	mm	112mm	

☐ Show Hidden

图 11.3.15　顶层金属层坐标和尺寸设置

(3) 创建左右两端口处的矩形。

从主菜单栏选择【Draw】→【Rectangle】命令，建立两个矩形，分别命名为 feeder1 和 feeder2，其初始点位置分别为(46 mm + X1，−9.8 mm，1 mm)和(46 mm + X1，117.8 mm，1 mm)，其中 X 方向宽度均为 6 mm，Y 方向长度均为 7.8 mm。选中顶层金属 up、feeder1

和 feeder2，点击【Modeler】→【Boolean】命令，将端口处两矩形与顶层金属融合，此时名字仍为 up。

(4) 端口处采用加载缝隙的方式，即采用布尔操作减去四条窄边矩形作为缝隙。从主菜单栏选择【Draw】→【Rectangle】命令，建立四个矩形，分别命名为 feedcut1、feedcut2、feedcut3 和 feedcut4。其初始点位置依次为(46 mm + X1，−2 mm，1 mm)、(46 mm + X1，110 mm，1 mm)、(52 mm + X1，−2 mm，1 mm)和(52 mm + X1，110 mm，1 mm)。其中，X 方向宽度均为 0.5 mm，Y 方向宽度均为 10 mm。选中顶层金属 up 及四个新建立的矩形，点击【Modeler】→【Boolean】命令，将顶层金属减去四条窄边矩形，形成缝隙。

(5) 创建两个 U 形的缝隙。

在顶层金属的中间位置创建两个 U 形缝隙，用来辅助两谐振腔间的耦合。从主菜单栏选择【Draw】→【Rectangle】命令，建立一个 X 方向宽度为 2 mm，Y 方向宽度为 30 mm 的矩形，其初始位置为(26.2 mm + X2，40 mm，1 mm)。继续建立两个 X 方向为 4 mm，Y 方向为 2.4 mm 的矩形。其初始位置分别为(26.2 mm + X2，40 mm，1 mm)和(26.2 mm + X2，70 mm，1 mm)。

选中顶层金属 up 与新创建的三个矩形，点击【Modeler】→【Boolean】命令，将顶层金属减去三个矩形，形成了大 U 形缝隙，此时顶层金属层仍命名为 up。

然后，在大 U 形缝隙中建立三条连接的矩形，将大缝隙一分为二。这三条矩形的初始点坐标为(22.2 mm + X2，41.1 mm，1 mm)、(27.1 mm + X2，41.2 mm，1 mm)和(22.2 mm + X2，68.9 mm，1 mm)，其宽度均为 0.2 mm，长度分别为 4.9 mm、4.9 mm、27.6 mm。

选中顶层金属 up 与新创建的三个矩形，点击【Modeler】→【Boolean】命令，将顶层金属与三个矩形融合，形成两个相邻的 U 形缝隙。

5) 创建顶层介质板

顶层介质板的主要作用是作为频率调谐柱的垫板。首先从主菜单栏选择【Draw】→【Box】命令，创建名为 Box3 的矩形，其坐标及尺寸的设置如图 11.3.16 所示。

	Name	Value	Unit	Evaluated Va...	Description
	Command	CreateBox			
	Coordinate ...	Global			
	Position	-15mm ,-2mm ,h		-15mm , -2m...	
	XSize	83.8	mm	83.8mm	
	YSize	112	mm	112mm	
	ZSize	h1		0.2mm	

☐ Show Hidden

图 11.3.16　顶层介质板坐标和尺寸设置

然后，设置顶层介质板 Box3 的材料和透明度，如图 11.3.17 所示。

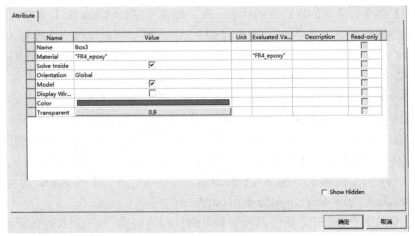

图 11.3.17　顶层介质板属性设置

6) 创建频率调谐柱

频率调谐柱的原理是通过加载左右对称的调谐柱,利用 PIN 二极管的通断对原有电场能量的分布造成扰动,从而实现频率偏移的效果。其中,每个频率调谐柱由两个长短不同的金属化通孔和一个 PIN 二极管组成,其平面结构示意图如图 11.3.18 所示。

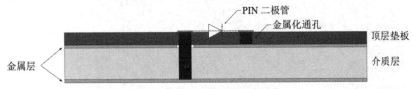

图 11.3.18　平面结构示意图

(1) 创建较长金属化通孔。从主菜单栏中选择【Draw】→【Cylinder】命令,进入创建圆柱的状态。在三维模型窗口的 xoy 面上创建 6 个任意大小的圆柱,并在属性窗口中将 Name 改为 post1～post6,其圆心坐标分别设置为(26 mm + Xs1, 26 mm + Ys1, 0 mm)、(26 mm + Xs1, 82 mm − Ys1, 0 mm)、(26 mm + Xs2, 26 mm + Ys2, 0 mm)、(26 mm + Xs2, 82 mm − Ys2, 0 mm)、(26 mm + Xs3, 26 mm + Ys3, 0 mm)和(26 mm + Xs3, 82 mm − Ys3, 0 mm),半径均为 d1/2,高度为 h + h1,并将其材料设置为 pec。选中上下两层介质板 Box1 和 Box3,同时选中创建的 6 个金属圆柱,利用布尔运算进行相减操作。点击【Modeler】→【Boolean】→【Subtract】命令,如图 11.3.19 所示,然后点击【OK】完成较长金属化通孔的创建。

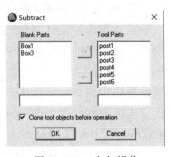

图 11.3.19　布尔操作

(2) 创建较短金属化通孔。从主菜单栏选择【Draw】→【Cylinder】命令,进入创建圆柱的状态。在三维模型窗口的 xoy 面上创建 6 个任意大小的圆柱,并在属性窗口中将 Name 改为 via1～via6,其圆心坐标分别设置为(26 mm + Xs1, 23 mm + Ys1, h)、(26 mm + Xs1, 85 mm − Ys1, h)、(26 mm + Xs2, 23 mm + Ys2, h)、(26 mm + Xs2, 85 mm − Ys2, h)、(26 mm + Xs3, 23 mm + Ys3, h)和(26 mm + Xs3, 85 mm − Ys3, h),半径均为 d1/2,高度均为 h1,并将其材料设置为 pec。

(3) 创建作为 PIN 二极管的连接金属化通孔的矩形。从主菜单栏选择【Draw】→

【Rectangle】命令，进入创建矩形的状态。在三维模型窗口的 xoy 面上创建 6 个任意大小的矩形，并在属性窗口中将 Name 改为 sw1～sw6，其初始点坐标分别设置为(25.9 mm + Xs1，23 mm + Ys1，h + h1)、(25.9 mm + Xs1，82 mm − Ys1，h + h1)、(25.9 mm + Xs2，23 mm + Ys2, h + h1)、(25.9 mm + Xs2, 82 mm − Ys2, h + h1)、(25.9 mm + Xs2, 82 mm − Ys2, h + h1)、(25.9 mm + Xs3, 23 mm + Ys3，h + h1)和(25.9 mm + Xs3，82 mm − Ys3, h + h1)，X 方向宽度为 0.2 mm，Y 方向长度为 3 mm，其材料先不做设置。

(4) 在顶层金属层上较长金属化通孔周围开辟出正方形的空白，以防止通孔与金属层发生短路。从主菜单栏选择【Draw】→【Rectangle】命令，进入创建矩形的状态。在三维模型窗口的 xoy 面上创建 6 个任意大小的矩形，并在属性窗口中将 Name 改为 post1cut、post2cut、post3cut、post4cut、post5cut 和 post6cut。

至此，便完成了 QMSIW 滤波器模型和可调机制的创建，如图 11.3.20 所示。

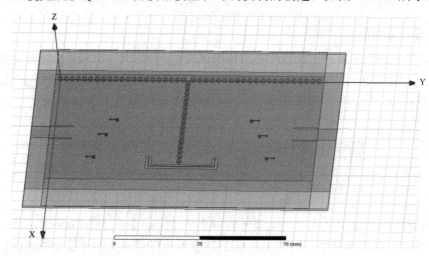

图 11.3.20　QMSIW 滤波器模型

7) 创建 QMSIW 滤波器的激励端口

从主菜单栏中选择【Draw】→【Rectangle】命令，进入创建矩形的状态。在三维模型窗口的 XOY 面上创建 2 个任意大小的矩形，并在属性窗口中将 Name 改为 port1、port2，其初始点坐标分别设置为(26 mm，−9.8 mm，1 mm)和(26，117.8 mm，1 mm)。

然后，对建立好的矩形设置端口类型。选中 port1，右键单击【Assign Excitation】→【Lumped Port】命令，打开如图 11.3.21 所示的对话框。

单击【下一步(N)】按钮，进入到设置电流方向的环节，如图 11.3.22 所示。

单击【Integration Line】命令，选择矩形上下中点作为电流方向的起点和终点，然后单

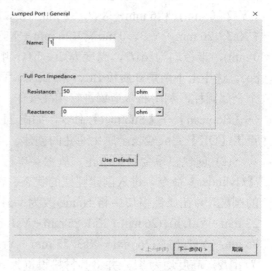

图 11.3.21　激励设置

击【完成】按钮，激励端口阻抗设为默认的 50 Ω，如图 11.3.23 所示。

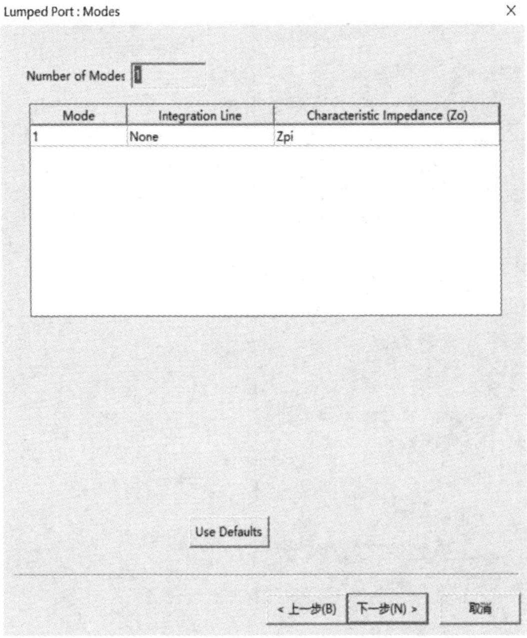

图 11.3.22　积分线设置

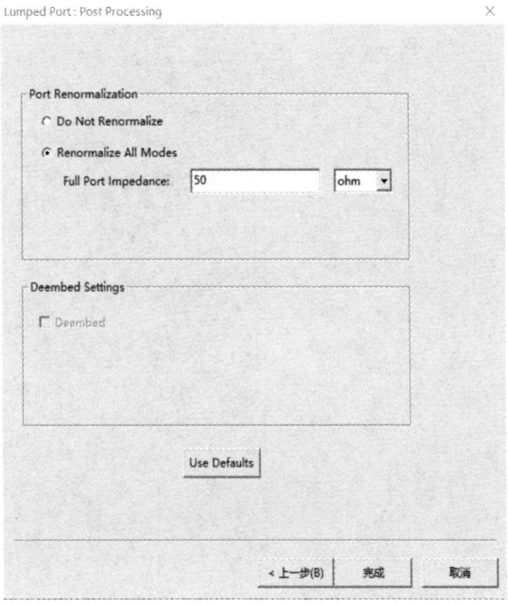

图 11.3.23　激励阻抗设置

8) 求解设置

因为 QMSIW 滤波器的工作频率为 1.2 GHz，所以求解频率设置为 1.2 GHz。同时添加 0.7～1.9 GHz 的扫频设置，选择快速(Fast)扫频类型，分析滤波器在 0.7～1.9 GHz 频段的 S 参数。

(1) 求解频率和网格剖分设置。

设置求解频率为 1.2 GHz，自适应网格剖分的最大迭代次数为 10，收敛误差为 0.02。

右键单击工程树下的 Analysis 节点，从弹出菜单中选择【Add Solution Setup】命令，或者单击工具栏中的 按钮，打开 Driven Solution Setup 对话框，如图 11.3.24 所示。在该对话框中，Frequency 项输入求解频率 1.2 GHz，Maximum Number of Passes 项输入最大迭代次数 10，Maximum Delta S 项输入收敛误差 0.02，其他项保留默认设置不变。然后单击【确定】按钮，退出对话框，完成求解设置。

设置完成后，求解设置项的名称 Setup1 会添加到工程树下的 Analysis 节点下。

(2) 扫频设置。

扫频类型选择快速扫频，扫频频率范围为 0.7～1.9 GHz，频率步进为 0.001 GHz。

展开工程树下的 Analysis 节点，右键单击求解设置项 Setup1，从弹出的菜单中选择【Add Frequency Sweep】命令，或者单击工具栏中的 按钮，打开 Edit Frequency Sweep 对话框，如图 11.3.25 所示。在该对话框中，Sweep Type 项选择扫描类型为 Fast，在 Frequency Setup 栏中 Type 项选择 LinearStep，Start 项输入 0.7 GHz，Stop 项输入 1.9 GHz，Step Size 输入 0.001 GHz，其他项都保留默认设置不变，然后单击【确定】按钮完成设置，退出对话框。

设置完成后，该扫频设置项的名称 Sweep 会添加到工程树中求解设置项 Setup1 下。

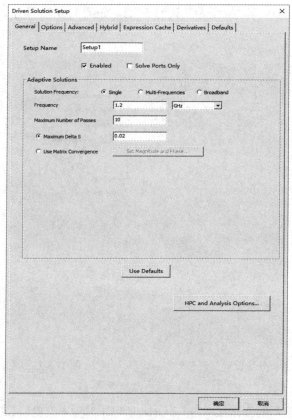

图 11.3.24　求解频率设置

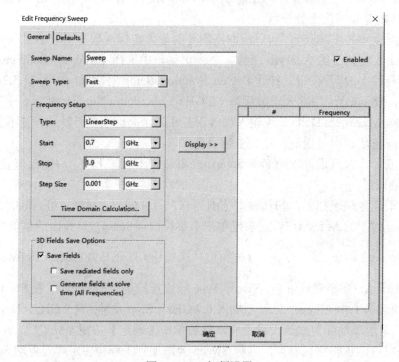

图 11.3.25　扫频设置

（3）设计检查和运行仿真分析。

通过前面的操作，我们已经完成了模型创建、添加边界条件和端口激励，以及求解设置等 HFSS 设计的前期工作，接下来就可以运行仿真计算，并查看分析结果了。在运行仿真计算之前，通常需要进行设计检查。检查设计的完整性和正确性。

（4）设计检查。从主菜单栏选择【HFSS】→【Validation】命令，或者单击工具栏的 按钮，进行设计检查。此时，会弹出如图 11.3.26 所示的检查结果显示对话框，该对话框中的每一项都显示图标 表示当前的 HFSS 设计正确、完整。单击【Close】关闭对话框，运行仿真计算。

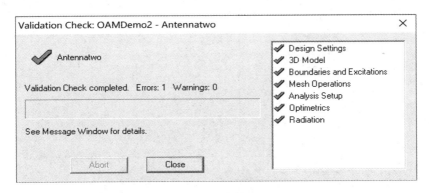

图 11.3.26　检查结果显示对话框

（5）运行仿真分析。

11.4　仿真结果的分析与讨论

右键单击工程树 Analysis 节点下的求解设置项 Setup1，从弹出菜单中选择【Analyze】命令，或者单击工具栏中的 按钮，进行运算仿真。

整个仿真计算大概 30 分钟即可完成。在仿真计算的过程中，进度条窗口会显示出求解进度，在仿真计算完成后，信息管理窗口会给出完成提示信息。

11.4.1　查看滤波器的 S11 与 S21

使用 HFSS 的数据后处理模块，查看滤波器插入损耗与回波损耗的扫频分析结果。

右键单击工程树下的 Results 节点，从弹出菜单中选择【Create Modal Solution Data Report】→【Rectangular Plot】命令，打开报告设置对话框。在该对话框中，确定左侧 Solution 项选择的是 Setup1；Sweep1，在 Category 项选择 S-parameter，在 Quantity 项同时选中 S(1, 1)和 S(2, 1)，如图 11.4.1 所示。然后单击【New Report】按钮，再单击【Close】按钮关闭对话框。此时，生成如图 11.4.2 所示的 S(1, 1)和 S(2, 1)在 0.7～1.9 GHz 的扫频分析结果。

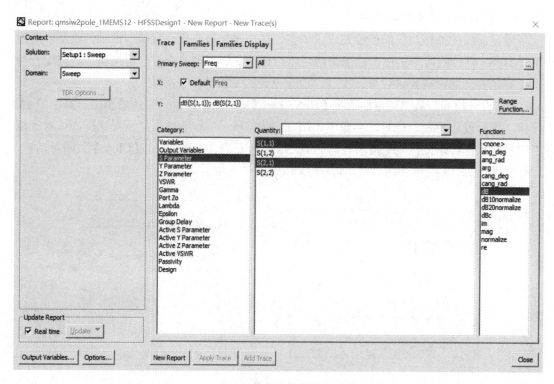

图 11.4.1 S 参数设置

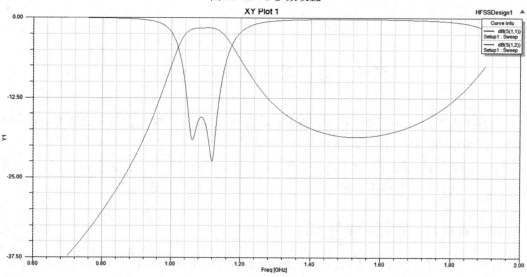

图 11.4.2 S 参数曲线

11.4.2 创建 QMSIW 滤波器的可调机制

QMSIW 滤波器的频率调节通过先前建立的 PIN 二极管和金属化通孔实现。连通二极管会对原有电场造成扰动，进而产生频率偏移。在 HFSS 模型中，二极管的通断是通过设置对应矩形 sw1~sw6 的边界条件来实现的。其具体操作如下所述。

(1) 首先选中建立的矩形开关 sw1 和 sw2，如图 11.4.3 所示。右键单击选择【Assign boundary】→【Perfect E】命令，将两片矩形的属性设置为理想导体，进而起到连通上下两层金属层的作用。重复查看结果的步骤，得到新的 S 参数的结果如图 11.4.4 所示。

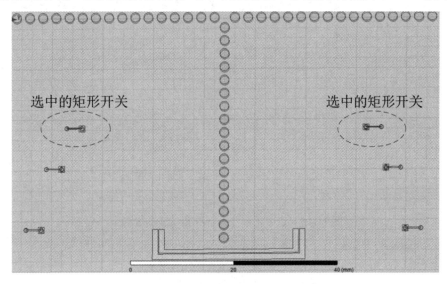

图 11.4.3 选中建立的矩形开关

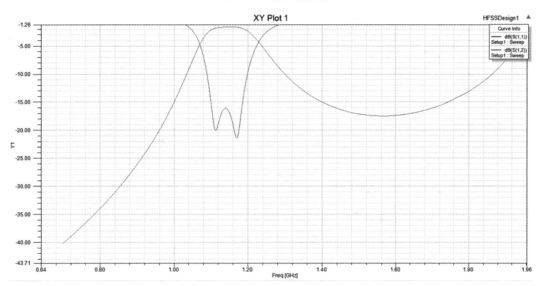

图 11.4.4 选中矩形开关 sw1 和 sw2 的 S 参数

(2) 继续增加矩形开关作为理想导体的数量，选中建立的矩形开关 sw3 和 sw4。右键单击选择【Assign boundary】→【Perfect E】命令，将两片矩形的属性设置为理想导体，使得电场扰动效果进一步加强。得到新的 S 参数，如图 11.4.5 所示。

(3) 继续增加矩形开关作为理想导体的数量。选中建立的矩形开关 sw5 和 sw6。右键单击选择【Assign boundary】→【Perfect E】命令，将两片矩形的属性设置为理想导体，使得电场扰动效果进一步加强。得到新的 S 参数如图 11.4.6 所示。

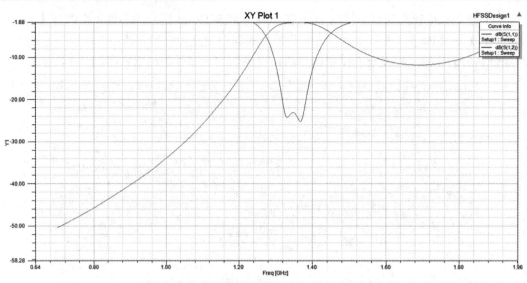

图 11.4.5　选中矩形开关 sw3 和 sw4 的 S 参数

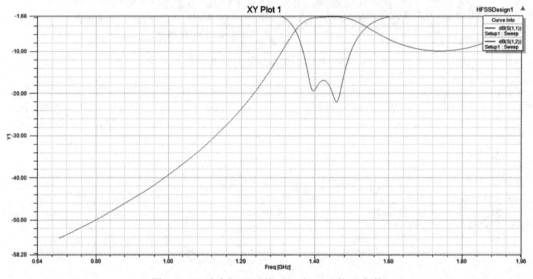

图 11.4.6　选中矩形开关 sw5 和 sw6 的 S 参数

至此，便完成了 QMSIW 可调滤波器的设计步骤。

第 12 章　双重折叠四分之一模基片集成波导全可调滤波器的设计与仿真

本章通过双重折叠四分之一模基片集成波导(DFQMSIW)全可调滤波器的分析实例,详细讲解使用 HFSS 分析设计全可调微波滤波器的具体流程和操作步骤。在滤波器设计过程中详细讲述并演示了 HFSS 中变量的定义和使用、创建全可调微波滤波器模型的过程、分配边界条件和激励的具体操作、设置求解分析项、进行参数扫描分析和查看滤波器分析结果等内容。

通过本章的学习,读者可以学到以下内容:

> ➤ 如何定义和使用设计变量。
> ➤ 如何使用理想导体边界条件和辐射边界条件。
> ➤ 如何设置集总端口激励。
> ➤ 如何进行参数扫描分析。
> ➤ 如何查看滤波器的 S_{11}、S_{21} 参数。

12.1　设 计 背 景

随着可调滤波器研究的深入,越来越多的可调滤波器进行了功能融合,以满足各种制式通信业务的"量身定制"需求。可调滤波器是一种满足射频前端的自适应调控等智能需求的滤波器件。当前可调滤波器的可调参数主要包括中心频率、带宽、传输零点和阶数这四个方面。多性能可调滤波器的研究有利于从复杂多变的频谱环境中选择需要的信号频率,灵活抑制各种干扰,实现系统的自适应调控,达到小型化、集成化的效果,降低滤波器成本,并且有效适应未来通信系统中宽带技术的发展需求。

12.2　设 计 原 理

全可调滤波器的 HFSS 设计模型如图 12.2.1 所示。滤波器由三层金属层和两层介质层组成,金属化通孔贯穿上下两层金属层,在原始腔体上下层容性耦合的基础上,腔体间同样采用缝隙耦合。为了提高滤波器的带外选择性,在源与负载间引入缝隙实现耦合。为了实现该滤波器的中心频率、零点、带宽等指标的可调，引入图中的 C1、C2、C3 共五个变容二极管。变容二极管采用 SMV2020-079 型号，SMA 接头与源和负载相连，采用直流稳压电源供电的方式改变加载于变容二极管两端的电压，从而改变电容值，实现滤波器的全可调。

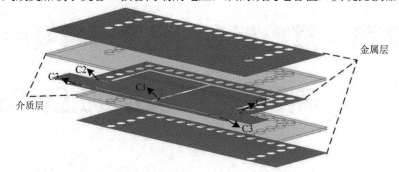

(a) DFQMSIW 全可调滤波器结构

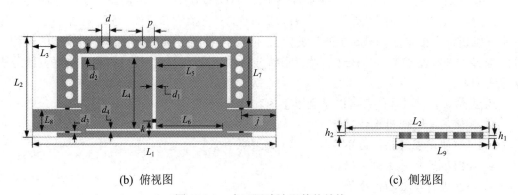

(b) 俯视图　　　　　　　　　　　　　　(c) 侧视图

图 12.2.1　全可调滤波器整体结构

在基片集成波导微波滤波器小型化研究的基础上，采用双重折叠四分之一模基片集成波导谐振腔，分析了谐振腔的等效电路和谐振特性，设计并制作了一种中心频率、带宽、零点均可调的高性能全可调微波滤波器。

表 12.2.1 给出了该全可调滤波器设计过程中的主要参数。

表 12.2.1　全可调滤波器的主要参数

变量名	L_1	L_2	L_3	L_4	L_5	L_6	L_7	L_8	L_9	d
变量值/ mm	60	24	6	17	17.5	16.5	17	5.2	15.5	2
变量名	p	j	k	h_1	h_2	d_1	d_2	d_3	d_4	
变量值/mm	3	8.5	3.9	0.508	0.508	1	1	0.4	0.5	

12.3　ANSYS HFSS 软件的仿真实现

本章设计的全可调滤波器实例是使用双重折叠四分之一模基片集成波导结构，HFSS工程可以选择模式驱动求解类型。在 HFSS 中如果需要计算远区辐射场，必须设置辐射边界表面或者 PML 边界表面，这里使用辐射边界条件。为了保证计算的准确性，辐射边界表面距离辐射源通常需要大于 1/4 波长。因为使用辐射边界表面，所以基片集成波导馈线端口位于模型内部，端口激励方式定义为集总端口激励。

该全可调滤波器实现了中心频率、绝对带宽、传输零点等多个参数的可调。在绝对带宽(100 MHz)、传输零点(1.59 GHz)保持恒定的情况下，中心频率在 1.14～1.24 GHz 范围内可调；在中心频率(1.15 GHz)恒定的情况下，绝对带宽在 70～120 MHz 范围内可调；在绝对带宽(100 MHz)、中心频率(1.14 GHz)保持恒定的情况下，传输零点在 1.59～1.89 GHz 范围内可调。在 HFSS 仿真过程中设置 HFSS 的求解频率(即自适应网格剖分频率)为 1 GHz，同时添加 0.1～2 GHz 的扫频设置，分析滤波器在 0.1～2 GHz 频段内的传输特性。介质板采用 Taconic TLY(tm)材质，介电常数为 2.2，损耗正切 $\tan\delta = 0.0009$，滤波器使用 50 Ω 的同轴馈电。

12.3.1　全可调滤波器建模概述

为了方便建模和性能分析，在设计中首先定义多个变量来表示全可调滤波器的结构尺寸。参照图 12.3.1，变量的定义以及滤波器的结构尺寸如表 12.2.1 所示。

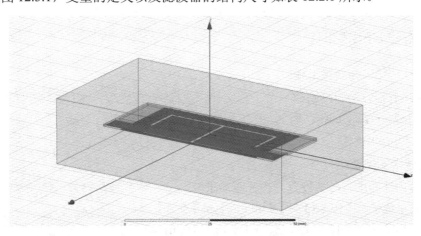

图 12.3.1　全可调滤波器 HFSS 设计模型

全可调滤波器的 HFSS 设计模型如图 12.3.1 所示。底层金属片的中心位于坐标原点，滤波器腔体的长和宽分别平行于 Y 轴和 X 轴，滤波器的整体外形尺寸为 60 mm × 24 mm。滤波器由三层金属层和两层介质层组成，金属化通孔贯穿上下两层金属层。在原始腔体上下层容性耦合的基础上，腔体间同样采用缝隙耦合。为了提高滤波器的带外选择性，在源与负载间引入宽度为 d4 的缝隙实现耦合。为了实现该滤波器的中心频率、零点、带宽等指标的可调，引入图 12.2.1(a)中所示的 C1、C2、C3 共五个变容二极管。变容二极管采用 SMV2020-079 型号，SMA 接头与源和负载相连，采用直流稳压电源供电的方式改变加载于变容二极管两端的电压，从而改变电容值，实现 DFQMSIW 滤波器的全可调。采用同轴馈线在滤波器两端实现馈电，馈电的激励方式设置为集总端口激励，端口归一化阻抗为 50 Ω。

使用 HFSS 分析设计滤波器一类的辐射问题，在模型建好之后，用户还必须设置辐射边界条件。辐射边界表面距离辐射源通常需要大于 1/4 波长，1 GHz 时自由空间中 1/4 波长约为 75 mm。这里，首先创建一个长方体模型，并设置各个表面和全可调滤波器模型之间的距离，然后把长方体模型的所有表面边界都设置为辐射边界。

12.3.2 HFSS 设计环境概述

(1) 求解类型：模式驱动求解。

(2) 建模操作：

模型原型：圆柱体、长方体、矩形面。

模型操作：相减操作、合并操作。

(3) 边界条件和激励：

边界条件：理想导体边界条件、辐射边界条件

端口激励：集总端口激励

(4) 求解设置：

求解频率：1 GHz。

扫频设置：快速扫频，频率范围 4.5～5.5 GHz。

(5) 数据后处理：插入损耗 S_{11}、回波损耗 S_{21}、电场分布图。

下面详细介绍具体的设计操作和完整的设计过程。

12.3.3 新建 HFSS 工程

1. 运行 HFSS 并新建工程

HFSS 运行后，会自动新建一个工程文件，选择主
菜单栏【File】→【Save As】命令，把工程文件另存为
DFQMSIW Filter.hfss。

2. 设置求解类型

把当前设计的求解类型设置为模式驱动求解。

从主菜单栏选择【HFSS】→【Solution Type】命令，
打开如图 12.3.2 所示的对话框，选中 Driven Modal，
Network Analysis，然后单击【OK】完成设置。

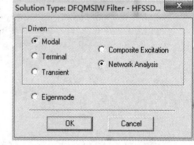

图 12.3.2　设置模式驱动类型

12.3.4 创建全可调滤波器模型

1. 设置默认的长度单位

设置当前设计在创建模型时所使用的默认长度单
位为 mm。从主菜单栏中选择【Modeler】→【Units】
命令，打开如图 12.3.3 所示的对话框，Select units 项
后面选择 mm，然后单击【OK】完成设置。

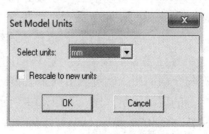

图 12.3.3　设置默认长度单位

2. 添加和定义设计变量

在 HFSS 中定义和添加表 12.2.1 列出的所有设计变量。从主菜单栏中选择【HFSS】→
【Design Properties】命令，如图 12.3.4 所示。打开设计属性对话框，单击对话框中的【Add…】
按钮，打开 Add Property 对话框，如图 12.3.5 所示。在该对话框中，Name 项输入第一个
变量名称 L1，Value 项输入该变量的初始值 60 mm，然后单击【Add…】按钮添加变量 L1
到设计属性对话框中，点击【OK】完成创建。

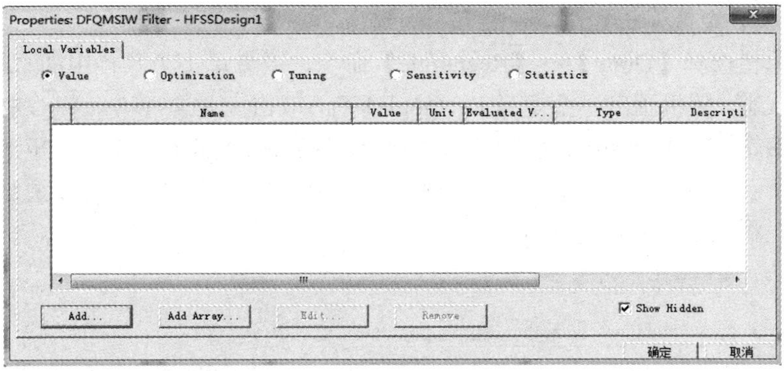

图 12.3.4　定义变量

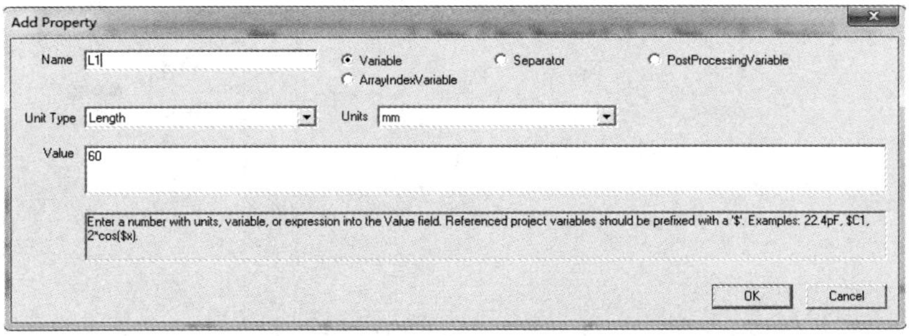

图 12.3.5　增加变量

使用相同的操作步骤，分别定义表 12.2.1 中的变量，定义完成后，确认设计属性对话框如图 12.3.6 所示。最后，单击【确定】完成所有变量的定义和添加工作，退出对话框。

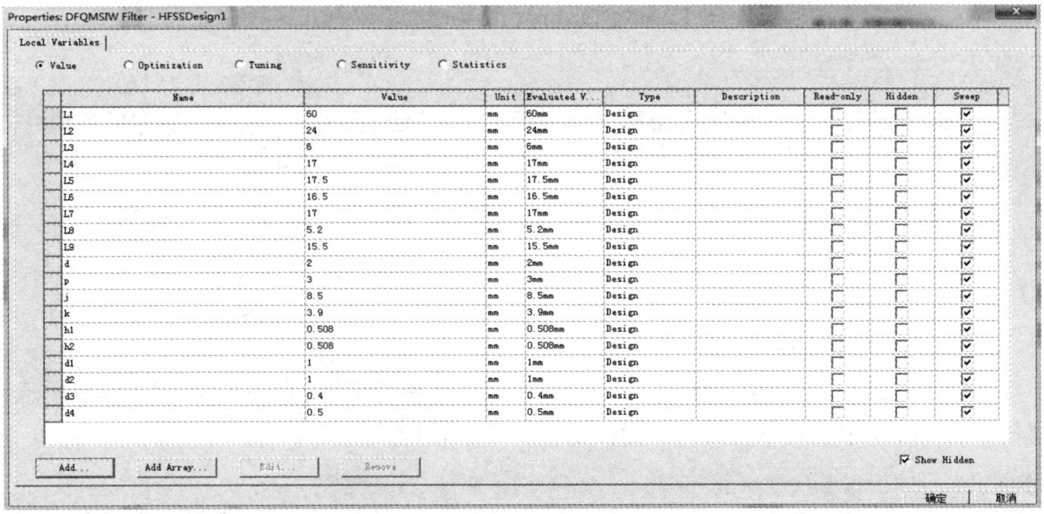

图 12.3.6　变量定义后设计属性框

3. 创建全可调滤波器金属层模型

滤波器由三层金属层和两层介质层组成，首先平行于 XOY 面创建该全可调滤波器的三层金属层。

1) 创建上层金属层

从主菜单栏选择【Draw】→【Rectangle】命令，或者单击工具栏中的 □ 按钮，进入创建矩形的状态，随机画出一个矩形 Rectangle1 后，双击 CreateRectangle 按钮，对该矩形尺寸进行编辑，其中 Position 栏为矩形的起点，XSize、YSize 分别表示矩形的长和宽，如图 12.3.7 所示，点击【确认】按钮，创建上层金属层。为了便于理解模型结构，在左侧模型的特征栏将该矩形命名为 Top。

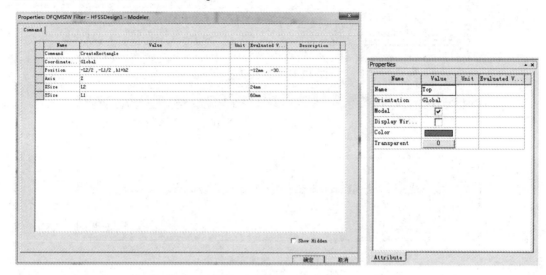

图 12.3.7　创建上层金属层

2) 创建下层金属层

采用同样的方法创建如图 12.3.8 所示的矩形 Rectangle2，并将其命名为 Bottom。

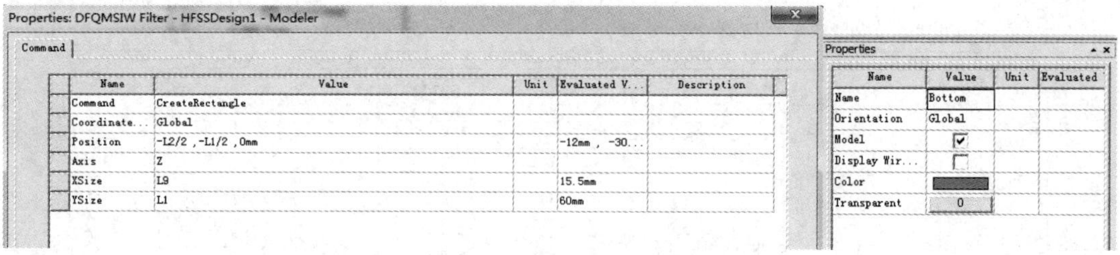

图 12.3.8　创建下层金属层

3) 创建中间金属层

利用相同的创建矩形的操作方法，创建中间层完整的矩形 Middle，如图 12.3.9 所示。再依据表 12.2.1 中的具体参数，作如图 12.3.10 所示的各种矩形。

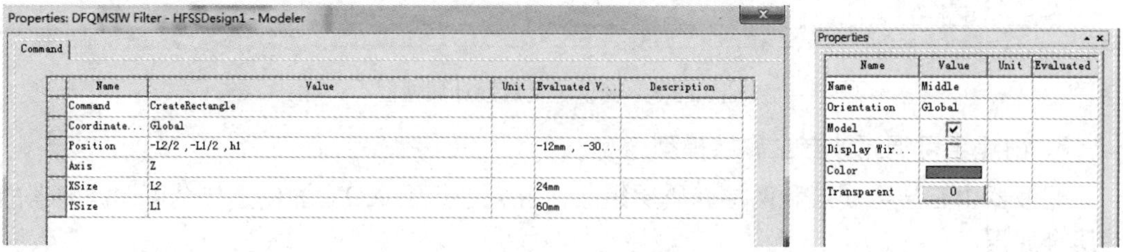

图 12.3.9　创建中间金属层

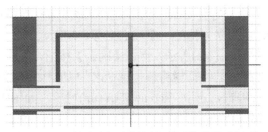

图 12.3.10　创建中间金属层上需要裁剪的小矩形

选中中间金属层 Middle 和所作各种矩形，从主菜单栏选择【Modeler】→【Boolean】
→【Subtract】命令，或者单击工具栏中的 ⊡ 按钮，如图 12.3.11(a)所示，点击【OK】将
各矩形从中间金属层中裁剪。最后，得到如图 12.3.11(b)所示的中间金属层模型。

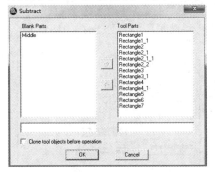

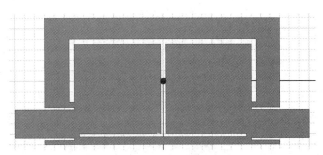

(a) Subtract 对话框　　　　　　　　　(b) 中间金属层模型

图 12.3.11　裁剪过程

至此，完成了三层金属层的创建。选中三层金属层，并从主菜单栏中选择【HFSS】
→【Boudaries】→【Assign】→【Perfect E】命令，将创建的三层金属层设置为理想导体
类型，如图 12.3.12 所示，点击【OK】完成设置。

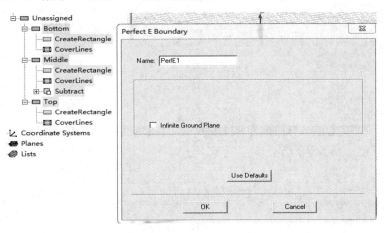

图 12.3.12　设置理想边界

4. 创建全可调滤波器基质层及金属化通孔

1) 创建上层介质层

从主菜单栏选择【Draw】→【Box】命令，或者单击工具栏中的 ⬡ 按钮，进入创建立

方体的状态。随机画出一个立方体 Box1 后，双击 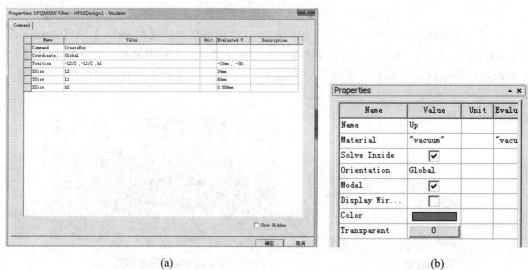 CreateBox 按钮，对该立方体尺寸进行编辑。其中，Position 栏为立方体的一个端点坐标，XSize、YSize 和 ZSize 分别表示立方体的长、宽和高，如图 12.3.13(a)所示，点击【确认】按钮，完成上层介质层的创建。为了便于理解模型结构，在模型的特征栏将该矩形命名为 Up，如图 12.3.13(b)所示在 Material 栏对该金属层的介质进行编辑，选取 Taconic TLY(tm)材质，如图 12.3.13(c)所示，然后点击【确定】。

(a)　　　　　　　　　　　　　　　　(b)

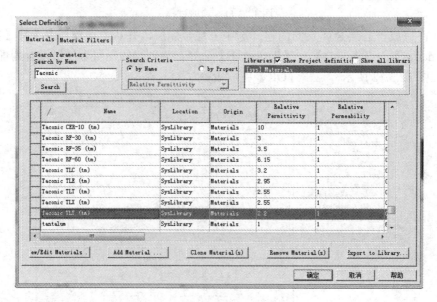

(c)

图 12.3.13　创建上层介质层

2) 创建下层介质层

采用同样的方法创建下层立方体，如图 12.3.14 所示，在 Properties 栏将下层介质命名为 Low，并将其编辑成 Taconic TLY(tm)材质。

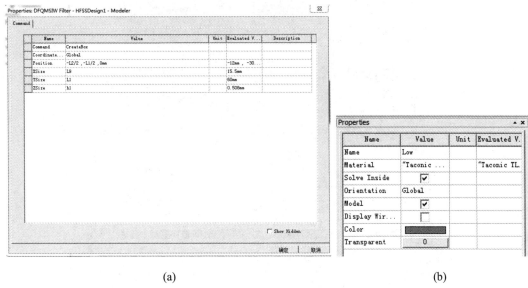

(a)   (b)

图 12.3.14　创建下层介质层

3) 创建基片集成波导金属化通孔

从主菜单栏选择【Draw】→【Cylinder】命令，或者单击工具栏中的 按钮，进入创建圆柱体的状态。随机画出一个圆柱体 Cylinder1 后，双击 CreateCylinder 按钮，对该圆柱体尺寸进行编辑。其中，Center Position 栏为圆柱体底面圆心的坐标，Radius 为圆柱体底面半径，Height 为圆柱体高度，如图 12.3.15 所示。然后点击【确认】按钮。

利用工具栏中的沿线复制功能，选中 Cylinder1 后单击 按钮，以(0, 0, 0)为参考，将 Cylinder1 沿 y 轴方向平移 3 mm 复制，复制 8 个，如图 12.3.16 所示。利用相同的方法创建该滤波器中所有的金属化通孔，如图 12.3.17 所示。选取所有创建的圆柱体，在 Material 栏对该金属层的介质进行编辑，选取 Pec 材质，点击【确定】按钮。

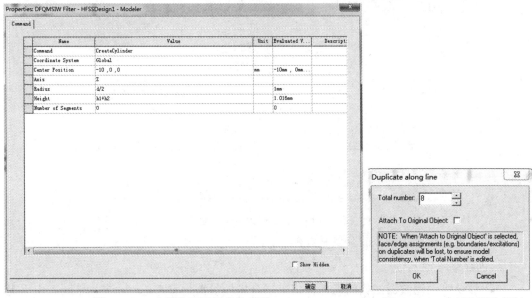

图 12.3.15　金属化通孔圆柱体模型   图 12.3.16　金属化通孔复制

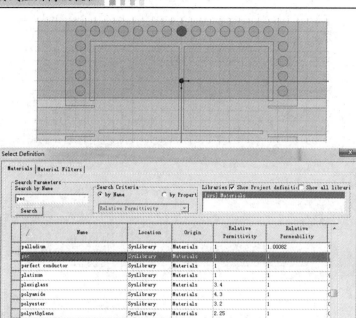

图 12.3.17　金属化通孔创建

由于基片集成波导的结构要求通孔金属化，因此将所建模型进行裁剪，如图 12.3.18 所示，在三层金属层和两层介质层中减去所有金属圆柱体，从而创建完成金属化通孔。

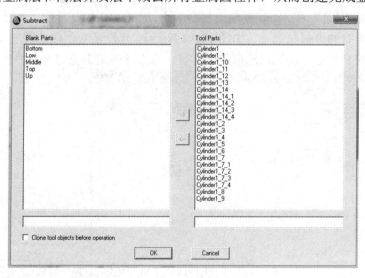

图 12.3.18　裁剪得到金属化通孔

至此，就创建好了完整的介质基片模型。

5. 创建参考地

出于该全可调滤波器结构的考虑，将上层金属板设置为参考地，命名为 Top。由于上层金属面为金属材质，在上面已经将其设置为 PerfE1 材质，此处无须再进行额外设定。

6. 创建集总参数馈电

在中间金属层的两端，创建馈电结构，仿真过程中，馈电结构处在 XOZ 面，因此在绘制矩形过程中，将坐标改成 XOZ 面。而后调用绘制矩形工具 ▫，在中间金属层与上层金属层间绘制矩形馈电结构，分别命名为 Port 1 和 Port 2，如图 12.3.19 所示。

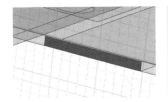

Name	Value	Unit	Evaluated V...	Description
Command	CreateRectangle			
Coordinate...	Global			
Position	10.8 ,-30 ,0.508	mm	10.8mm , -3...	
Axis	Y			
XSize	-5.4	mm	-5.4mm	
ZSize	0.508	mm	0.508mm	

(a) Port 1

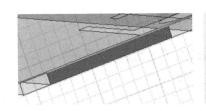

Name	Value	Unit	Evaluated V...	Description
Command	CreateRectangle			
Coordinate...	Global			
Position	10.8 ,30 ,0.508	mm	10.8mm , 30...	
Axis	Y			
XSize	-5.406	mm	-5.406mm	
ZSize	0.508	mm	0.508mm	

(b) Port 2

图 12.3.19　创建馈电结构

选中两个馈电端口 Port 1 和 Port 2，从主菜单栏选择【HFSS】→【Boudaries】→【Assign】→【Perfect E】命令，将创建的馈电端口设置为理想导体类型 PerfE2，点击【OK】按钮完成设置，如图 12.3.20 所示。

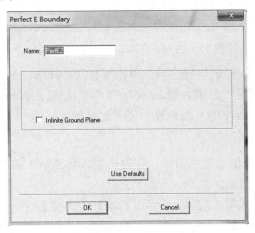

图 12.3.20　设置理想边界

7. 设置边界条件和激励

全可调滤波器的三层金属层和馈电端口都是导体。因此都需设置成理想导体边界，即 PerfE1 和 PerfE2。在 HFSS 中辐射边界表面距离辐射体通常需要不小于 1/4 工作波长，1 GHz 工作频率下 1/4 波长即为 75 mm。这里，首先创建一个长方体模型，长方体模型各个表面和全可调滤波器模型各个表面的距离都要大于 1/4 工作波长；然后将该长方体模型的表面设置为辐射边界。具体操作步骤如下所述。

(1) 从主菜单栏选择【Draw】→【Box】命令，或者单击工具栏中的  按钮，进入创建长方体的状态。在三维模型窗口创建一个任意大小的长方体，新建的长方体就会添加到操作历史树的 Solids 节点下。然后，在属性窗口将 Name 改为 AirBox，设置其透明度为 0.6，材质为 air，如图 12.3.21 所示。

(2) 单击操作历史树 AirBox 节点下的 CreateBox，在左下角弹出的属性窗口 Command 中设置长方体的顶点坐标和大小尺寸；在 Position 项输入顶点坐标(-90, -110, -80)，在 XSize、YSize 和 ZSize 项分别输入长方体的长、宽和高为 180、220 和 160，如图 12.3.22 所示。

图 12.3.21 长方体属性 Attribute 窗口

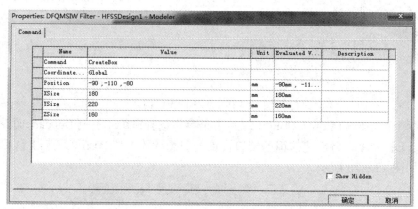

图 12.3.22 长方体属性 Command 窗口

(3) 长方体模型 AirBox 创建好之后，单击操作历史树 Solids 节点下的 AirBox，选中该模型；然后在三维模型窗口单击右键，从弹出菜单中选择【Assign Boundary】→【Radiation】命令，把长方体模型 AirBox 的表面设置为辐射边界条件。

8. 设置端口激励

在模型仿真中，使用集总端口激励。在设计中，将 Port 1 和 Port 2 面设置为集总端口激励，端口阻抗设置为 50 Ω。

(1) 选中 Port 1 面，再单击右键，从弹出的菜单中选择【Assign Excitation】→【Lumped Port】命令，打开如图 12.3.23 所示的集总端口设置对话框。在该对话框中，Name 项输入端口名称 Port 1，Full Port Impedance 项保留默认的 50 ohm 不变，单击【下一步】按钮；

(2) 在 Modes 界面，单击 Integration Line 项的 none，从下拉列表中单击 New Line...，进入三维模型窗口设置积分线，沿馈电矩形面绘制如图 12.3.24 所示的积分线。而后回到 Modes 界面，Integration Line 项由 none 变成 Defined，再次单击【下一步】按钮，在 Post Processing 界面选中 Renormalized All Modes 单选按钮，并设置 Full Port Impedance 项为 50 ohm。

(3) 单击【完成】按钮完成集总端口激励方式的设置。

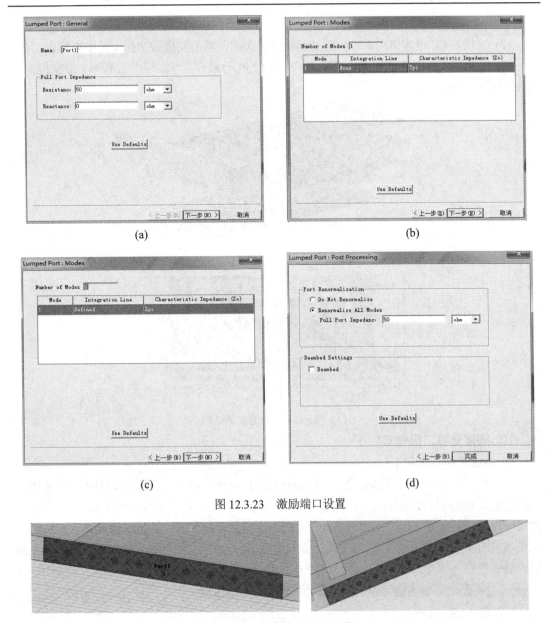

(a)　　　　　　　　　　　　　　　　　　　(b)

(c)　　　　　　　　　　　　　　　　　　　(d)

图 12.3.23　激励端口设置

图 12.3.24　激励端口积分线

设置完成后，集总端口激励的名称 port 1、port 2 会添加到工程树的 Excitations 节点下。至此，基片集成波导滤波器的结构已构造完成。

9. 创建可调结构

在滤波器整体结构图的基础上，通过理论分析进行实验仿真，该模型采用一种变容二极管电调的原理作为滤波器可调的实现方式。如图 12.3.25 所示，在中间金属层的五个位置焊接变容二极管，通过外加电压改变二极管的电容值，从而引起滤波器中心频率、带宽、零点等多个参数的可调。分析结果表明：

(1) 二极管 C1、C2 电容值的大小共同决定滤波器腔体间的耦合，当 C1 增大、C2 减小时，该滤波器能够实现中心频率恒定的带宽可调。

（2）二极管 C2 电容值的大小影响腔体的谐振频率，从而实现带宽恒定的中心频率可调。

（3）二极管 C3 电容值的大小影响源与负载之间的耦合，可实现中心频率、带宽恒定情况下的零点可调。

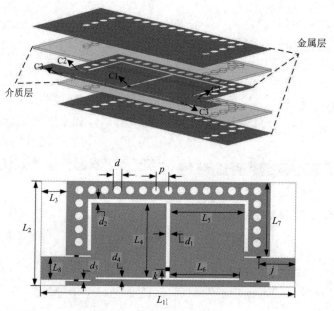

图 12.3.25　全可调滤波器结构

10. 构建变容二极管 C1

1）创建变容二极管 C1

（1）从主菜单栏选择【Draw】→【Rectangle】命令，或者单击工具栏中的 ▭ 按钮，进入创建矩形的状态，随机画出一个矩形 Rectangle 后，双击 CreateRectangle 按钮，对该矩形尺寸进行编辑。其中，Position 栏为矩形的起点，XSize、YSize 分别表示矩形的长和宽，如图 12.3.26(a)所示，点击【确认】创建变容二极管。为了便于理解模型结构，在模型的特征栏中将该矩形变容二极管命名为 1，如图 12.3.26(b)所示。

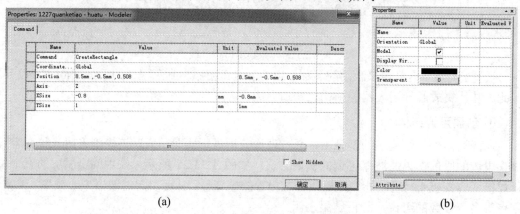

(a)　　　　　　　　　　　　　　　　(b)

图 12.3.26　创建变容二极管模型

（2）选中变容二极管 1 如图 12.3.27(a)所示，单击右键，从弹出的菜单中选择【Assign

Excitation】→【Lumped RLC】命令，打开如图 12.3.27(b)所示的设置对话框。在该对话框中，Name 项输入端口名称 LumpRLC1，电容值 Capacitance 设定为 0.1 pF。

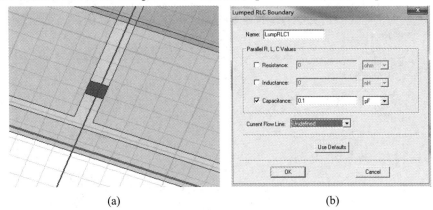

(a)　　　　　　　　　　　　　　　　(b)

图 12.3.27　设置电容值

(3) 如图 12.3.28(a)所示，在 Current Flow Line 栏选择 New Line，绘制如图 12.3.28(b)所示的积分线，然后点击【OK】按钮完成设定。

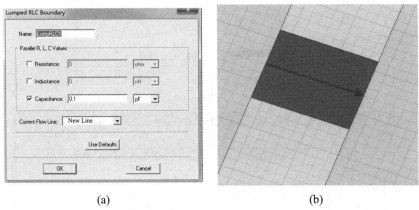

(a)　　　　　　　　　　　　　　　　(b)

图 12.3.28　绘制积分线

至此，变容二极管 C1 的创建及设定完成，为了便于在仿真过程中改变变容二极管的电容值大小，在工作区 Project 栏中选择【Boundaries】→【Lump RLC1】命令，可以对变容二极管的电容值大小进行随机设定，如图 12.3.29 所示。

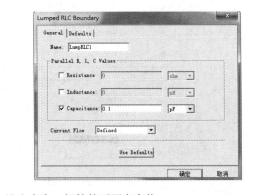

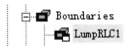

图 12.3.29　设定变容二极管的不同电容值

2) 构建变容二极管 C2、C3

采用相同的方法，依据设计尺寸构建变容二极管 C2、C3，具体参数如图 12.3.30 所示。

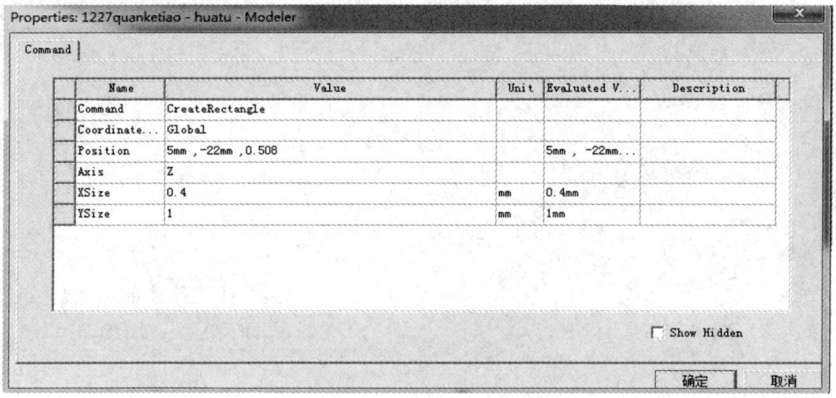

(a)

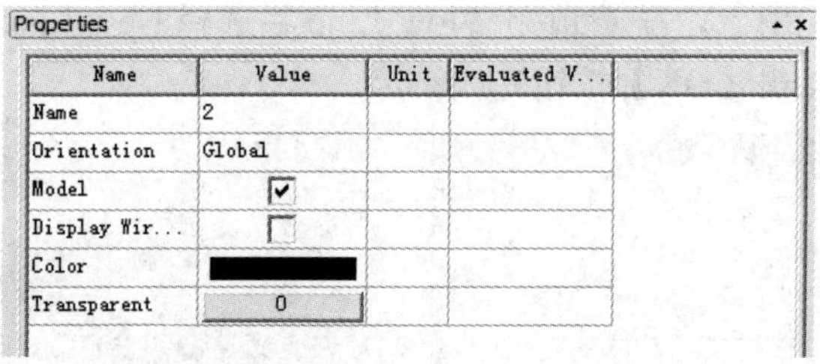

(b)

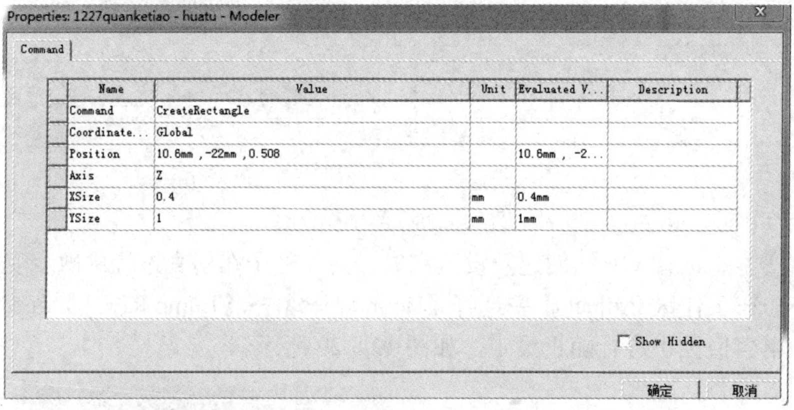

(c)

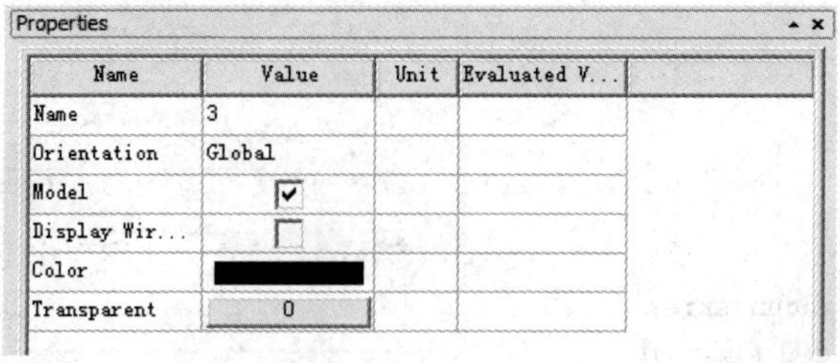

(d)

图 12.3.30 创建变容二极管 C2、C3

由设计结构可知，C2、C3 分别有两个，可调用工具栏中 ⫴ 镜像重复功能对其进行对称复制。然后，利用同样的电容值设定方法，对 C2、C3 的电容值进行设定。

最终，完成如图 12.3.31 所示的 C1、C2、C3 共五个变容二极管的创建。

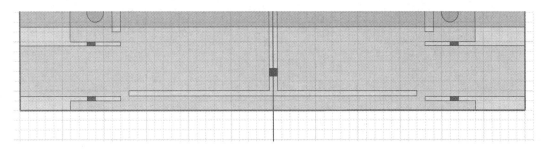

图 12.3.31　可调结构

11. 求解设置

双重折叠四分之一模全可调滤波器的工作频率约为 1 GHz，所以求解频率设置为 5 GHz。同时，添加 0.1～2 GHz 的扫频设置，选择快速(Fast)扫频类型，分析滤波器在扫频范围内的传输曲线，重点分析 S_{11} 和 S_{21}。

1) 求解频率和网格剖分设置

设置求解频率为 1 GHz，自适应网格剖分的最大迭代次数为 6，收敛误差为 0.02。

右键单击工程树下的 Analysis 节点，从弹出菜单中选择【Add Solution Setup】命令，或者单击工具栏中的 ⌀ 按钮，打开 Solution Setup 对话框。在该对话框中，Solution Frequency 项输入求解频率 1 GHz，Maximum Number of Passes 项输入最大迭代次数 6，Max Delta S 项输入收敛误差 0.02，其他项保留默认设置不变，如图 12.3.32 所示。然后单击【确定】，退出对话框，完成求解设置。

设置完成后，求解设置项的名称 Setup1 会添加到工程树下的 Analysis 节点下。

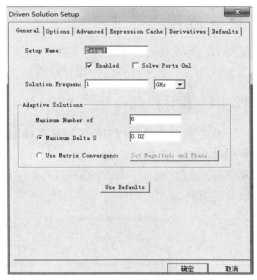

图 12.3.32　求解设置

2) 扫频设置

扫频类型选择快速扫频，扫频的频率范围为 0.1～2 GHz，频率步进为 0.01 GHz。

展开工程树下的 Analysis 节点，右键单击求解设置项 Setup1，从弹出的菜单中选择【Add Frequency Sweep】命令，或者单击工具栏中的 ⌒ 按钮，打开 Edit Sweep 对话框，如图 12.3.33 所示。在对话框中，Sweep Type 项选择扫描类型为 Fast，在 Frequency Setup 栏中的 Type 项选择 LinearStep，Start 项输入 0.1 GHz，Stop 项输入 2 GHz，Step 项输入 0.01 GHz，其他项都保留默认设置不变。最后单击【确定】按钮完成设置，退出对话框。

设置完成后，该扫频设置项的名称 Sweep 会添加到工程树中求解设置项 Setup1 下。

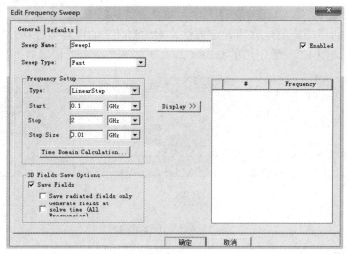

图 12.3.33　扫频设置

12.4　仿真结果的分析与讨论

通过前面的操作，我们已经完成了模型创建、添加边界条件和端口激励，以及求解设置等 HFSS 设计的前期工作，接下来就可以运行仿真计算，并查看分析结果了。在运行仿真计算之前，通常需要进行设计检查。检查设计的完整性和正确性。

12.4.1　设计检查

从主菜单栏选择【HFSS】→【Validation】命令，或者单击工具栏中的 按钮，进行设计检查。此时，会弹出如图 12.4.1 所示的检查结果显示对话框，该对话框中的每一项都显示 √ 图标，表示当前的 HFSS 设计正确、完整。然后单击【Close】关闭对话框，运行仿真计算。

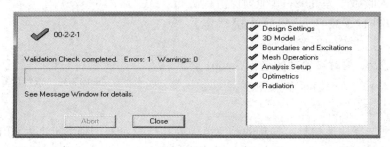

图 12.4.1　检查结果显示对话框

12.4.2　运行仿真分析

右键单击工程树 Analysis 节点下的求解设置项 Setup1，从弹出菜单中选择【Analyze】命令，或者单击工具栏中的 按钮，进行运算仿真。

整个仿真计算持续数分钟即可完成。在仿真计算的过程中，进度条窗口会显示求解进度，在仿真计算完成后，信息管理窗口会给出完成的提示信息。

12.4.3　查看滤波器的传输特性曲线

使用 HFSS 的数据后处理模块，查看全可调滤波器的扫频分析结果。

右键单击工程树下的 Results 节点，从弹出菜单中选择【Create Modal Solution Data Report】→【Rectangular Plot】命令，打开报告设置对话框。在该对话框中，Solution 项选择 Setup1:Sweep，在 Category 栏选中 S Parameter，在 Quantity 栏按住 Ctrl 键同时选择 S(1,1) 和 S(2,1)，Function 栏选择单位 dB，如图 12.4.2 所示。然后单击【New Report】按钮，再单击【Close】关闭对话框。此时，生成如图 12.4.3 所示的滤波器 S11 和 S21 在 0.1～2 GHz 的扫频范围内的传输曲线。

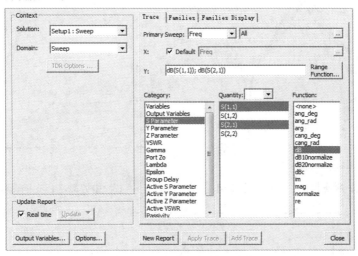

图 12.4.2　查看运行结果设定

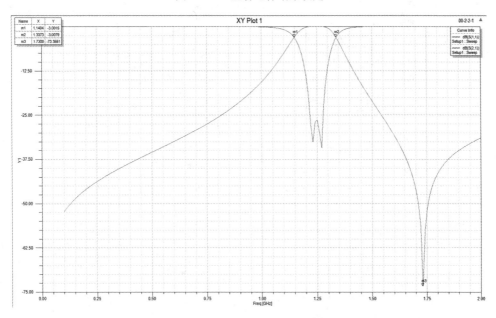

图 12.4.3　滤波器传输曲线

从分析结果中可以看出设计的滤波器的谐振频率在 1 GHz 附近，插入损耗小于 −0.06 dB，回波损耗大于 −25 dB。

12.4.4 滤波器全可调功能的仿真实现

全可调滤波器的仿真实现就是在已有结构的基础上，通过改变不同位置变容二极管 C1、C2、C3 的电容值的大小来实现滤波器多个指标的可调，电容值的变化方法已在 12.3 节中作了介绍。通过电容值的变化仿真，得出如图 12.4.4 所示的全可调滤波器的 S21 传输曲线。

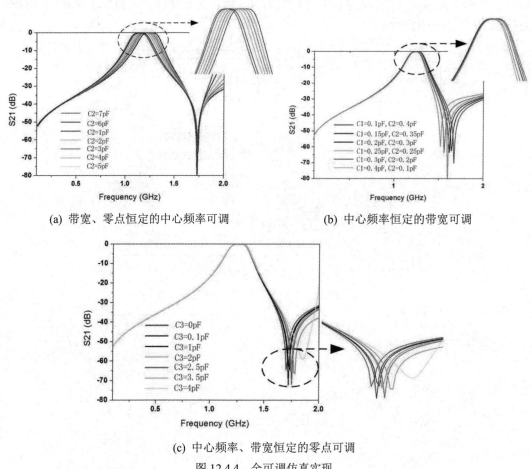

(a) 带宽、零点恒定的中心频率可调　　　　(b) 中心频率恒定的带宽可调

(c) 中心频率、带宽恒定的零点可调

图 12.4.4　全可调仿真实现

至此，双重折叠四分之一模全可调滤波器的 HFSS 软件仿真已全部实现。

ANSYS HFSS

联合仿真、优化篇

第13章 ANSYS HFSS 与 Python 的联合仿真

本章通过一个简单的微带天线的编程实现，详细讲解了如何利用 Python 和 HFSS 进行联合仿真。在 Python 和 HFSS 之间建立好接口以后，依次讲述并演示利用 Python 编程语言实现在 HFSS 软件中定义和使用变量、创建微带天线模型、设置边界条件和端口激励、设置求解分析项、参数扫描分析和查看天线分析结果等操作。

希望通过本章的学习，读者能够在设计分析天线问题时，熟悉和掌握 Python 和 HFSS 的联合仿真。在本章，读者可以学到以下内容：

➢ 如何在 Python 和 HFSS 软件之间建立接口。
➢ 如何通过 Python 编程创建模型。
➢ 如何通过 Python 编程设置边界条件和激励。
➢ 如何通过 Python 编程设置求解分析。
➢ 如何通过 Python 编程进行数据后处理。

13.1 研 究 背 景

在 HFSS 中，直接手工设计参数繁多、结构复杂的模型是一项工作量极大的工程，而采用程序化建模的方式可以大大降低工作量，尤其是存在对称结构、重复结构和阵列结构等情况下，编程建模的优势体现得更加明显。仿真优化是天线设计中的关键环节，人为根据仿真结果修改参数扫描范围费时费力，最后得到的效果也不尽如人意，而利用已有的优化算法，实现参数的自动化优化，可以更加快捷地实现目标指标。

目前，在进行程序化建模时 MATLAB 是多数人使用的工具，但从长远来看 Python 才是更好的联合仿真之选，原因如下：

(1) MATLAB 循环运算效率低。MATLAB 中所有变量形式均为向量形式，对于向量中的单个元素，或是将向量作为单个循环变量来处理时，处理过程相当复杂。而 Python 是面向对象的语言，具有简洁严谨、编写迅速、运算高效的特点，避免了不成熟、未优化的运算，处理过程简单。

(2) MATLAB 占用空间大，不利于与 HFSS 并行作业。MATLAB 作为一个科学计算软件，实际占用内存空间大，安装过程比 Python 复杂，且运行时占用内存大，这会使仿真的流畅度大打折扣。而 Python 自带的 IDLE 和第三方开发工具均占用较小内存，仿真时不会影响 HFSS 的运行速度。

(3) MATLAB 中适用于 HFSS 的工具箱不足。MATLAB 作为三大数学软件之一，虽然在数值运算方面首屈一指，但其适用于 HFSS 的工具箱严重不足，学者在进行联合仿真时很难快速上手。而 Python 是目前最接近人类自然语言的通用编程语言，比其他编程语言门槛低、学习时更容易上手。此外，Python 语言及其众多扩展库所构成的开发环境具有得天独厚的优势，在工程计算、数据处理和制作图表上应用广泛，十分适合与 HFSS 进行联合仿真。

(4) MATLAB 面临更大的禁用风险。MATLAB 是由美国 MathWorks 公司开发的，受美国商务部限制，部分高校已被列入禁用名单，未来还可能有更多的高校、研究机构被列入禁用名单。而 Python 自 1989 年问世以来，始终是免费、开源的，用户可在官网上下载安装包及其绝大部分的扩展库，且不会面临被禁用的风险。

13.2　研究方法

Python 是 1989 年由荷兰人 Guido van Rossum 发明的一种面向对象的解释型高级编程语言，常见的函数、模块、数字、字符串等都是它处理的对象。Python 的设计要求明确、简单、直白。最初，它被设计人员用于编写自动化脚本，随着其版本的不断更新和语言新功能的陆续添加，它的应用领域日益广泛，逐渐成为编程人员编写程序时的理想选择。

Python 语言具有下列特点：

(1) 简单性。Python 语言的代码简洁、设计严谨、易于阅读，内置保留字也比较少。尽管 Python 没有 C 或 C++ 这类编译型语言运行得那么快，但 Python 无须关注数据类型、内存溢出和边界检查等问题。此外，与 C 语言不同的是，它不包含分号等标记，是通过使用空格或制表缩进的方式进行代码分隔的，简化了编程的过程。

(2) 面向对象性。面向对象程序设计可以大大简化结构化程序设计，使设计过程更贴近现实生活，编写程序的过程就如同说话办事一样简单。

(3) 可扩展性。Python 语言是在 C 语言的基础上开发的，因此可以使用 C 语言来扩展 Python 语言。非线性有限元分析软件 ABAQUS 就是在 Python 语言的基础上，扩展了自己的模块。同样，Python 语言也可以嵌入到 C 语言中，使程序具有脚本语言的特性。

(4) 跨平台性。使用 Python 语言编写的应用程序可以在其他不同的操作系统下运行。

(5) 动态性。在 Python 语言中，直接赋值后就可以直接创建一个新的变量，而不需要单独声明，这与 JavaScript、Perl 等语言类似。因此，使用 Python 可以节约大量编写代码的时间。

(6) 内置的数据结构。Python 语言中提供了一些内置的数据结构，如元组、列表、字典等。这些设置的数据结构可以简化程序设计。

本章后续内容将以传统的微带天线为例，将 Python 语言与 HFSS 相结合，给出利用 Python 创建微带天线的完整的代码和详细的建模流程。

13.3　Python 建模仿真流程

13.3.1　建立 Python 与 HFSS 的连接口

应用程序编程接口(Application Programming Interface，API)，是一系列基于某些编程

规则预先定义的函数模块，目的是提供使用频率高、结构复杂多样的程序模块，其功能包括远程过程调用(RPC)、标准语言查询(SQL)、文件传输和信息交付。API 可为应用程序或者开发人员提供基于某类软件或硬件实现特殊功能的能力，且此过程不需要访问源码，也不需要理解程序内部工作机制的细节。在建立 Python 与 HFSS 连接口时就使用了 API。

  建立 Python 与 HFSS 的连接口也就是实现用 API 脚本打开 HFSS 软件，在 HFSS 的帮助文档中给出函数名、参数值、返回值以及一个实例。

  这个返回值 oAnsoftApp 就是后面进行一系列操作要使用的对象，所有的操作的形式如下：

oAnsoftApp.<CommandName>

Python 中编写了一个接口函数把这个函数封装在里面。

import hycohanz as hfss

[oAnsoftApp, oDesktop] = hfss.setup_interface()

  此函数专门用来连接接口，返回值中的 oDesktop 就是生成的对象。这样 Python 与 HFSS 的连接口就建立完毕了。

  通常，使用 Python 与 HFSS 联合仿真时，我们会预先在 IDLE(Python 自带的开发工具)或第三方开发工具中完成建模脚本的编写，而后在 HFSS 的菜单栏中单击【Tools】→【Run Script】命令，如图 13.3.1(a)所示。在弹出的窗口中选择文件类型为".py"，并单击 Python 脚本文件"microstrip antenna"，这样就可以在 HFSS 中建立仿真模型，界面设置如图 13.3.1(b)所示。

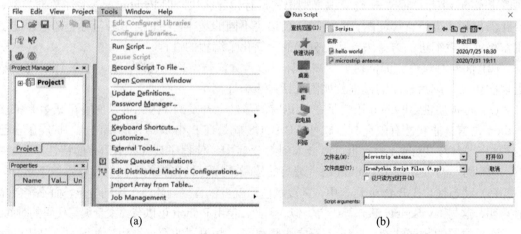

(a)   (b)

图 13.3.1　建模工程创建

  在本节之后的内容中，为了便于读者们理解掌握，我们将逐步给出代码和每段代码在 HFSS 中运行后的结果。

13.3.2　创建微带天线模型

1. 新建 HFSS 工程

  在生成的 oDesktop 对象中新建了一个 project，使用时直接通过接口调用即可。之后的操作都在这个 project 中，所以下面操作的对象是 oProject。代码如下：

```
oProject = hfss.new_project(oDesktop)
```

HFSS 是传统的基于有限元法的求解器，求解器有四种类型：模式驱动求解模式 (Driven Modal)、终端驱动求解模式(Driven Terminal)、本征模求解类型(Eigenmode)和瞬态求解类型(Transient)。在本次设计中，我们选择模式驱动求解类型。代码如下：

```
oDesign = hfss.insert_design(oProject, "HFSSDesign1", "DrivenModal")
```

按下 Enter 键后，HFSS 将创建 3D 模型。代码如下：

```
input('Press "Enter" to set the active editor to "3D Modeler" (The default and only known correct value).>')
oEditor = hfss.set_active_editor(oDesign)
```

利用 Python 建模与手工建模一样，新建文件后需要先保存，避免生成无效临时文件或造成模型丢失。在编写代码时，应提前建好目标文件夹，然后在代码中输入保存路径。代码如下：

```
hfss.save_as_project(oDesktop,"E:/dj/test/microstrip_antenna.hfss")
```

2. 设置变量

微带天线是在一块厚度远小于工作波长的介质基板的一面敷以金属辐射片，另一面全部敷以金属薄层作接地板而制成的，简言之，微带天线由介质基板、辐射贴片和参考地组成。在建模过程中，为方便后续参数扫描分析和优化设计，应首先设置变量。

本次仿真建立的微带天线模型的辐射单元由一个辐射贴片、一个 1/4 波长阻抗变换器和一个 50 Ω 微带传输线组成。设 L0 和 W0 为辐射贴片的长和宽，H 为介质基板的高度，W1 为 1/4 波长阻抗变换器的宽，L1 为 1/4 波长阻抗变换器的长，W2 为 50 Ω 微带传输线的宽，L2 为 50 Ω 微带传输线的长，在定义变量时赋初始值，代码如下：

```
hfss.add_property(oDesign, "H", hfss.Expression("1.6 mm"))
hfss.add_property(oDesign, "L0", hfss.Expression("30.21 mm"))
hfss.add_property(oDesign, "W0", hfss.Expression("37.26 mm"))
hfss.add_property(oDesign, "L1", hfss.Expression("17.45 mm"))
hfss.add_property(oDesign, "W1", hfss.Expression("1.16 mm"))
hfss.add_property(oDesign, "L2", hfss.Expression("15 mm"))
hfss.add_property(oDesign, "W2", hfss.Expression("2.98 mm"))
```

3. 创建介质基板

介质基板是创建微带天线的第一部分。在 HFSS 中创建一个长方体模型用以表示介质基板，长方体的底面位于 XOY 平面，中心位于空间坐标原点(0,0,0)，材料使用 FR4_epoxy。将其命名为 substrate，并设置透明度为 0.8，创建好的介质基板如图 13.3.2 所示。创建介质基板的代码如下：

```
input('Press "Enter" to draw a substrate using the properties.>')
substrate = hfss.create_box(
oEditor,
-hfss.Expression("L0"),
-hfss.Expression("W0"),
0,
hfss.Expression("L0")*1.5+ hfss.Expression("L1")+ hfss.Expression("L2"),
```

```
hfss.Expression("W0")*2,

hfss.Expression("H"),

Name = 'substrate',

Transparency = 0.8)

input('"Press "Enter" to change the substrate's material to FR4_epoxy>"')

hfss.assign_material(oEditor, [substrate], MaterialName = "FR4_epoxy ")
```

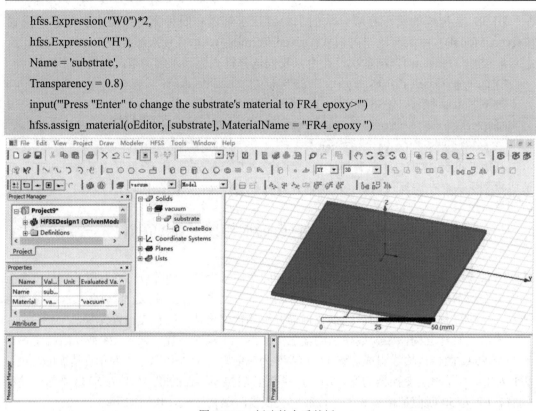

图 13.3.2　创建的介质基板

需要注意的是，Python 不像其他设计语言(比如 Java、C 语言)采用大括号"{ }"分隔代码块，而是采用代码缩进和冒号"："来区分代码之间的层次。所以读者在编程时，应注意代码的缩进格式。

4. 创建辐射贴片

辐射贴片是创建微带天线的第二部分。由于本次设计中我们采用形状为长方形的辐射贴片，所以先在 HFSS 中创建一个长方形。在介质基板的上表面创建一个长方形表示辐射贴片 1，长方形的中心位于 XOY 面的坐标原点。然后，将其命名为patch1，设置透明度为 0.8。创建好的辐射贴片如图 13.3.3 所示。创建辐射贴片的代码如下：

```
input('Press "Enter" to draw three patches>')

patch1 = hfss.create_rectangle(

oEditor,

-hfss.Expression("L0")/2,

-hfss.Expression("W0")/2,

hfss.Expression("H"),

hfss.Expression("L0"),

hfss.Expression("W0 "),

Name = 'patch1',

Transparency = 0.8)
```

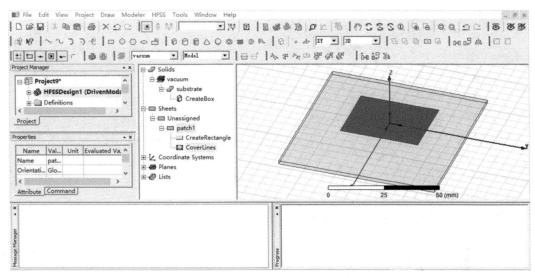

图 13.3.3　创建的辐射贴片

在辐射贴片的中心边缘处创建一个 1/4 波长阻抗变换器和一个 50 Ω 微带传输线，并将其命名为 patch2 和 patch3，设置透明度为 0.8。然后对三个矩形进行合并操作，生成一个完整的辐射贴片，操作界面见图 13.3.4～图 13.3.6。创建 patch2 和 patch3 的代码如下：

```
patch2 = hfss.create_rectangle(
oEditor,
hfss.Expression("L0")/2,
-hfss.Expression("W1")/2,
hfss.Expression("H"),
hfss.Expression("L1"),
hfss.Expression("W1"),
Name='patch2',
Transparency=0.8)
```

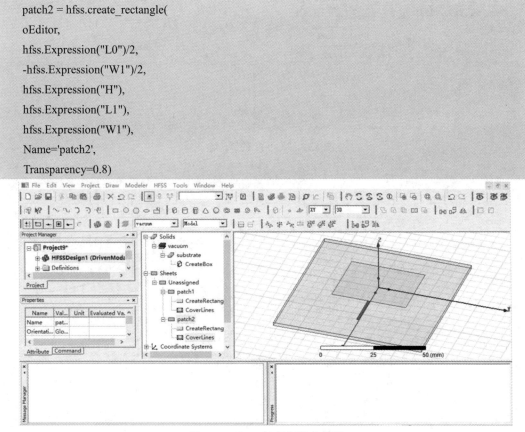

图 13.3.4　1/4 波长阻抗变换器

```
Patch3 = hfss.create_rectangle(
oEditor,
hfss.Expression("L0")/2+ hfss.Expression("L1"),
-hfss.Expression("W2")/2,
hfss.Expression("H"),
hfss.Expression("L2"),
hfss.Expression("W2"),
Name = 'patch3',
Transparency=0.8)
input('Press "Enter" to unite the patches.>')
hfss.unite(oEditor, [patch1, patch2,Patch3])
```

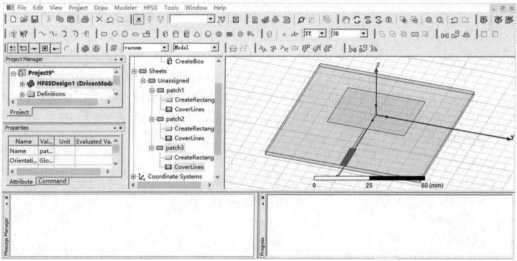

图 13.3.5　50 Ω 微带传输线

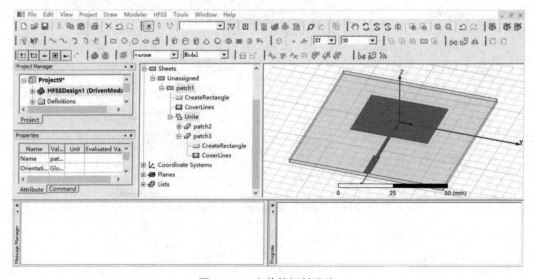

图 13.3.6　完整的辐射贴片

5. 创建波端口矩形贴片

在默认情况下，HFSS 中与背景相接触的物体表面都默认设置为理想导体边界，没有能量可以进出。在模型表面添加波端口激励就是为能量提供了一个可以流进或流出的窗口，为了正确建模，我们需要事先在波端口处添加均匀横截面。本次联合仿真中，在介质基板的侧面创建一个长方形表示矩形贴片，以此作为添加波端口激励的横截面。长方形中心位于介质基板的侧面，将其命名为 port1，透明度设为 0.8。创建的波端口矩形贴片如图 13.3.7 所示。创建 port1 的代码如下：

```
input('Press "Enter" to draw a rectangle named port.>')
port = hfss.create_rectangle(
oEditor,
hfss.Expression("L0")/2+ hfss.Expression("L1")+ hfss.Expression("L2"),
-hfss.Expression("W2")*4,
-hfss.Expression("0"),
hfss.Expression("W2")*8,
hfss.Expression("H")*8,
WhichAxis = 'X',
Name = 'port',
Transparency = 0.8)
```

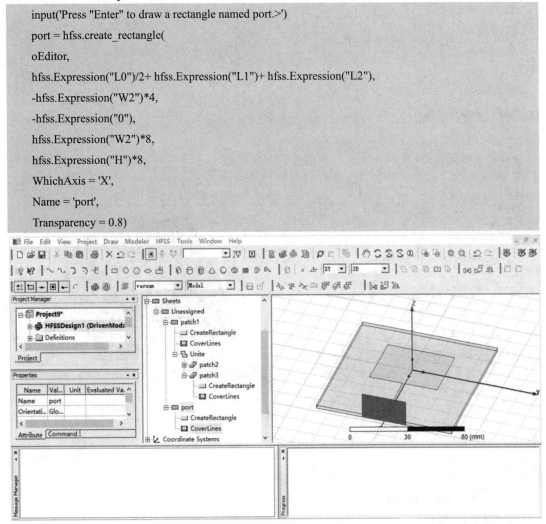

图 13.3.7　创建的波端口矩形贴片

6. 添加空气腔

为保证仿真的准确性，我们需要规定微带天线外侧的辐射边界。在 HFSS 中，辐射边界表面距离辐射体通常需要不小于 1/4 工作波长。本天线的工作频率是 2.45 GHz，在此工作频率下的 1/4 波长即为 31.25 mm。在 HFSS 中创建一个长方体模型表示空气腔，长方体的各个表面与微带天线各个表面的距离都要大于 1/4 个工作波长。然后，将其命名为 air，透明度设为 0.8。创建的空气腔如图 13.3.8 所示。

创建空气腔的代码如下：

```
input('Press "Enter" to draw an air box>')
air = hfss.create_box(
oEditor,
'-45.105 mm',
'-48.63 mm',
0,
'92.66 mm',
'97.26 mm',
'31.6 mm',
Name='air',
Transparency = 0.8)
```

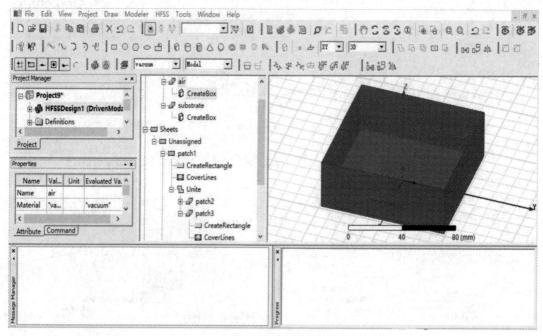

图 13.3.8　创建的空气腔

7. 设置边界条件和激励

1) 设置边界条件

若将参考地 ground 和辐射贴片 patch 设为理想导体边界条件作为微带天线模型，则辐射贴片和参考地都必须是导体。由于在建模时就要考虑理想条件，因此这里把辐射贴片 patch 和参考地 ground 的边界条件设置为理想导体边界，即把 patch 和 ground 看作理想导体表面。

首先将介质基板的底面设为理想导体面，如图 13.3.9 所示，代码如下：

```
input('Press "Enter" to assign a PerfectE boundary condition on the ground.>')
```

```
hfss.assign_perfect_e(oDesign, "PerfectE1", [])
```

然后，采用同样的方式将创建的辐射贴片 patch 设为理想导体面，编码过程与设置参考地的过程类似。代码如下：

```
hfss.assign_perfect_e(oDesign, "PerfectE2", [])
```

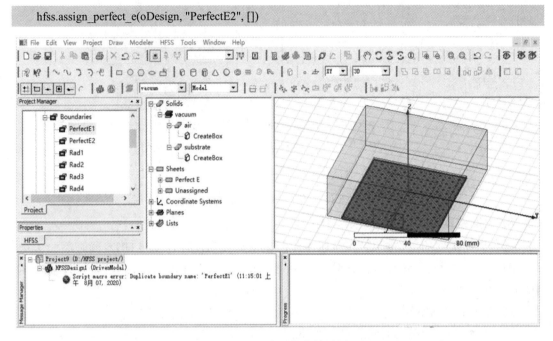

图 13.3.9 边界条件的设置

2) 设置辐射边界条件

对于天线问题的分析，还需要设置辐射边界条件。在这里，将创建的空气腔 air 的 6 个表面设置为辐射边界条件。

设置辐射边界条件的代码如下：

```
hfss.assign_radiation(oDesign, [], Name = 'Rad1')
hfss.assign_radiation(oDesign, [], Name = 'Rad2')
hfss.assign_radiation(oDesign, [], Name = 'Rad3')
hfss.assign_radiation(oDesign, [], Name = 'Rad4')
hfss.assign_radiation(oDesign, [], Name = 'Rad5')
hfss.assign_radiation(oDesign, [], Name = 'Rad6')
```

3) 设置端口激励

由于本次仿真采用波端口激励，需要创建的矩形贴片添加端口激励，这样才能使 HFSS 正常分析计算。模式驱动求解类型下，添加波端口激励，并设置端口名称为 Waveport1。设置好的端口激励如图 13.3.10 所示。

设置端口激励的代码如下：

```
input('Press "Enter" to assign a wave port on the port1.>')
hfss.assign_waveport_multimode(oDesign, 'Waveport1', [])
```

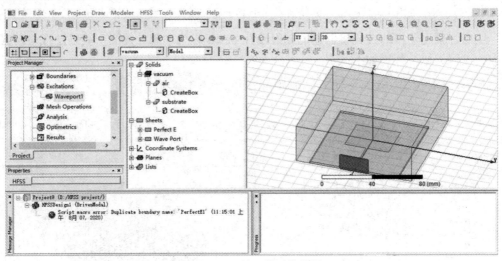

图 13.3.10　端口激励的设置

8. 求解设置

因为微带天线的工作频率为 2.45 GHz，所以求解频率设置为 2.45 GHz；同时添加 1.5～3.5 GHz 的扫频设置，选择快速扫频(fast)类型，分析天线在 1.5～3.5 GHz 频段内的回波损耗和电压驻波比。

1) 设置求解频率

设置求解频率为 2.45 GHz，代码如下：

```
input('Press "Enter" to insert analysis setup.>')
setuplist=[]
setupname = hfss.insert_analysis_setup(oDesign, 2.45)
```

2) 扫频设置

扫频类型选择快速扫频(fast)，扫频频率范围为 1.5～3.5 GHz，频率步进为 0.1 GHz。扫频设置代码如下：

```
setuplist.append(setupname)
raw_input('Press "Enter" to insert frequency sweep.>')
hfss.insert_frequency_sweep(oDesign,
setupname,
"Sweep1",
1.5,
3.5,
0.1,
IsEnabled=True,
SetupType="LinearStep",
Type="Fast",
SaveFields=True,
ExtrapToDC=False)
```

13.4　仿真结果的分析与讨论

经过如前所述的操作，我们已经完成了设置变量、创建模型、添加边界条件和端口激励、设置求解频率和扫频范围等 HFSS 设计的前期工作，接下来就可以运行仿真计算并查看分析结果了。在仿真计算时，Python 会自动检查设计的完整性和准确性，确认无误后将开始运行仿真分析。检查设计的代码如下：

```
input('Press "Enter" to analysis the setup.>')

setupname = hfss.insert_analysis_setup(oDesign)
```

整个仿真计算大概需要 3～5 分钟，在仿真计算过程中，进度条窗口会显示求解进度。在仿真计算完成后，信息管理窗口会给出完成提示信息。

在得出结果后，我们依旧利用 Python 通过编程退出 HFSS，代码如下：

```
input('Press "Enter" to quit HFSS.>')

hfss.quit_application(oDesktop)

del oEditor

del oDesign

del oProject

del oDesktop

del oAnsoftApp
```

目前，射频电路的元件向复杂化、集成化方向发展，手工建模已不能满足设计需求。为了提高建模效率、降低工作量，我们采用 Python 与 HFSS 进行联合仿真。本章给出了微带天线程序化建模中的基本步骤和与之对应的代码，希望能够抛砖引玉，启发读者们在建模时更好地使用 Python。

第 14 章　MATLAB 与 HFSS 的联合仿真

本章通过一个简单滤波器的编程实现，详细讲解了如何利用 MATLAB 和 HFSS 进行联合仿真。本文介绍通过 MATLAB 编写一套 HFSS-MATLAB-API，这是一个可调用的程序库，将重复性的操作变成可以调用的函数，通过编写 MATLAB 代码自动生成 vbs 脚本文件。文中依次讲述 HFSS-MATLAB-API 工具箱的内容、使用方法和生成文件的使用，并提供一个滤波器建模仿真的完整 MATLAB 程序，让读者更清晰直观地了解 MATLAB 和 HFSS 协同仿真的全过程。

希望通过本章的学习，读者能够在设计分析天线问题时，熟悉和掌握 MATLAB 和 HFSS 的联合仿真。在本章，读者可以学到以下内容：

> 了解 HFSS-MATLAB-API 工具箱。
> 如何使用 HFSS-MATLAB-API 工具箱。
> 设计一个简单滤波器的全过程。
> MATLAB 和 HFSS 协同仿真的细节处理。

14.1　研究背景

HFSS 作为高频结构电磁场仿真软件是 20 世纪 60 年代出现的三维微波仿真软件，设计师可以直接在这个软件中进行天线的模型设计、结果计算和最后的参数优化。该软件随着时代发展，为了满足多样的开发需要，自身也在不断完善，版本不断更新。同时，该软件更加注重与其他软件的协同开发，提高软件兼容性。在图形设计和脚本记录功能方面，从 15 版本 HFSS 以后，在 Microsoft® Visual Basic® Scripting Edition (VBScript) 的基础上，增加了 python 的接口，增加了编码语言选择的多样性。

根据 HFSS 帮助文件，可知 HFSS 软件具有脚本语言记录宏指令的功能。当设计者打开 HFSS 软件进行各种设计操作前，选择 Tools 中 Record Script To File，新建一个 .vbs (或 .py) 后缀的脚本文件，如图 14.1.1 和图 14.1.2 所示。

这里可以将所有在 HFSS 页面的操作通过脚本记录，以代码的形式保存下来。反过来，我们可以编写 .vbs (或 .py) 格式的代码，通过 Tools 中的 Run Script，完成 HFSS 界面的设计操作。在 HFSS 界面直接画图设计或者通过编写代码完成操作，都存在各自的利弊，根据实际需求将二者结合使用，取长补短，才更利于提高效率和设计精度。例如，针对一些参数繁多、重复相似结构和组合阵列的天线，当需要做大量机械和重复性工作时，采用程序化建模可以大大降低工作量，同时弥补 HFSS 中优化参数方法单一的缺点。

图 14.1.1　打开脚本语言记录宏指令

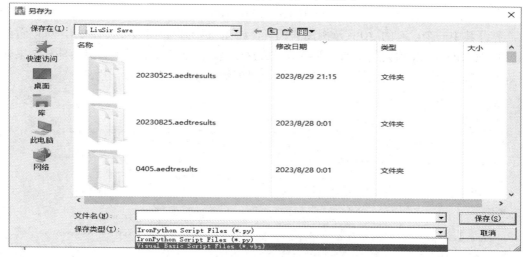

图 14.1.2　新建文件

自 HFSS 软件开发出脚本记录功能之后，逐步有学者利用此接口协助完成 HFSS 中的设计，最常见的就是结合强大的数学软件 MATLAB。初期使用，设计者主要使用此接口的功能，在 MATLAB 中计算各项天线参数生成建模脚本文件，再通过接口控制 HFSS 进行仿真，保证良好精度的同时有效地提高了优化速度。随着不断深入的研究，协同仿真被大量运用到阵列天线的设计中，并且在参数优化环节结合了更多的全局优化算法。

HFSS 与 MATLAB 的协同仿真主要利用 MATLAB 强大的科学计算和数据分析功能，二者通过 MATLAB_HFSS_API 建立联系，共同完成仿真。因此我们先对 API 进行介绍。

　　API 可以依据 HFSS 自带的脚本记录功能，将 HFSS 支持的语言转化成 MATLAB 的语言，之后简化成函数，并进行打包，即用于建立自己需要的模型。编码对于一些不了解代码或者初学者难度较大，可以直接学习他人已经写好的资源，将其利用到自己的模型中。在 GITHUB 网站上，已经有不少的现成 API 可供使用，如图 14.1.3 所示，工程设计人员可以根据自己的建模需求，在他人已经写好的 API 上进行修改完善，再运用到自己的设计中去。

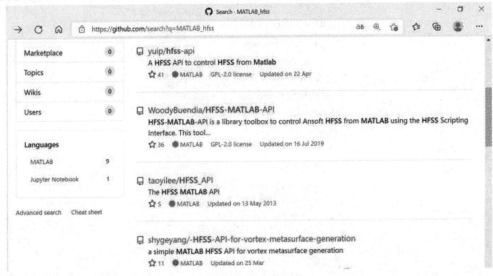

图 14.1.3　已有的 API

　　打开其中一个已有的 API 示例图和代码，如图 14.1.4 和图 14.1.5 所示，可以看到 MATLAB-HFSS-API 的大致结构，主要是由新建模型、绘制模型、设置边界条件和结果分析等部分构成的，与我们直接在 HFSS 中设计建模所需要的关键步骤一致。

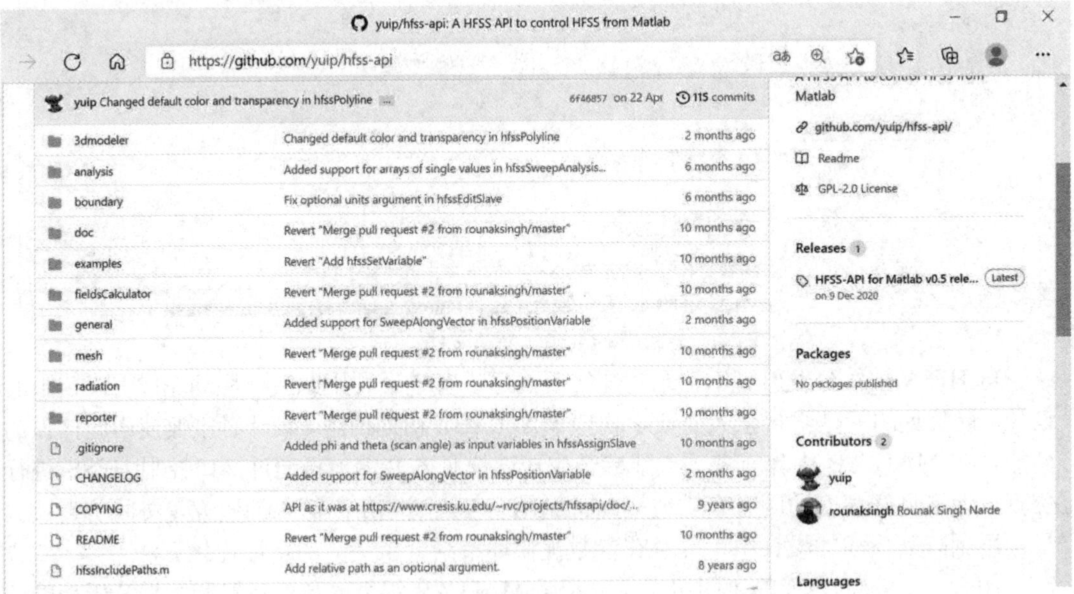

图 14.1.4　已有 API 示例图

图 14.1.5　已有 API 代码

14.2　研　究　方　法

下面以 API 中建模最复杂的一部分 3dmodeler 为例,选择一些函数,介绍其使用方法。
函数如下:

hfssRectangle: Creates the VB Script necessary to construct a rectangle using the HFSS.

打开函数包 hfssRectangle 后,首先是对此包的一些介绍,如图 14.2.1 所示,包括如何使
用,需要哪些参数输入,并举例说明。然后定义函数,如 fid 是 MATLAB 新建并编辑的 vbs
文件的 ID,可以通过 fopen 命令生成,代表处于编辑中的文件,可直接调用,代码如下:

hfssRectangle (fid,'Rectangle', 'z', [0, 0, 0], 5, 5, 'mm')

此代码表示在 XOY 平面上,以原点为一个顶点,创建一个名称为 Rectangle,长宽都
为 5 mm 的矩形。

图 14.2.1　打开的函数包

该矩形对应生成的 vbs 脚本如图 14.2.2 所示。

```
oEditor.CreateRectangle(
    [
                    "NAME:RectangleParameters",
                    "IsCovered:="          , True,
                    "XStart:="             , "0mm",
                    "YStart:="             , "0mm",
                    "ZStart:="             , "0mm",
                    "Width:="              , "5mm",
                    "Height:="             , "5mm",
                    "WhichAxis:="          , "Z"
    ],
    [
                    "NAME:Attributes",
                    "Name:="               , "Rectangle",
                    "Flags:="              , "",
                    "Color:="              , "(132 132 193)",
                    "Transparency:="       , 0.75,
                    "PartCoordinateSystem:=", "Global",
                    "UDMId:="              , "",
                    "MaterialValue:="      , "\"vacuum\"",
                    "SolveInside:="        , True
    ])
```

图 14.2.2　生成的 vbs 脚本

这个生成的 .vbs 程序就是在 HFSS 中创建一个矩形所需的所有脚本，包括矩形的尺寸和位置参数。在 Attributes 中为默认设定的矩形通用属性，一旦编写好 API，就不能在创建矩形时再进行更改。其他函数包的使用方法与之相似。

14.3　MATLAB 建模仿真流程

下面以创建一个完整滤波器并完成结果分析和参数优化为例，详细阐述 HFSS 与 MATLAB 联合建模的全过程。

14.3.1　添加路径

这是联合仿真的第一步，也是十分关键的一步，将所有会用到的函数包添加到路径中，才能继续下一步的编码，界面如图 14.3.1 所示。

```
1   %% filter
2   %Insert HFSS design
3   clear all;
4   false = 0;
5   true = 1;
6   addpath ('C:\Matlab\Polyspace_R2020a\toolbox\HFSS-MATLAB-API-master\3dmodeler');
7   addpath ('C:\Matlab\Polyspace_R2020a\toolbox\HFSS-MATLAB-API-master\analysis');
8   addpath ('C:\Matlab\Polyspace_R2020a\toolbox\HFSS-MATLAB-API-master\boundary');
9   addpath ('C:\Matlab\Polyspace_R2020a\toolbox\HFSS-MATLAB-API-master\doc');
10  addpath ('C:\Matlab\Polyspace_R2020a\toolbox\HFSS-MATLAB-API-master\function_w');
11  addpath ('C:\Matlab\Polyspace_R2020a\toolbox\HFSS-MATLAB-API-master\general');
12  tmpPrjFile = 'C:                              \filter.hfss';
13  tmpDataFile = 'C:                             \tmpData.m';
14  tmpScriptFile = 'C:                           \filter.vbs';
```

图 14.3.1　添加路径

(1) 创建脚本文档，添加新的工程，界面如图 14.3.2 所示。

```
15    % HFSS Executable Path.
16    hfssExePath = '"C:                              \hfss.exe"';
17    fid = fopen('C:                              \filter.
18    % 创建一个新的工程并插入一个新的设计
19    hfssNewProject(fid);
20    hfssInsertDesign(fid, 'filter');
```

图 14.3.2　添加新的工程

(2) 添加变量。为了便于插入数学公式、后期调整模型尺寸和参数优化等环节，利用变量代替具体参数可以增加编程建模的灵活性。先给变量赋值，再添加 HFSS 中的变量函数，界面如图 14.3.3 所示。

```
22    Units = 'mm';
23    h1 = 0.508;
24    L0 = 28.5;
25    W0 = 20;
26    L = 21.6;
27    W = 21.6;
28    Li = 1.65;
29    Wio = 12;
30    d = 0.6;

41    hfssaddVar(fid,'h1',h1,Units)
42    hfssaddVar(fid,'L0',L0,Units)
43    hfssaddVar(fid,'W0',W0,Units)
44    hfssaddVar(fid,'L',L,Units)
45    hfssaddVar(fid,'W',W,Units)
46    hfssaddVar(fid,'Li',Li,Units)
47    hfssaddVar(fid,'Wio',Wio,Units)
48    hfssaddVar(fid,'d',d,Units)
```

图 14.3.3　添加变量

14.3.2　创建模型

(1) 第一步创建基质板、地面以及两个连接馈电的微带贴片，界面如图 14.3.4 所示。

```
59    % down_substrate
60    hfssBox(fid, 'DOWN', [-W0,-L0,-h1], [W0*2,L0*2,h1], Units);
61    hfssAssignMaterial(fid, 'DOWN', 'Rogers RT/duroid 5880 (tm)');
62
63    % bottom_patch
64    hfssRectangle(fid, 'bottom', 'Z', [-W0,-L0,-h1], W0*2, L0*2, Units);
65
66    % up_feeder_patch
67    hfssRectangle(fid, 'up_feeder', 'Z', [W0,-W/2-Fw/2,0], -Fl_u, Fw, Units);
68
69    % up_feeder_patch1
70    hfssDuplicateAroundAxis(fid,{'up_feeder'},'Z',180,2);
71    hfssUnite(fid,'up_feeder', 'up_feeder_1');
```

图 14.3.4　创建基质板

(2) 第二步创建上层不规则贴片并进行组合，界面如图 14.3.5 所示。

```
73    % Middle
74    hfssRectangle(fid, 'Middle', 'Z', [Wio/2+Li ,Li,0], -W-Li*2, -L-Li*2, Units);
75    hfssRectangle(fid, 'Middle1', 'Z', [-Wio/2-Li ,-Li,0], L+Li*2, W+Li*2, Units);
76    hfssRectangle(fid, 'feeder_mi', 'Z', [Wio/2+Li ,-W/2-Fw/2,0], Fl_m, Fw, Units);
77    hfssRectangle(fid, 'feeder_mi1', 'Z', [-Wio/2-Li ,W/2-Fw/2,0], -Fl_m, Fw, Units);
78
79    hfssUnite(fid,'Middle', 'Middle1');
80    hfssUnite(fid,'feeder_mi', 'feeder_mi1');
81    hfssUnite(fid,'Middle', 'feeder_mi');
82    hfssUnite(fid,'Middle', 'up_feeder');
```

图 14.3.5　创建上层不规则贴片并进行组合

（3）创建短路柱，并添加其材料，界面如图 14.3.6 所示。

```
84    % outer_duanlu_cylinder
85    hfssCylinder(fid, 'i', 'Z',[-Wio/2-b,0,-h1], d/2, h1, Units);
86    hfssAssignMaterial(fid, 'i','copper');
87    hfssDuplicateAlongLine(fid, {'i'}, {-b,0,0}, 4, Units);
88
89    hfssCylinder(fid, 'j', 'Z',[-Wio/2-b*4,-b,-h1], d/2, h1, Units);
90    hfssAssignMaterial(fid, 'j','copper');
91    hfssDuplicateAlongLine(fid, {'j'}, {0,-b,0}, 9, Units);
92
93    hfssCylinder(fid, 'k', 'Z',[-Wio/2-b*3,-b*9,-h1], d/2, h1, Units);
94    hfssAssignMaterial(fid, 'k','copper');
95    hfssDuplicateAlongLine(fid, {'k'}, {b,0,0}, 9, Units);
```

图 14.3.6　创建短路柱

（4）需要减去基质板与短路柱相交的部分，这里需要注意：在创建短路柱时，用到 HFSS 中自带的复制命令，相应生成的部分其命名的规则也是 HFSS 软件自带的，不可以自行做更改，界面如图 14.3.7 所示。

```
122   hfssSubtract(fid, {'DOWN'}, {'i','i_1','i_2','i_3','j_4','j_5','j_6','j_7','j_8','j','j_1', ...
123   'j_2','j_3','k_4','k_5','k_6','k_7','k_8','k','k_1','k_2','k_3', ...
124   'postx','postx_1','posty','posty_1','m','n',
```

图 14.3.7　相减操作

14.3.3　设置边界条件

设置边界条件的界面如图 14.3.8 所示。

```
125   % Prefect E
126   hfssAssignPE(fid,'bottom',{'bottom'});
127   hfssAssignPE(fid,'Middle',{'Middle'});
128
129   %% lumpPort
130   hfssRectangle(fid, 'port', 'X', [W0,-W/2-Fw/2 ,0], Fw, -h1, Units)
131   hfssDuplicateAroundAxis(fid, {'port'}, 'Z', 180,2);
132
133   hfssAssignLumpedPort(fid,'P1','port',[W0, -W/2, 0], [W0, -W/2, -h1],Units,50);
134   hfssAssignLumpedPort(fid, 'P2', 'port_1', [-W0, W/2, 0], [-W0, W/2, -h1],Units,50)
```

图 14.3.8　设置边界条件

14.3.4　求解计算

求解计算的界面见图 14.3.9 所示。

```
143    % 求解计算
144    hfssInsertSolution(fid, 'solve', 5.8);
145    hfssSolveSetup(fid, 'solve');
146    %sweep
147    hfssInterpolatingSweep(fid, 'sweep1', 'solve', 4, 7);
```

图 14.3.9　求解计算

14.3.5　结果后处理

结束编程后关闭软件的界面如图 14.3.10 所示。

```
155    %% fclose
156    fclose(fid);
157    disp('Sctrip Completed')
158
```

图 14.3.10　关闭软件

以上则是通过 MATLAB 编程在 HFSS 中画图并进行分析的过程，重点展示了建模的关键几步，介绍了各个函数的具体使用方法，以及编程过程中需要注意的一些问题。在 MATLAB 中执行完所有命令后，我们可以在相应文件下找到如图 14.3.11 所示的几个文件。

名称	修改日期	类型	大小
filter.vbs		VBScript Script 文件	21 KB
my_filter.m		M 文件	4 KB
my_filter.mlx		MLX 文件	8 KB

图 14.3.11　文件路径

找到(vbs.)后缀的文件打开，直接在 HFSS 软件中运行，可以直接完成建模并进行计算，如图 14.3.12 所示；也可以查看滤波器 S_{11} 和 S_{21} 的特性，如图 14.3.13 和图 14.3.14 所示。

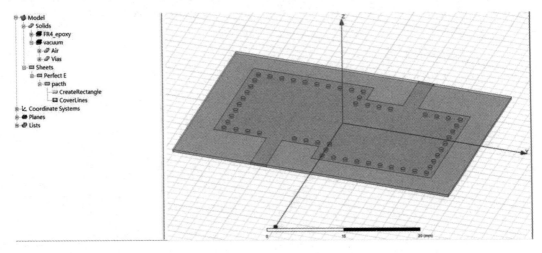

图 14.3.12　完成建模

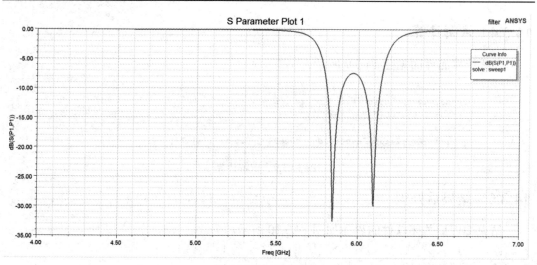

图 14.3.13　S_{11} 参数

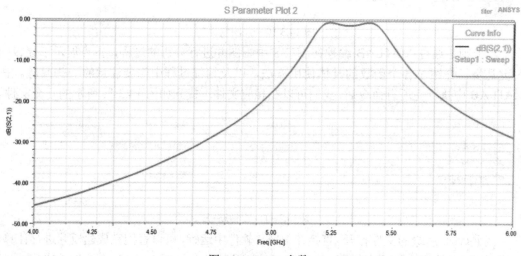

图 14.3.14　S_{21} 参数

第15章　HFSS与Designer的场路协同仿真

本章通过八端口 Wilkinson 功分器的实现，详细讲解了如何利用 ANSYS 中 Designer 电路仿真工具和 HFSS 进行协同仿真。HFSS 三维电磁仿真软件很大程度上满足了模型设计、优化的需要，但对于复杂器件的设计仍旧面临很多问题。电路仿真具有很高的速度，可快速的仿真出滤波器各个部件的集总电参数。利用"场路结合，协同仿真"的思路，快速、准确地得到功分器的最优设计结果。在八端口 Wilkinson 功分器的协同仿真中，详细介绍了八端口 Wilkinson 功分器模型参数，Designer 电路仿真工具的使用，以及通过功分器 HFSS 模型详细演示了如何在 Designer 电路仿真工具中实现动态链接、设置求解分析项、进行参数扫描分析和查看 S 参数分析结果等内容。

通过本章的学习，读者可以学到以下内容：

➤ 了解 Designer 电路仿真工具。

➤ Designer 电路仿真工具的使用。

➤ HFSS 模型如何与 Designer 进行动态链接。

➤ 如何在 Designer 中设置求解分析项、进行参数扫描分析。

➤ 如何查看功分器输入端口的反射系数。

15.1　研究背景

Designer 是一种集成化电路、系统或平面电磁场仿真设计平台和设计管理工具，可以进行电路级仿真、平面电磁仿真、系统级仿真及优化等。Designer 采用了最新的视窗技术，结合电路仿真，提取电磁场模型无缝集成到一个自动化的设计环境中，广泛应用于微波器件和天线设计中，如混频器、滤波器、功分器等。它可以与电磁仿真工具 HFSS、Q3D 或 SIwave 进行动态连接和协同仿真，还可以在 Ansoft Designer 环境中直接启动 HFSS、Q3D 或 SIwave，并运行。Designer 设计微波器件所需项目管理窗口和元件库，如图 15.1.1 和图 15.1.2 所示。

Designer 电路仿真求解器包括直流分析、线性网络分析、瞬态分析、非线性分析等，支持 HFSS 模型、S 参数模型等其他仿真模型的导入。目前，Designer 仿真工具已经集成到 ANSYS Electronic Desktop，即 ANSYS 电子桌面，其为 3D Modeler、3D Layout 和 Circuit 提供统一的用户界面，是集电磁、电路和系统仿真于一体，功能十分强大的电磁软件。本章基于此演示功分器 HFSS 模型和 Designer 仿真工具的协同。

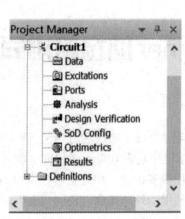

图 15.1.1　项目管理窗口

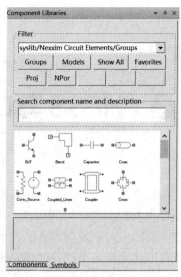

图 15.1.2　元件库

15.2　研 究 方 法

在 Designer 界面，通过右键单击项目 Circuit1，选择【Add Subcircuit】→【Add HFSS Link】命令，如图 15.2.1 所示，将 HFSS 模型直接通过场路动态链接或将 HFSS 模型拆分成多个子模型，各个子模型链接到 Designer 的电路设计原理图中，进行参数化求解。除了 S 参数之外，所有的变量(如尺寸、材料特性)和参数化扫描结果都可被动态链接进来，从而为基于电路仿真的优化设计提供基础数据。完成 HFSS 与 Designer 链接后，添加电路所需要的组件，连接导入的 HFSS 模型，生成参数化电路，设置扫描分析项。具体协同仿真流程如图 15.2.2 所示。协同仿真加速参数化设计及优化，同时也增加了设计流程的功能和灵活性，为电路仿真提供更精确的 HFSS 仿真结果。

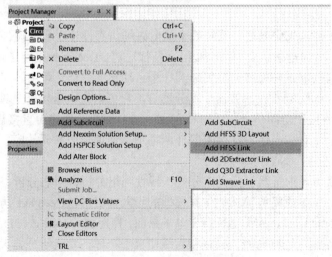

图 15.2.1　链接 HFSS 模型

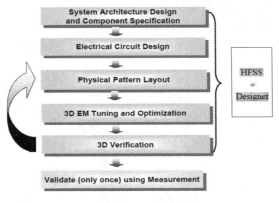

图 15.2.2　协同仿真步骤

15.3　Designer 建模仿真流程

15.3.1　功分器模型原理

　　功分器作为一种功率分配器件，广泛应用在天线的馈电系统中。其中 Wilkinson 功分器因具有带宽大、隔离度高、易于实现等优点，经常成为阵列馈电网络设计的首选方案。三端口等分 Wilkinson 功分器，如图 15.3.1 所示，$Z_{02} = Z_{03} = \sqrt{2}Z_0$，$R_\mathrm{p} = 2Z_0$。其中，为了保持两个输出端口阻抗匹配的同时保持较高的隔离度，引入了隔离电阻 R_p。

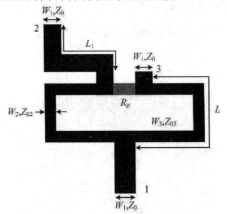

图 15.3.1　三端 Wilkinson 等分功分器的模型

15.3.2　功分器模型结构

　　本章以 Wilkinson 功分器为基础的高隔离、尺寸紧凑的并联微带馈电网络进行仿真分析，其工作频率为 3.4 GHz。介质板采用电性能较好的 F4B-2(ε_r = 2.65，损耗正切为 0.003)，圆盘半径为 48 mm，厚度为 0.8 mm。仿真之前，通过利用计算工具 APPCAD，输入工作频率为 3.4 GHz，介质板参数为 ε_r = 2.65，H = 0.8 mm 和各微带线的阻抗和电长度，可以得出其物理尺寸。Z_0 = 50 Ω 的微带线宽度 W_1 约为 2.18 mm，电长度为 $3\lambda_\mathrm{g}/8$ 的微带线长度

L_1 为 22.1 mm，$Z_0 = 70\,\Omega$ 的微带线宽度 W_2、W_3 约为 1.22 mm，电长度 $\lambda_g/4$ 的微带线长度 L 约为 15.03 mm。初步参数的定义见表 15.3.1。

表 15.3.1 功分器馈电网络的部分参数

参数	W_1	W_2	W_3	L	L_1
值/mm	2.18	1.22	1.22	15.03	22.1

根据表 15.3.1 中的参数，在 HFSS 中对包含三种功分移相器结构的八端口馈电网络进行仿真，如图 15.3.2 所示。

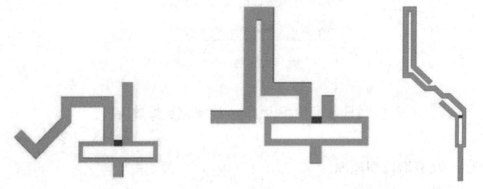

(a) 135° 功分移相器　　　　(b) 270° 功分移相器　　　　(c) 540° 功分移相器

图 15.3.2 三种功分移相器结构

三种单元部件并联后组成八端口 Wilkinson 馈电网络，其整体结构如图 15.3.3 所示的拓扑结构，它由 7 个三端口的 Wilkinson 功分器和 7 段用于移相的微带线组成。其中，端口 0 为输入端口，端口 1 至 8 为八个输出端口，输出端口之间的相位差为 135°。D_1 提供了 540° 相移的 Wilkinson 功分移相器，D_2 提供了 270° 相移的功分移相器，D_3 提供了 135° 相移的功分移相器。

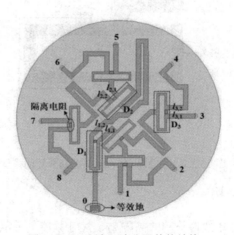

图 15.3.3 八端口功分器整体结构

15.3.3 八端口 Wilkinson 功分器模型概述

在 ANSYS 中新建工程 Power divider，添加 HFSS 设计，进行八端口功分器馈电网络的模型建立、求解。为了方便建模和性能分析，在设计中首先定义多个变量来表示八端口功分器的结构尺寸。变量的定义以及功分器的结构尺寸如表 15.3.2 所示。

表 15.3.2　功分器 HFSS 模型变量定义

变量名	变量值/mm	变量名	变量值/mm	变量名	变量值/mm	变量名	变量值/mm
R0	35	cx	1.2	fa	0.2	w112	0.045
b1	37.5	cv	1	lx	1.22	w211	0.15
b2	10.36	hh	6.6	lx2	−4.5	w21	0.1`
w1	2	vy	0.3	lb	3	width21	0.2
w2	1.67	yt	0.13	f70	1	ww21	0.1
b3	41.74	yy	5	f540	23.5	width211	0.2
d1	7.77	vs	3.5	dd1	6	width212	0.1
h	−1.2	fw	1	cck	−0.4	width221	0.1
subx	300	fd	0.3	ffd	0.3	width221a	0.1
suby	300	xx	1	vg	0.1	d2	0.89
mo	6.2	dx	9.4	ccv	0.3	c1	23.86
yy1	0.6	cc	0.2	nf	0.1	c2	1.33
zz	1.2	w66	0.4	w11	0.15	d3	5.33
tt	0.2	l	7	w12	0.1	Height	−12

为了方便馈电网络与阵列的连接，馈电网络的金属地设置在靠近阵列一侧。由于两层介质板相距较近，导致了馈电网络输入端口与同轴线的连接比较困难。因此，在距输入端口 5 mm 的位置设计了用于等效地平面的金属片，并将其与金属地通过嵌入到介质板中的金属柱相连，很好地解决了同轴馈线难连接的问题。

15.3.4　HFSS 与 Designer 动态链接

1. HFSS 模型导入

在 ANSYS Electronic Desktop 软件中，打开八端口 Wilkinson 功分器模型文件 Power divider，并在此工程树下，执行菜单命令【Project】→【Insert Circuit Design】，插入电路设计 Circuit1，弹出一个对话框，如图 15.3.4 所示，做默认选择，单击【OK】按钮就新建了一个设计文件 Circuit1。

选中项目 Circuit1，并右键单击，执行【Add Subcircuit】→【Add HFSS Link】命令；或执行 Copy 命令，复制 Power divider 工程树下相应的八端口 Wilkinson 功分器 HFSS 模型 HFSSDesign1。再次选中项目 Circuit1，执行 Paste 命令，粘贴该 HFSS 模型，将 HFSS 模型链接进同一项目下的 Designer 环境中，如图 15.3.5 所示，并在电路设计界面添加了带有 9 个 pin 脚的八端口功分器 HFSS 电路模型，如图 15.3.6 所示。

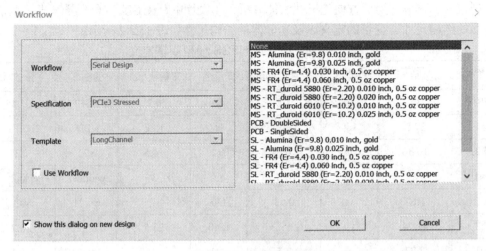

图 15.3.4　基板选择

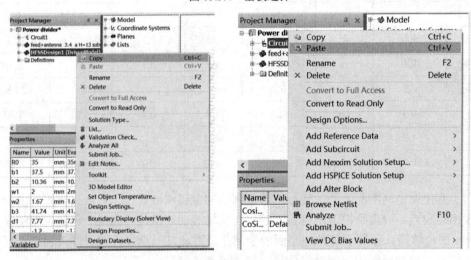

图 15.3.5　Designer 中链接 HFSS 模型

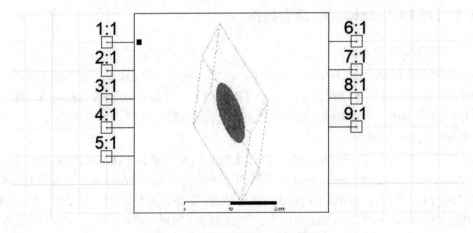

图 15.3.6　主界面添加 HFSS 模型

2. HFSS 模型的使用

执行菜单命令【Draw】→【Interface Port】，添加端口，如图 15.3.7 所示。采用同样的操作方法,添加 Ground 接地。在电路设计界面右边 Component Libraries 元件库,如图 15.3.8 所示，在元件搜索栏 Search component name and description 下方输入 res，得到隔离电阻 Resistor，再拖到用户界面上。

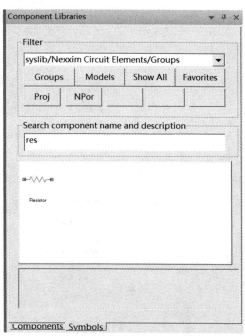

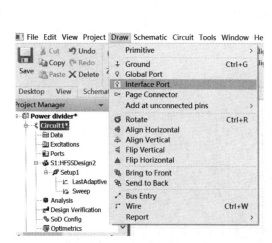

图 15.3.7　添加端口、接地　　　　　图 15.3.8　添加隔离电阻

执行菜单命令【Draw】→【Wire】，对上述添加的端口、电阻、地等组件进行电路连接，成为整体的功分器电路，如图 15.3.9 所示。

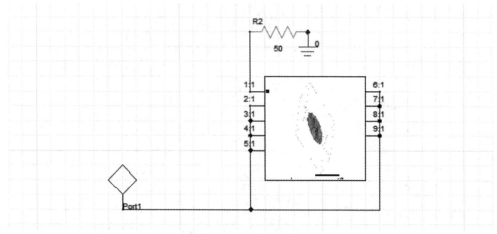

图 15.3.9　功分器电路

单击 Port1，右键选择【Edit Port】，如图 15.3.10 所示。在弹出的 Port Definition 对话框中选择 Microwave Port，如图 15.3.11 所示，单击【Edit Sources】按钮，在 Configure ports and sources 对话框中单击【Add to selected port】按钮，如图 15.3.12 所示。在弹出的端口属性对话框中设置交流源 ACMAG = 1 V，Freq = 3.7 GHz，TONE = 3.7 GHz，如图 15.3.13 所示。单击【确定】按钮，再单击【OK】按钮，完成端口设置。

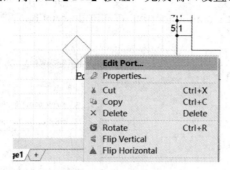

图 15.3.10　编辑端口属性

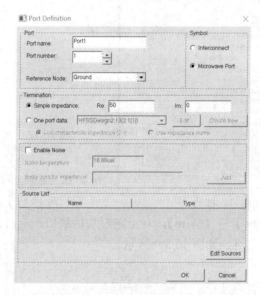

图 15.3.11　Port Definition 对话框

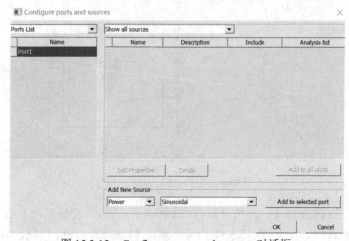

图 15.3.12　Configure ports and sources 对话框

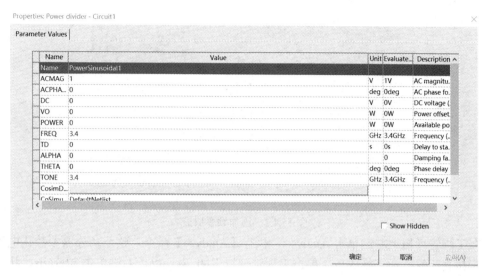

图 15.3.13　端口属性对话框

15.4　仿真结果的分析与讨论

在工程管理树上选择 Analysis，右键单击 Analysis，执行菜单命令【Add Nexxim Solution Setup】→【Linear Network Analysis】，打开如图 15.4.1 所示的对话框。

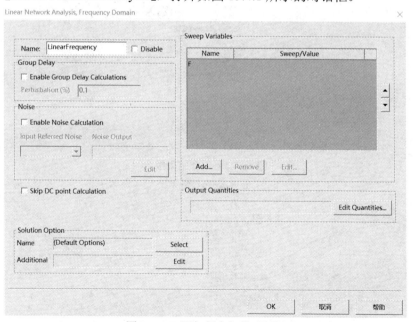

图 15.4.1　添加频率扫描对话框

单击【Add...】按钮，打开如图 15.4.2 所示对话框，勾选 Linear step，在 Start 中输入 3，在 Stop 中输入 3.8，在 Step 中输入 0.1，单击【Add...】按钮之后，单击【OK】完成设置。

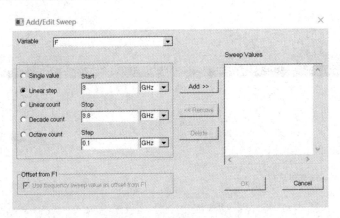

图 15.4.2　添加频率扫描

在工程管理树上右键单击 Analysis，执行【Analyze】命令，整个功分器参数化电路就会进行仿真计算。计算完成后，单击工程管理树下的 Results，右键单击 Results，执行菜单命令【Create Standard Report】→【Rectangular Plot】，打开如图 15.4.3 所示的对话框。生成的 S 参数曲线如图 15.4.4 所示，回波损耗 S_{11} 总体在 −10 dB 以下，表明以 Wilkinson功分器为单元设计的馈电网络具有较好的隔离度。

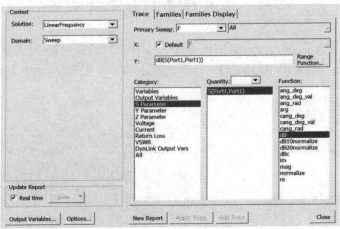

图 15.4.3　创建结果报告

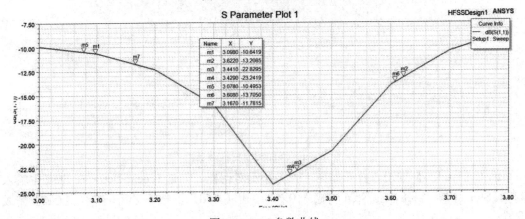

图 15.4.4　*S* 参数曲线

第16章　ANSYS HFSS与optiSLang的联合优化

本章通过一个微带八木天线的参数优化实例，讲解如何利用 optiSLang 对 HFSS 进行优化设计。

希望通过本章的学习，读者能够在设计分析天线问题时，熟悉和掌握 optiSLang 和 HFSS 的联合仿真。在本章，读者可以学到以下内容：

> ➤ 如何利用 AEDT 接口在 optiSLang 中加载 HFSS 的 design。
> ➤ 如何在 optiSLang 中进行敏感度分析。
> ➤ 如何基于 MOP 模型进行进一步优化。

16.1　研究背景

optiSLang 是一个专业的分析软件，在参数敏感性分析、鲁棒性评价、可靠性分析、多学科优化、鲁棒性和可靠性优化设计等方面具有较强的分析能力。它集成了 20 多种先进算法，对工程问题可进行多学科确定性优化和随机优化分析，为多学科鲁棒性和可靠性优化设计提供了坚实的理论基础。optiSLang 集成了强大的后处理模块进行优化分析，可提供鲁棒性评价和信度分析前沿研究领域的各种先进的评价方法和指标，并以丰富的图解和表格展示各种分析结果。optiSLang 可与多种 CAE 软件或求解器集成，并基于求解器进行各种工程模拟分析或数据处理。因此，optiSLang 已成为各工程领域参数灵敏度、多学科优化、鲁棒性评价、可靠性分析和优化的专业工具。

为了克服在大量的设计参数、多学科、非线性优化中遇到的困难，optiSLang 提供了一个有效的灵敏度分析和参数识别算法，可自动识别基于预测系数(COP)的重要参数和预测元模型(MOP)，量化预测的质量，并获得理想的预测模型。预测质量是有效优化的关键，可以大大缩短求解时间。

16.2　研究方法

optiSLang 提供了全面的稳健性、可靠性评估与参数优化分析，具体体现在以下几个方面。

(1) 敏感度分析。COD、COI、COP、CC 等指标精确而客观地衡量了随机变量对响应的影响程。

(2) 多学科优化。先进的单目标和多目标寻优算法，以及全局和局部的自适应响应面方法，极大提高了多变量工程优化问题的求解效率。

(3) 稳健性评估。基于方差分析，高级拉丁超立方抽样方法可以有效降低变量间的相关性，从而利用更少的样本点获取更多的响应信息，有效提高计算效率。

(4) 可靠性分析。基于概率设计方法，提供先进的可靠性分析方法，有效提高小概率事件的可靠度计算精度。

(5) 稳健与可靠性优化设计。稳健可靠性与优化分析集成，考虑产品设计的不确定性因素对产品性能进行优化，提高产品的稳健性与可靠性，降低失效概率。

optiSLang 功能强大，表现如下：

(1) 它涵盖参数敏感性分析、优化设计、稳健性、可靠性分析与优化。

(2) 它可以进行基于多参数的多目标优化。

(3) 它具有参数识别能力，可以从众多参数中过滤出重要参数。

(4) 它包括单目标、多目标，梯度法、遗传/进化算法，自适应响应面、粒子群算法、帕累托优化等丰富的优化算法。

optiSLang 求解高效，表现如下：

(1) 改进的拉丁超立方取样，避免样本聚集，在保证每个样本的有效性的同时，极大减小样本之间的多余相关性。

(2) 在求解方式上，基于移动最小二乘法的高质量响应面(MOP)替代了 CAE 求解器，优化过程的样本计算效率可提高数个量级。

(3) 它支持多机并行计算(多机集群化处理)。

16.3 optiSLang 优化天线流程

16.3.1 HFSS 与 optiSLang 的数据传递

1. 导入 HFSS 的 design

通过 optiSLang 内置的 AEDT 接口，可实现将 HFSS 的 design 导入 optiSLang，以便在 optiSLang 中进行优化。

首先创建一个新工程，打开 optiSLang，将右上角"Wizards"窗口中的"Solver wizard"拖入左侧空白区域，界面如图 16.3.1 所示。

图 16.3.2 为弹出的接口页面，选择 Interfaces 栏下的 ADET 接口，即可导入 HFSS 的 design。

图 16.3.1 创建工程　　　　图 16.3.2 ADET 接口

选择目标 design 后成功创建一个新工程，如图 16.3.3 所示。

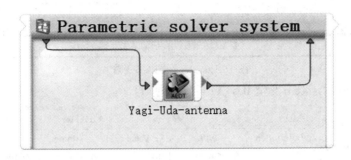

图 16.3.3　创建的一个新工程

导入 HFSS 的 design 后，optiSLang 会自动读取输入参数，输出结果，如图 16.3.4 所示。

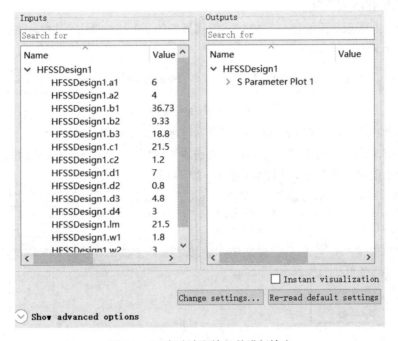

图 16.3.4　自动读取输入并进行输出

2. 提取参数及所需响应

为了优化微带八木 OAM 贴片天线的 s11 参数，使其谐振在 3.4 GHz，并且 3.3 GHz 到 3.5 GHz 频段上 S 参数的最大值最小。选中引向器长度 c1、激励源与引向器之间的距离 d1、引向器之间距离 d3 以及反射器尺寸参数 b1、b2、b3，并将其拖入右上角 Parameter 栏，提取参数设置，如图 16.3.5 所示。

如图 16.3.6 所示，展开 Outputs 栏下导入的 S Parameter Plot1，右键单击下方表格名称，选择 Use as internal variable，将其定义为内部变量。在 Variables 中

图 16.3.5　提取参数

可以找到该曲线。

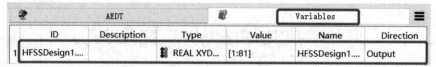

图 16.3.6　定义微内部变量

如图 16.3.7 所示，双击变量 ID，将其命名为 s11。

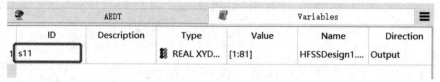

图 16.3.7　命名

3. 编辑优化所需响应

如图 16.3.8 所示，添加第一个响应。检测最低的 s11 值，单击 Add variable，添加一个响应，将其命名为 min_s11。

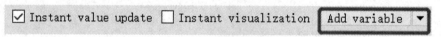

图 16.3.8　添加响应

在第一个响应中，单击 Expression 下空白区域，添加函数 min(s11)。

如图 16.3.9 所示，选中"min_s11"，再选中下栏中的"Instant visualization"，就可以看到此时天线谐振在 3.4 GHz，且 s11 值为 −29.2415。

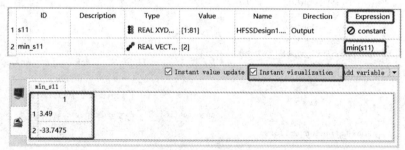

图 16.3.9　查看 s11

如图 16.3.10 所示，取第二个值，将函数定义为"min(s11) [1]"。

图 16.3.10　定义函数

如图 16.3.11 所示，添加第二个响应，即 s11 最低值所对应的频率。创建方法同上，将其命名为"min_s11freq"，取上文中提及的第一个值，将其函数定义为"min(s11) [0]"。

图 16.3.11　s11 最低电所对应的频率

如图 16.3.12 所示，添加第三个响应，即 3.4 GHz 对应的 s11 值。由于 3.4 GHz 的编号为 40，并且取 s11 的第二个值，因此将函数定义为"(s11[40])[1]"。

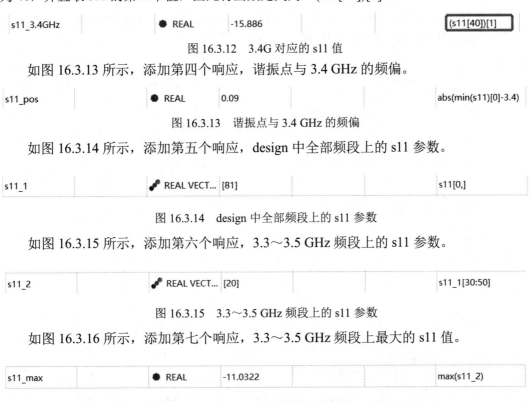

图 16.3.12　3.4G 对应的 s11 值

如图 16.3.13 所示，添加第四个响应，谐振点与 3.4 GHz 的频偏。

图 16.3.13　谐振点与 3.4 GHz 的频偏

如图 16.3.14 所示，添加第五个响应，design 中全部频段上的 s11 参数。

图 16.3.14　design 中全部频段上的 s11 参数

如图 16.3.15 所示，添加第六个响应，3.3～3.5 GHz 频段上的 s11 参数。

图 16.3.15　3.3～3.5 GHz 频段上的 s11 参数

如图 16.3.16 所示，添加第七个响应，3.3～3.5 GHz 频段上最大的 s11 值。

图 16.3.16　3.3～3.5 GHz 频段上最大的 s11 值

如图 16.3.17 所示，将响应拖入 Responses 栏中，将它们设置为输出响应，并进行命名。

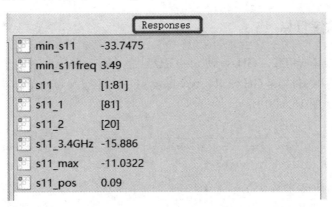

图 16.3.17　输出响应的设置

如图 16.3.18 所示，单击【Apply】按钮，再单击【OK】按钮完成设置。

图 16.3.18　完成设置

16.3.2 创建敏感度分析

如图 16.3.19 所示,将 Wizard 栏下的 Sensitivity wizard 拖入 Parametric solver system 中,弹出参数的敏感度设置,也可以进行参数范围的调节。

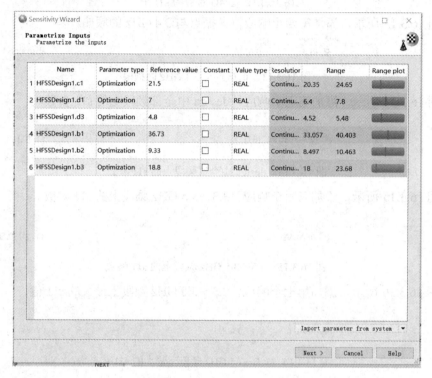

图 16.3.19 创建敏感度分析

16.3.3 设置求解目标

为了实现天线谐振在 3.4 GHz,使 3.4 GHz 上的 s11 值最小,并使 3.3~3.5 GHz 频段上 s11 值最小,则将 s11_3.4 GHz、s11_pos 以及 s11_max 拖入 objective 中的 Minimize,完成函数的设置,如图 16.3.20 所示。

Name	Type	Expression	Criterion	Limit	Evaluated expression
obj_s11_3···	Objective	s11_3.4GHz	MIN		-15.886
obj_s11_pos	Objective	s11_pos	MIN		0.09
obj_s11_max	Objective	s11_max	MIN		-11.0322
new					

图 16.3.20 函数的设置

如图 16.3.21 所示,单击【Next】按钮,选择采样方式为"Advanced Latin Hypercube Sampling"。

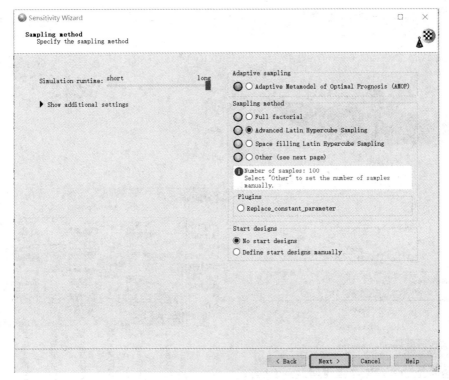

图 16.3.21　选择采样方式

如图 16.3.22 所示，单击【Next】按钮和【Finish】按钮完成敏感度分析的创建。

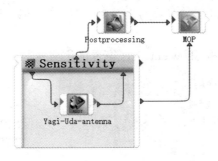

图 16.3.22　敏感度分析的创建

选择该模块，单击菜单栏中 ▶▾ 命令即可开始运算。

16.4　优化结果的分析与讨论

16.4.1　优化结果

如图 16.4.1 所示，敏感度计算完成后，optiSLang 会提供一个 MOP 模型。

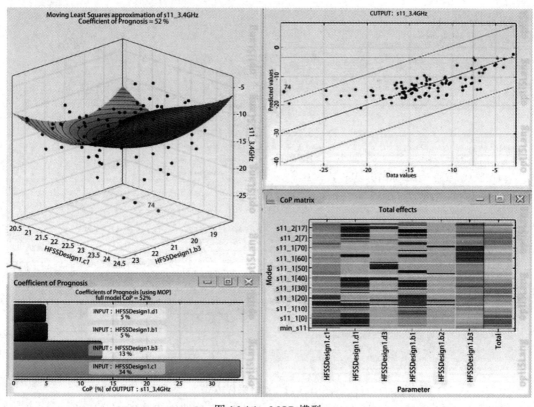

图 16.4.1　MOP 模型

　　此外，optiSLang 能够提供优化结果中的最佳设计，单击右侧 Select best design，即可选取。本次优化中，最佳设计的编号为 26、63、74、78、99，选取 74 号结果，如图 16.4.2所示。

　　如图 16.4.3 所示，单击 Show details，查看优化结果。

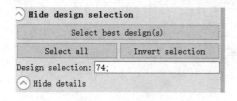

图 16.4.2　最佳设计

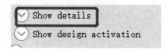

图 16.4.3　查看优化结果

　　如图 16.4.4 所示，此处可以查看优化后的输入以及响应值。可见，优化后天线谐振在3.41 GHz，在 3.3～3.5 GHz 频段上 s11 参数最大值为 −12.7107，并且 3.4 GHz 处 s11 值为−29.6246。

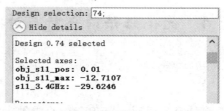

图 16.4.4　查看优化后的输入以及响应值

如图 16.4.5 所示，将优化后的参数输入 HFSS 中运算进行验证。可见结果与 optiSLang 中基本保持一致。

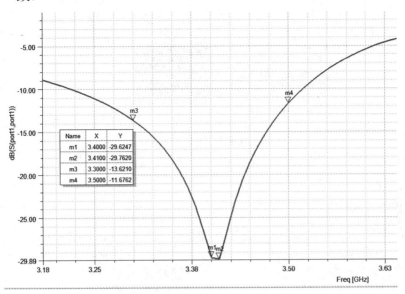

图 16.4.5　S 参数验证

16.4.2　基于 MOP 模型的进一步优化

如图 16.4.6 所示，这是 MOP 的响应面，下面基于该响应面进行进一步优化。

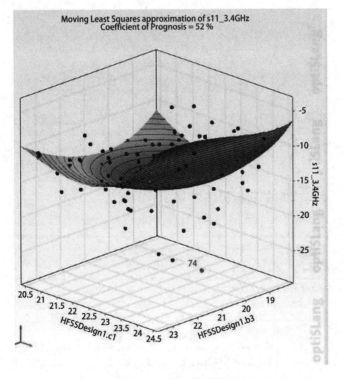

图 16.4.6　MOP 的响应面

如图 16.4.7 所示，将 Optimization wizard 拖入 MOP。

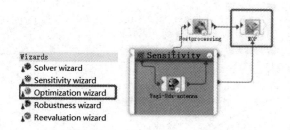

图 16.4.7　拖入优化模块

如图 16.4.8 所示，在弹出的优化设置窗口中单击【Next】按钮。

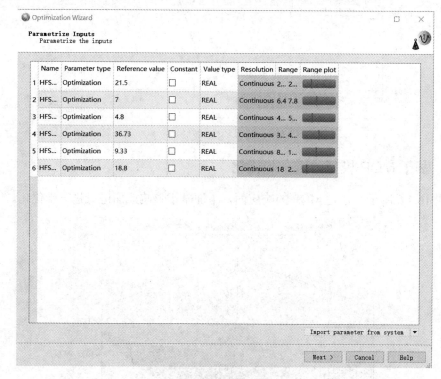

图 16.4.8　优化窗口

如图 16.4.9 所示，此时的目标仍然与 16.3.3 节相同。

	Name	Type	Expression	Criterion	Limit	Evaluated expression
	obj_s11_3.4GHz	Objective	s11_3.4GHz	MIN		-15.9887
	obj_s11_pos	Objective	s11_pos	MIN		0.02
	obj_s11_max	Objective	s11_max	MIN		-7.97708
new						

图 16.4.9　优化目标

如图 16.4.10 所示，此时可以将之前敏感度分析得到的最佳设计，作为初始值。

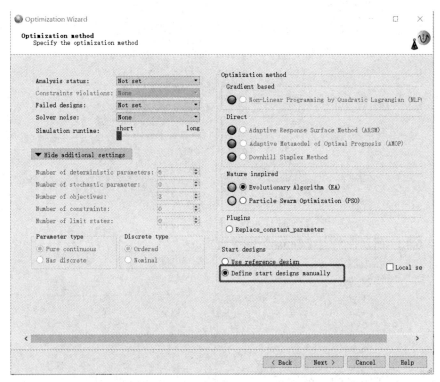

图 16.4.10　最佳设计设为初始值

如图 16.4.11 所示，单击"Import start values from system"，导入初始值。

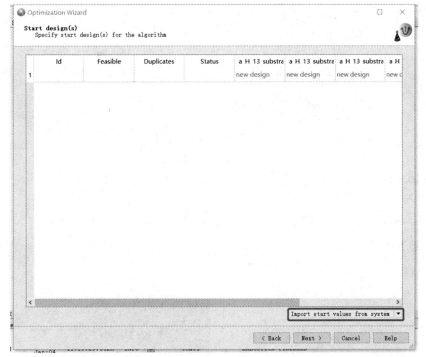

图 16.4.11　导入初始值

如图 16.4.12 所示，选中最佳设计(74 号设计)，单击【OK】和【Next】按钮。

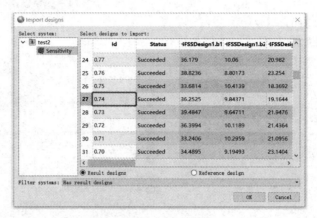

图 16.4.12　选中最佳设计

如图 16.4.13 所示，单击【Finish】完成设置。

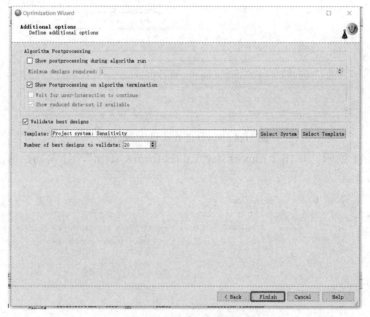

图 16.4.13　完成设置

如图 16.4.14 所示，完成设置后单击菜单栏中 ▶· 命令，开始运算。

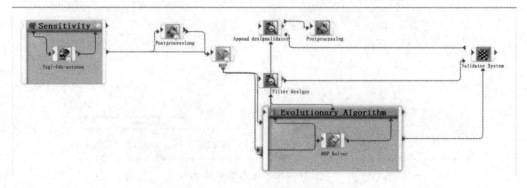

图 16.4.14　仿真运算

如图 16.4.15 所示，在优化完成后会弹出优化结果。

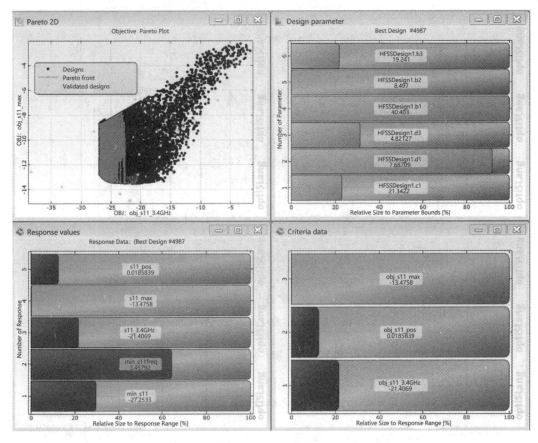

图 16.4.15　优化结果

图 16.4.16 所示是基于 MOP 模型优化出的结果。optiSLang 给出的最优设计是 9899 号设计，其谐振点是 3.493 45 GHz，位于 3.5 GHz 的 s11 为 −31.4968 dB。

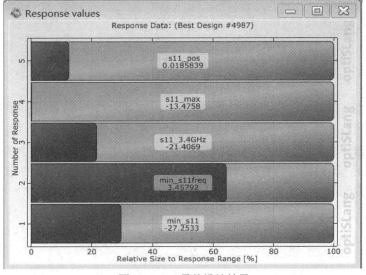

图 16.4.16　最佳设计结果

图 16.4.17 所示是本次优化输入参数的结果显示。

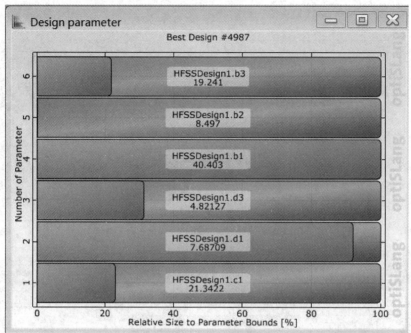

图 16.4.17　输入参数的优化

如图 16.4.18 所示，将优化结果代入 HFSS 进行验证。

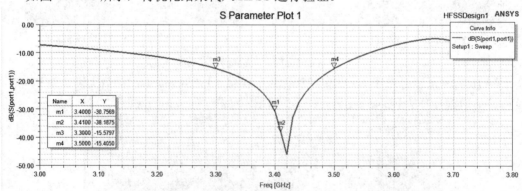

图 16.4.18　结果验证

由验证结果可以看到，结果虽存在一定误差，但基本符合 optiSLang 的优化结果。

在进行射频器件优化时，往往会利用大量时间在多参数中准确确定关键参数，甚至会出现一定的偏差。本章我们利用 optiSLang 优化软件，对微带八木天线中的 S 参数的关键参数进行自动筛选，对特定目标的自动优化实现了稳健的多参数优化，为读者在进行射频器件参数优化方面，带来了更加快捷、可靠的优化途径。

第 17 章 Maxwell 与 HFSS 的联合仿真

本章主要针对 HFSS 中的非均匀磁场激励功能,通过一个简单铁氧体环形器仿真案例,详细讲解如何利用 Maxwell 和 HFSS 进行联合仿真。通过在 Maxwell 中建立静磁仿真模型,将 Maxwell 的静磁仿真结果作为磁偏置激励输入至 HFSS 中,再用 HFSS 仿真整个结构模型,从而实现 HFSS 中铁氧体非均匀磁场的激励电磁计算的完整仿真过程。

希望通过本章的学习,读者能够掌握仿真铁氧体非均匀磁场激励的步骤以及 Maxwell 和 HFSS 的联合仿真。在本章,读者可以学到以下内容:

➢ 如何在 Maxwell 软件中建立联合仿真模型。

➢ 如何在 Maxwell 软件中设置磁材料参数。

➢ 如何在 Maxwell 软件中设置铁氧体的边界条件和激励。

➢ 如何在 Maxwell 软件中实现磁化仿真的功能。

➢ 如何实现将 Maxwell 磁化仿真结果导入 HFSS 的操作过程。

该方案使用的软件版本:ANSYS Electronics Desktop 2019R1 版。

17.1 研 究 背 景

ANSYS 公司的 Maxwell 是一个功能强大、结果精确、易于使用的三维电磁场有限元分析软件,它包括电场、静磁场、涡流场、瞬态场和温度场分析模块,可以用来分析电机、传感器、变压器、永磁设备、激励器等电磁装置的静态、稳态、瞬态、正常工况和故障工况的特性;具有自上而下执行的用户界面、领先的自适应网格剖分技术及用户定义材料库等特点,使得它在易用性上遥遥领先其他分析软件。Maxwell 具有高性能矩阵求解器和多 CUP 处理能力,可提供最快的求解速度。

17.2 研 究 方 法

本章采用铁氧体环形器进行仿真。铁氧体一般是铁和其他一种或多种适当的金属组成的复合氧化物。铁氧体又称磁性瓷,其生产过程及外观类似陶瓷,其导电性属半导体,电阻率一般为 $10^2 \sim 10^{11}\ \Omega \cdot cm$。在介电性能方面,铁氧体具有磁性介质特性;在微波频段,其相对介电常量为 8~16,介电损耗正切为 $10^{-3} \sim 10^{-4}$;在基本内磁性方面,铁氧体的磁性是由自旋电子引起的,磁饱和度为 0.02~0.55 T,覆盖了微波频段的大部分。按照特性及用途,铁氧体可分为软磁、恒磁、矩磁、旋磁及压磁五大类。微波铁氧体指的是旋磁铁氧体。

由于铁氧体具有上述特性，在远离共振吸收区时，微波可以自由地通过它。微波在通过铁氧体时可以与铁氧体的自旋电子发生充分的相互作用，在外部磁偏场的作用下，将出现张量磁导率。张量磁导率中虚数非对角元素存在，且符号相反，这会导致一系列非互易特性，比如法拉第旋转效应等。由此可以构造出环形器等一系列微波器件。

环形器是一种十分常用的微波器件，常用于雷达双工器、快速开关、隔离器及高灵敏度接收机等。就 S 参数而言，S21、S32、S13 为 1，S12、S23、S31 为 0，即电磁波从 1 端口只能传到 2 端口、从 2 端口只能传到 3 端口、从 3 端口只能传到 1 端口的环形传输功能。

在本章中，先通过 HFSS 的均匀偏置磁场激励对铁氧体环形器进行激励，然后通过 Maxwell 与 HFSS 联合对铁氧体环形器进行非均匀偏置磁场的激励，最后将两者的结果进行对比。

17.3　Maxwell 仿真建模流程

用 HFSS 软件设计一个 H 面结形波导环形器。选择银作为环形器腔体外壁材料，外壁高度 H1 = 0.5 in，宽度 W1 = 1 in；腔体内壁高度 H2 = 0.4 in，宽度 W2 = 0.9 in。铁氧体采取圆柱体，高度与内壁高度一致。环形器工作频率为 10 GHz。

此处，先在 HFSS 中实现铁氧体 H 面结形波导环形器的建模，然后添加 WavePort 激励及 Magnetic Bias 激励，最后求解 HFSS 仿真生成的 S 参数结果及内部电场分布。

17.3.1　HFSS 加均匀磁偏置模型的建立

1. 插入设计

运行 HFSS，点击菜单栏中的【Project】→【Insert HFSS Design】命令，建立一个新的工程，如图 17.3.1 所示。

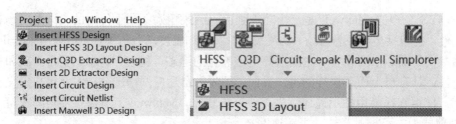

图 17.3.1　插入 HFSS 工程

2. 设置求解类型

在菜单栏中选择【HFSS】→【Solution Type…】命令，设置求解类型为"Modal"，如图 17.3.2 所示。

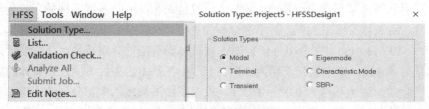

图 17.3.2　设置求解类型

3. 设置单位

选择菜单栏中的【Modeler】→【Units】命令，选择单位"in"，如图 17.3.3 所示。

4. 设置模型的默认材料

在工具栏中设置模型的默认材料为真空(vacuum)，如图 17.3.4 所示。

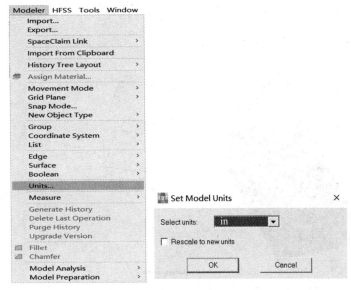

图 17.3.3　设置单位　　　　　　　　　　图 17.3.4　设置模型默认材料

5. 创建腔体外壁

如图 17.3.5 所示，选择菜单栏中的【Draw】→【Box】命令，创建长方体模型，长为 2 in，宽为 0.5 in，高为 1 in。设置其坐标原点(X, Y, Z)为(0, −0.5, −0.25)，(dX, dY, dZ)为(2, 1, 0.5)。在几何树上右击 Box1 选择 Properties，在弹出的属性窗口中更改名称为"outer_wall"，并将长方体透明度改为 0.8。

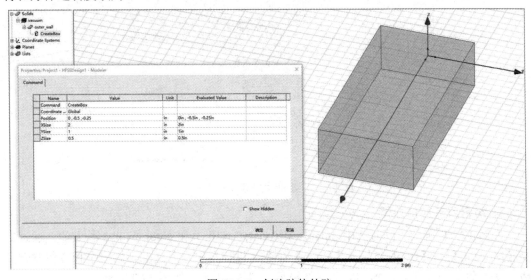

图 17.3.5　创建腔体外壁

6. 旋转生成其余腔体外壁

如图 17.3.6 所示，在几何树下选择长方体"outer_wall"，选择菜单栏中的【Edit】→【Duplicate】→【Around Axis】命令，在弹出的对话框中选择 Z 轴，旋转角度为 120°，数量为 3。建好的模型如图 17.3.7 所示。

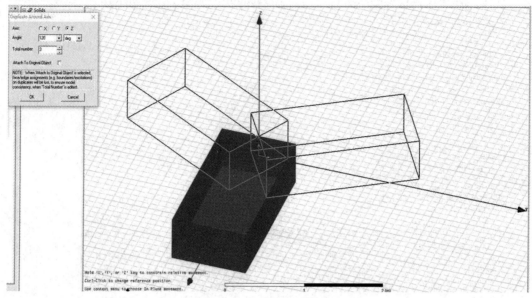

图 17.3.6　旋转生成路径

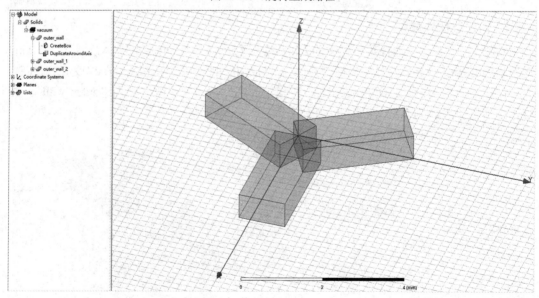

图 17.3.7　旋转生成其余腔体外壁

7. 组合所有腔体外壁

如图 17.3.8 所示，同时选中 outer_wall、outer_wall_1 和 outer_wall_2 长方体，通过选择【Modeler】→【Boolean】→【Unite】命令，进行布尔合并运算，将三个长方体联合变成一个整体模型。然后，指定合并后的模型材料为 silver，如图 17.3.9 所示。

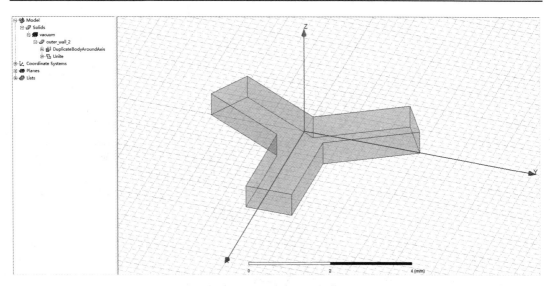

图 17.3.8   布尔合并操作

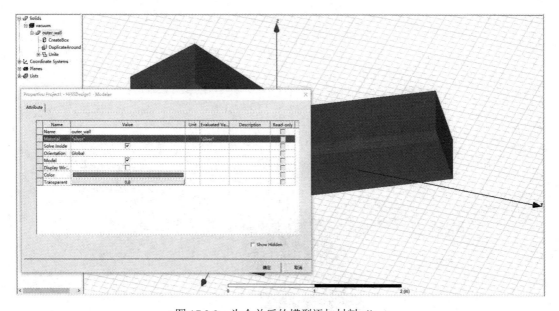

图 17.3.9   为合并后的模型添加材料 silver

8. 创建内部空气腔

如图 17.3.10 所示，选择菜单栏中的【Draw】→【Box】命令，创建长方体模型，长为 2 in，宽为 0.4 in，高为 0.9 in。设置其坐标原点(X, Y, Z)为(0, −0.45, −0.2)，(dX, dY, dZ)为(2，0.9，0.4)。在几何树上右击空气腔模型选择 Properties，在弹出的属性窗口中将名称更改为 guide，并将长方体透明度改为 0.7。

9. 旋转生成其余内部空气腔

如图 17.3.11 所示，在几何树下选择长方体 guide，选择菜单栏中的【Edit】→【Duplicate】→【Around Axis】命令。在弹出对话框中选择 Z 轴，旋转角度为 120°，数量为 3。

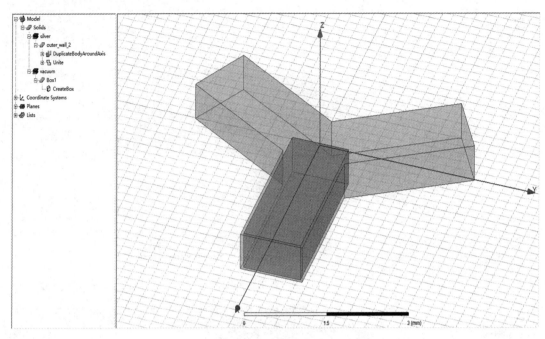

图 17.3.10　创建内部空气腔

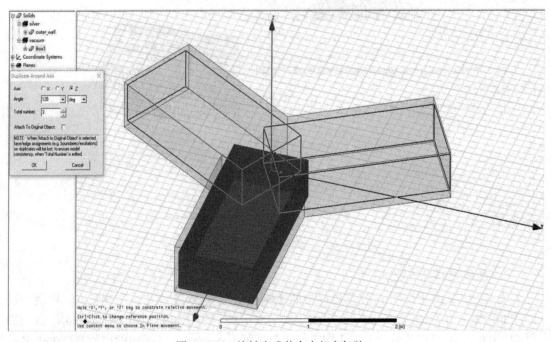

图 17.3.11　旋转生成其余内部空气腔

10. 组合所有内部空气腔

如图 17.3.12 所示，同时选中 guide、guide_1 和 guide_2 长方体，通过选择【Modeler】→【Boolean】→【Unite】命令进行布尔合并运算，将三个长方体联合变成一个整体模型。然后对合并后的模型指定材料为 air。

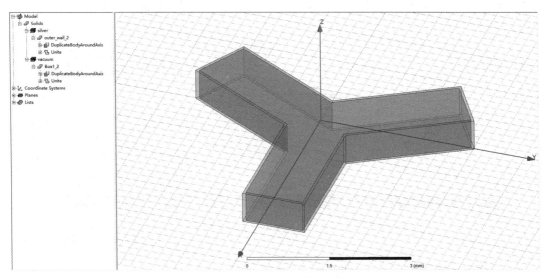

图 17.3.12 组合所有内部空气腔

11. 创建铁氧体

如图 17.3.13 所示，选择菜单栏中的【Draw】→【Cylinder】命令，创建圆柱体铁氧体模型，半径为 0.14 in，高为 0.4 in。设置其坐标原点(X, Y, Z)为(0, 0, −0.2)，坐标轴为 Z 轴。在几何树上右击空气腔模型选择 Properties，在弹出的属性窗口中将名称更改为 ferrite，并将长方体透明度改为 0.6。

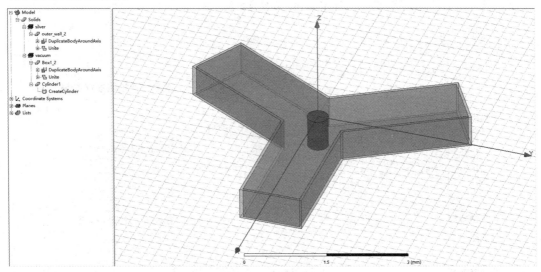

图 17.3.13 创建铁氧体模型

12. 设置铁氧体材料

如图 17.3.14 所示，在 ferrite 的属性(Properties)窗口中的 Attribute 项下，点击 Material 右边的【vacuum】按钮，会弹出材料设置的对话框。在对话框里的下方点击【Add Material...】按钮，弹出用户自定义材料的对话框。在 Material Name 项里输入 TT1_109，材料的属性见图 17.3.15。

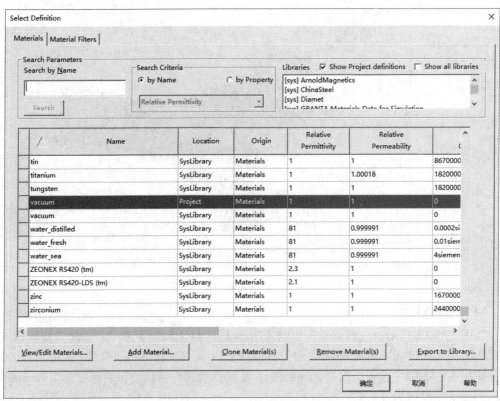

图 17.3.14　自定义材料路径

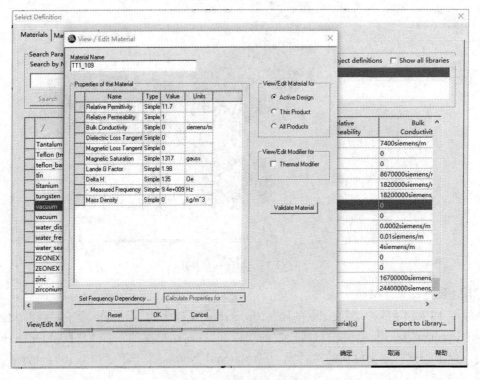

图 17.3.15　设置铁氧体材料

13. 设置 Wave Port 激励端口

如图 17.3.16 所示，在菜单栏中单击【Edit】→【Select】→【Faces】命令，选择对象面，然后选择腔体内壁与 YOZ 面平行的面，点击菜单栏中的【HFSS】→【Excitations】→【Assign】→【WavePort】命令，添加 WavePort 端口。也可采取图 17.3.17 所示的操作方式，右击选择对象面。其他两个面采用同样的操作方式。建好的激励端口模型如图 17.3.18 所示。

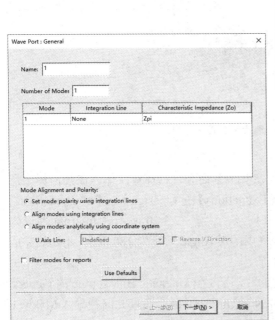
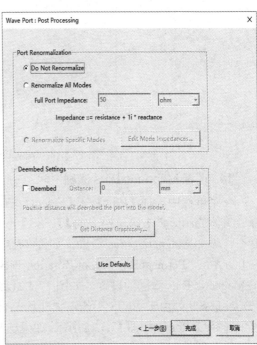

图 17.3.16　设置 WavePort 激励端口路径

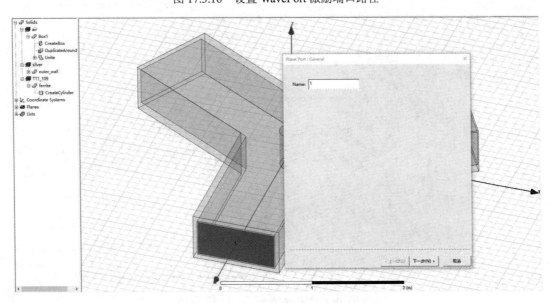

图 17.3.17　设置 WavePort 激励端口

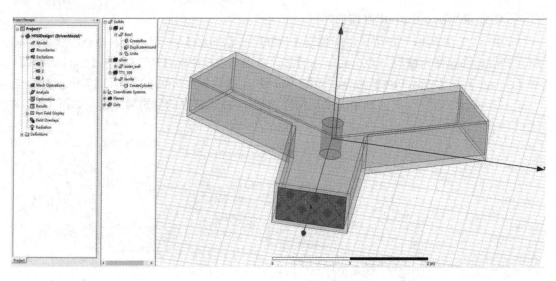

图 17.3.18　WavePort 激励端口设置效果

14. 设置 Magnetic Bias 激励

在菜单栏中选择【Edit】→【Select】→【Objects】命令，选择对象体。在几何树上选择铁氧体 ferrite 点击菜单栏中的【HFSS】→【Excitations】→【Assign】→【Magnetic Bias】命令，添加 Magnetic Bias 激励，如图 17.3.19 所示，将图 17.3.20 所示的 Internal 项设为16 000 A/m，Permeability Tensor Rotation 列表框中的 Y Angle 项设为 180 deg。此处就完成了 Magnetic Bias 激励的设置，如图 17.3.21 所示。

注意：此处由于 HFSS 不能添加非均匀磁偏置，所以在 Magnetic Bias source 的 General 项中选择 Uniform，如图 17.3.18 所示，如果选择 Non-Uniform，则会通过此路径导入 Maxwell 的磁化模型。

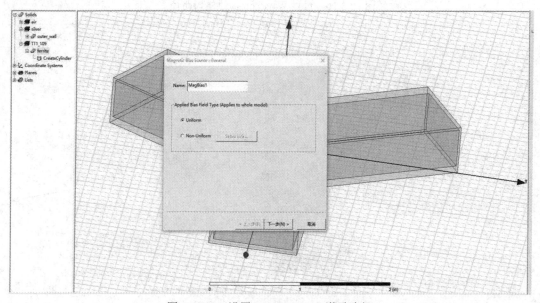

图 17.3.19　设置 Magnetic Bias 激励路径

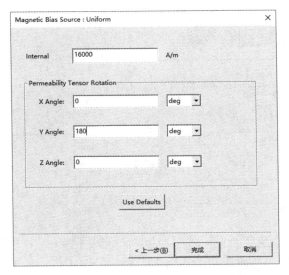

图 17.3.20　设置 Magnetic Bias 激励参数

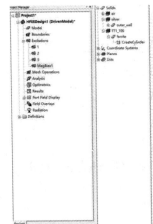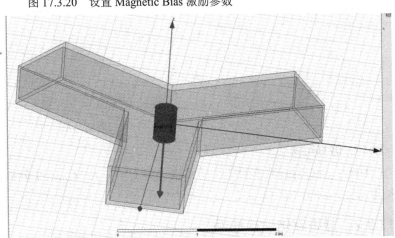

图 17.3.21　设置 Magnetic Bias 激励效果

15. 建立求解

如图 17.3.22 所示，在菜单栏中选择【HFSS】→【Analysis Setup】→【Add Solution Setup】命令，在求解窗口设置 Solution Frequency 为 10 GHz，Maximum Number of Passes 为 15，Maximum Delta S per Pass 为 0.005。

如图 17.3.23 所示，同时添加 Sweep 扫频，Sweep Type 设置为 Interpolating(插值法)，扫频方式选择 LinearStep，Start 为 9 GHz，Stop 为 11 GHz，Step Size 为 0.01 GHz。

图 17.3.22　建立求解对话框

16. 求解

在菜单栏中选择【HFSS】→【Analyze All】命令。

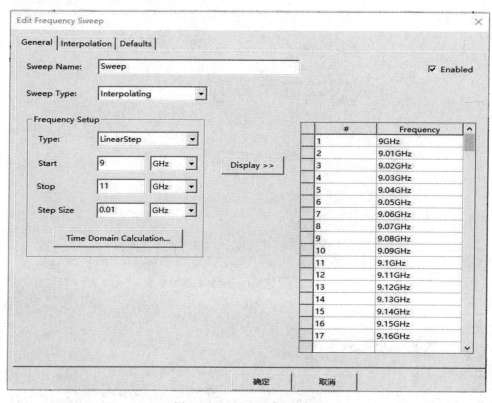

图 17.3.23　建立扫频对话框

17. 仿真结果

HFSS 加均匀磁偏置的仿真结果将与后文中导入 Maxwell 静磁磁化后的模型进行仿真结果对比，这里不做单独显示。

17.3.2　静磁磁化设计过程

1. 插入设计

选择菜单栏中的【Project】→【Insert Maxwell 3D Design】命令，或者按图 17.3.24 设置。

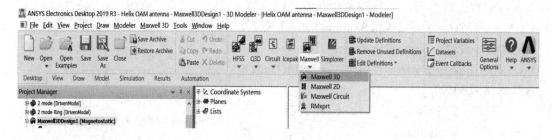

图 17.3.24　插入设计

2. 设置求解类型

在菜单栏中选择【Maxwell 3D】→【Solution Type】命令，Magnetic 项选择 Magnetostatic，如图 17.3.25 所示。

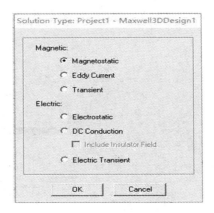

图 17.3.25　设置求解类型

3. 设置单位

如图 17.3.26 所示，选择菜单栏中的 Modeler，Select units 项选择 in。

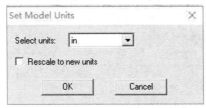

图 17.3.26　设置单位

4. 复制铁氧体模型

如图 17.3.27 所示，将 HFSS 设计过程中的铁氧体模型 ferrite，复制粘贴到 Maxwell 工程下。

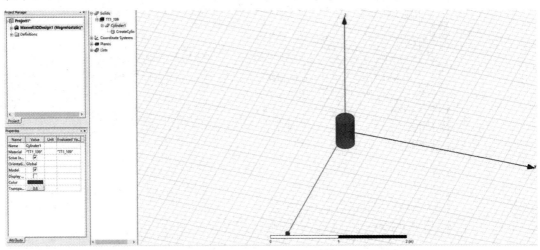

图 17.3.27　复制铁氧体模型

5. 设置铁氧体模型的磁化材料参数

如图 17.3.28 所示，右击选择铁氧体的材料属性"Properties"进入材料工程窗口后进入材料编辑，将"Magnitude"的值设为 16 000 A(与前面 HFSS 工程数值保持一致)，将 X/Y

Component 设为 0，Z Component 设为 1，意思是向着 Z 轴方向进行充磁操作，如图 17.3.29 所示。

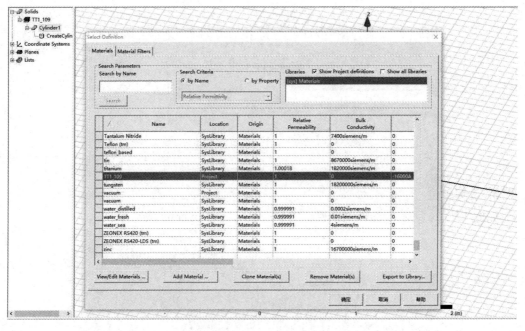

图 17.3.28　进入材料工程窗口

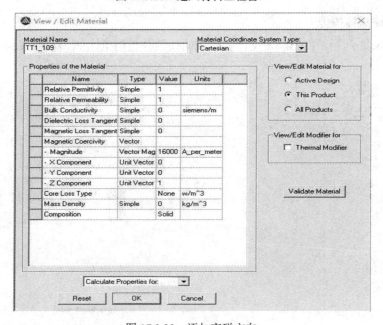

图 17.3.29　添加充磁方向

6. 设置求解域

如图 17.3.30 和图 17.3.31 所示，选择【Draw】→【Region】命令，在设置界面上勾选 "Padding all directions similarly"，Padding Type 设置为 "Percentage Offset"，值为 100。

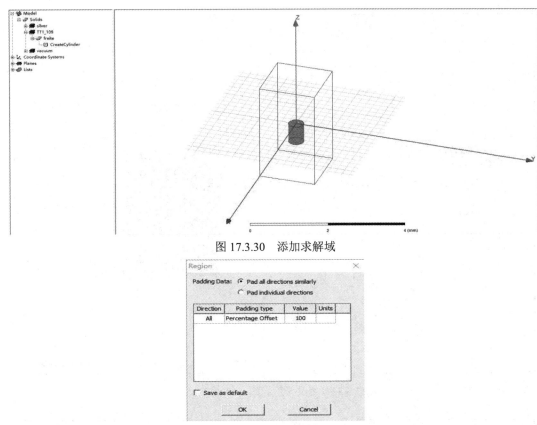

图 17.3.30　添加求解域

图 17.3.31　求解域模型

7. 设置求解域边界条件

如图 17.3.32 所示，选择使用对象面，将求解域 "Region" 模型四周的四个面分别设为 Tangential H-Field 的边界。然后选择【Maxwell】→【Boundaries】→【Assign】→【Tangential H Field】命令，磁场通过 U 和 V 两个分量进行分配，U 方向设为 0 A/M，V 方向设为 16 000 A/M，如图 17.3.33 所示。定义矢量线时，沿着求解域下沿边上，从左至右定义，设置好的边界条件如图 17.3.34 所示。

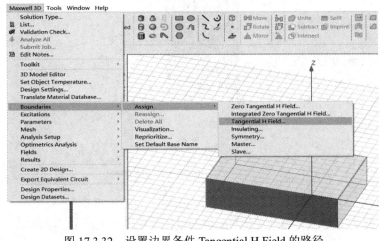

图 17.3.32　设置边界条件 Tangential H Field 的路径

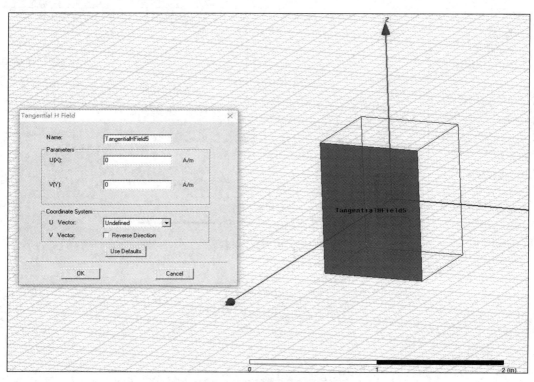

图 17.3.33　定义矢量线的方向(从左至右)

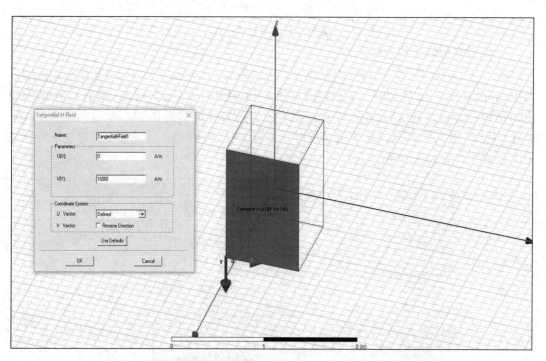

图 17.3.34　定义好的 Tangential H Field 边界条件

其他三个面采用同样的操作。上下两个面设为 Zero Tangential H-Field 边界，同时选取上下两个面，通过选择【Maxwell】→【Boundaries】→【Assign】→【ZeroTangential H Field】命令，或按图 17.3.35 所示的界面设置磁场垂直于边界表面，则定义好的边界条件如图 17.3.36 所示。

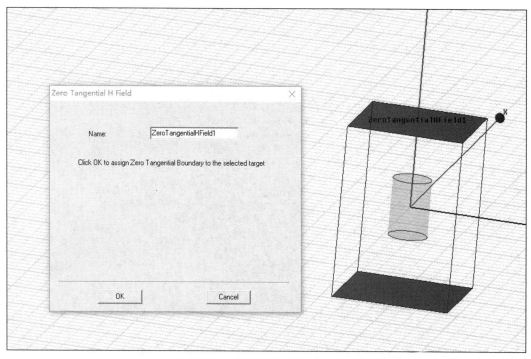

图 17.3.35　设置边界条件 Zero Tangential H Field 的路径

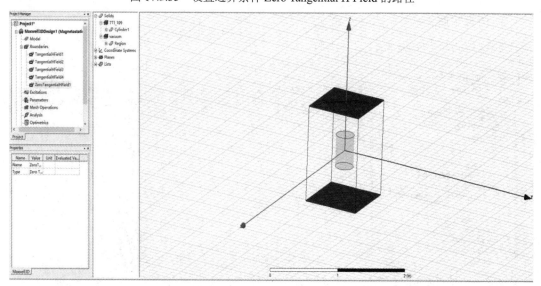

图 17.3.36　定义好的 Zero Tangential H Field 边界条件

8. 设置求解器

如图 17.3.37 所示，通过选择【Maxwell 3D】→【Analysis Setup】→【Add Solution Setup】命令，选择默认设置后确定。

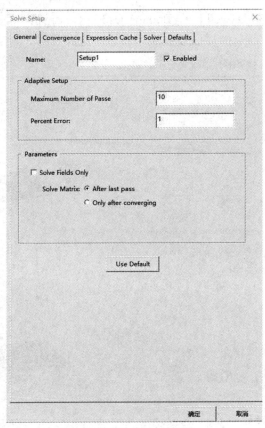

图 17.3.37　设置求解器

9. 仿真求解

如图 17.3.38 所示，进行仿真求解。

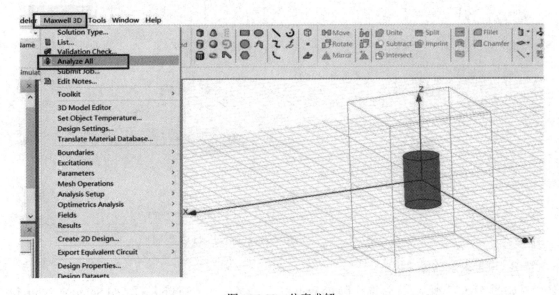

图 17.3.38　仿真求解

10. 查看仿真结果

在菜单栏中选择【Maxwell】→【Fields】→【H】→【H_Vector】命令，然后选择
【Allobjects】命令，查看如图 17.3.39 所示的磁场分布。

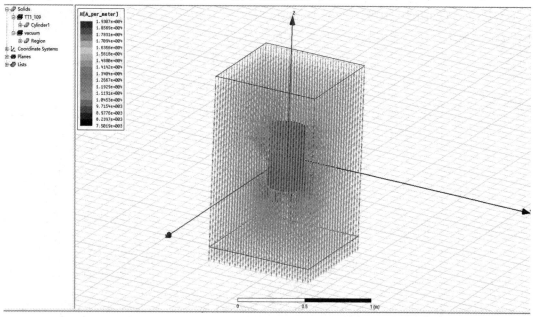

图 17.3.39　查看磁场分布显示效果

17.3.3　静磁磁化模型导入 HFSS 工程

1. 建立 HFSS 模型

建立一个与 17.3.1 节中一致的 HFSS 模型，并去掉 HFSS 设置的 MagBias 激励，如图
17.3.40 所示。

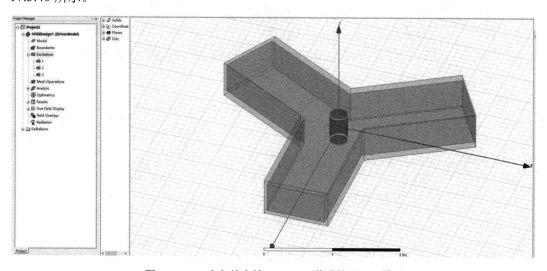

图 17.3.40　建立并去掉 MagBias 激励的 HFSS 模型

2. 导入静磁磁化模型

如图 17.3.41 所示，在几何树上选择铁氧体 ferrite，在菜单栏中选择【HFSS】→
【Excitations】→【Assign】→【Magnetic Bias】命令，添加 Magnetic Bias 激励。在 Magnetic
Bias source 的 General 项中选择 Non-Uniform 通过此路径导入 Maxwell 3D 的磁化模型，如
图 17.3.42 所示。建好的模型如图 17.3.43 所示。

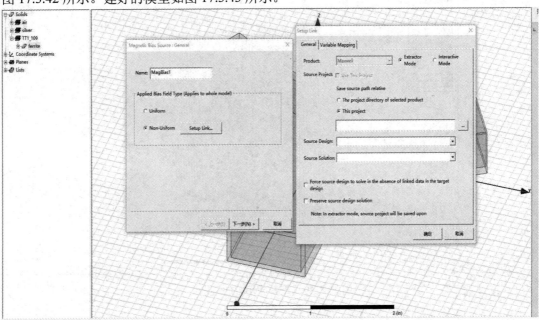

图 17.3.41　导入静磁磁化模型的路径

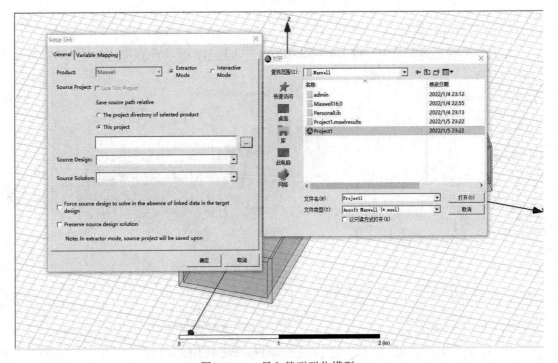

图 17.3.42　导入静磁磁化模型

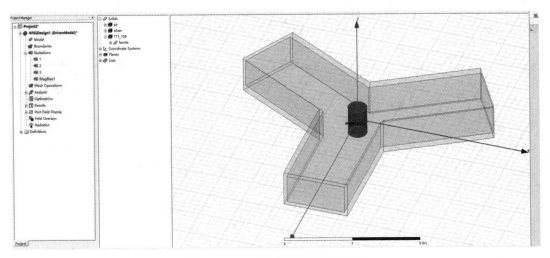

图 17.3.43　完成导入静磁磁化模型

3. HFSS 求解

此处将导入 Maxwell 的静磁磁化模型作为非均匀 MagBias 激励的 HFSS 工程进行求解，求解方式与设置均保持不变。

17.4　仿真结果的分析与讨论

(1) 对比 9.87 GHz 导通 S 参数(S21、S32、S13)，均匀 MagBias 激励环形器导通 S 参数仿真的结果见图 17.4.1，非均匀 MagBias 激励环形器导通 S 参数仿真的结果见图 17.4.2。

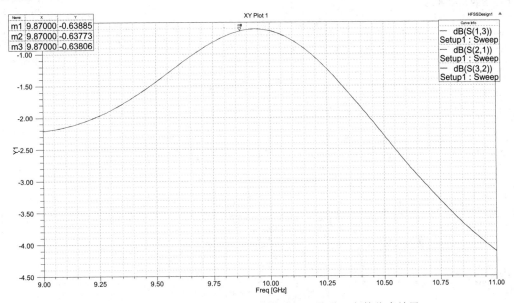

图 17.4.1　HFSS 均匀 MagBias 激励环形器导通 S 参数仿真结果

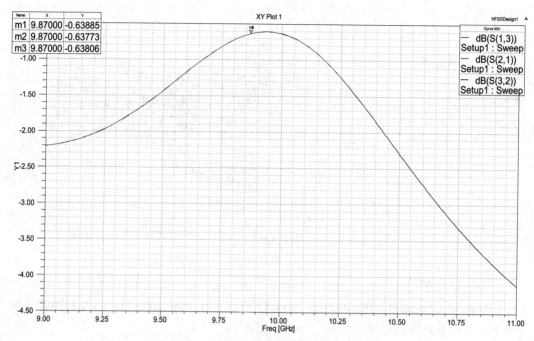

图 17.4.2　HFSS 非均匀 MagBias 激励环形器导通 S 参数仿真结果

（2）对比 9.87 GHz 隔离 S 参数(S12、S23、S31)，均匀 MagBias 激励环形器隔离 S 参数仿真的结果见图 17.4.3，非均匀 MagBias 激励环形器隔离 S 参数仿真的结果见图 17.4.4。

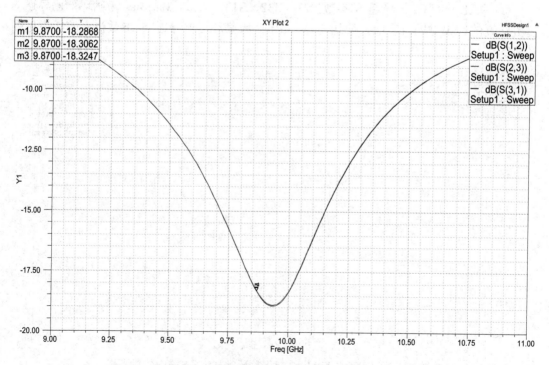

图 17.4.3　HFSS 均匀 MagBias 激励环形器隔离 S 参数仿真结果

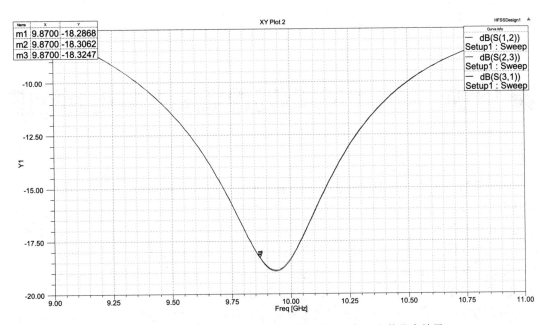

图 17.4.4　HFSS 非均匀 MagBias 激励环形器隔离 S 参数仿真结果

第18章 MATLAB 辅助建模与场数据后处理

本章通过一个简单的 Pancharatnam-Berry(PB)超表面的性能分析实例，详细讲解了如何利用 MATLAB 在 HFSS 中辅助建模，以及在 MATLAB 中如何进行场数据后处理。在超表面的建模和性能分析过程中，详细地讲述并演示了超表面单元在 HFSS 中如何添加和使用变量、创建模型、分配边界条件、设置端口激励、设置求解设置、HFSS 中 VBS 脚本介绍与使用、MATLAB 编程生成 VBS 脚本、HFSS-MATLAB 联合创建单层超表面模型、电场数据导出以及在 MATLAB 中对场数据进行后处理等内容。

希望通过本章的学习，读者能够熟悉和掌握如何在 HFSS 中利用 MATLAB 辅助创建超表面，以及如何进行导出场数据的后处理的方法和步骤。在本章，读者可以学到以下内容：

➢ 如何在 HFSS 中添加和使用变量。

➢ 如何在 HFSS 中创建超表面单元模型。

➢ 如何在 HFSS 中分配主从边界条件。

➢ 如何在 HFSS 中设置 Floquet 端口激励。

➢ 如何利用 VBS 脚本来生成 HFSS 模型。

➢ 如何利用 MATLAB 编写 VBS 脚本。

➢ 如何用 MATLAB 在 HFSS 中辅助创建超表面模型。

➢ 如何在 HFSS 中导出电场数据。

➢ 如何在 MATLAB 中对导出的电场数据进行后处理。

18.1 研 究 背 景

在处理一些大型阵列如超表面，基于其复杂性和重复性步骤考虑，借助 HFSS-MATLAB 的 API 函数库进行代码式辅助建模，在一定程度上可以简化 HFSS 建模中的一些复杂步骤、重复性步骤。同时，MATLAB 具有强大的数据图像处理功能，在数据处理方面具有更高的自由度。因此，通过对 HFSS 中的场数据进行导出，并在 MATLAB 中进行数据后处理以及绘制图像，能够更方便地对电场进行分析。

18.2 超表面单元结构概述和求解条件设置

超表面是由一个个结构相似的单元构成的阵列，类似阵列天线。因此，为了方便了解超表面的整体特性，我们首先对其单元进行建模仿真分析。

18.2.1 超表面单元结构概述

为了便于建模和后续性能分析，在建模前我们先定义一系列的变量来描述超表面单元的结构尺寸。单元结构名称、变量名以及变量值(含单位)如表 18.2.1 所示。

表 18.2.1 超表面单元变量

单元结构名称	变量名	变量值/mm
单元边长(周期)	p	7.3829
介质层厚度	h	2
圆形贴片直径	d	6.855 55
矩形贴片长度	b	6.117 26
矩形贴片宽度	w	1.160 17
空气盒子与模型距离	da	8.4376

表 18.2.1 中的变量 p 对于单元结构而言，是其自身的边长。但是，由于超表面是一个个外形相同，结构相似的单元紧邻排列形成的阵列，因此变量 p 对超表面而言称为超表面单元的周期。变量 da 为空气盒子到模型边缘的距离，此处取值大于自由空间中心频率对应的电磁波波长的 1/4 即可。

超表面单元结构模型如图 18.2.1 所示。单元由参考地、介质层、贴片 1 和贴片 2 构成。单元模型的底部中心位于坐标原点处，参考地位于单元介质层底部，与 XOY 面重合，边长为 p。方形介质层底面与参考地完全重合，边长为 p，厚度为 h。贴片 1 是位于高度 h 处的 p×p 的方形贴片，与圆心为(0, 0, h)、半径为 d/2 的圆形贴片进行布尔减运算得到的图形贴片。贴片 2 是以沿 X 轴为长度方向，长度为 b，以沿 Y 轴为宽度方向，其宽度为 w 的矩形贴片，其中心位于(0, 0, h)处。介质层材料相对介电常数为 4.6。参考地、贴片 1 和贴片 2 均分配"pec"边界条件。

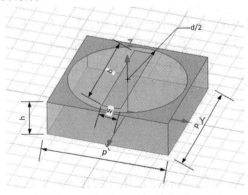

图 18.2.1 超表面单元结构图及尺寸

在 HFSS 中单元模型在建立空气盒子时，盒子四周与单元结构无缝紧贴，上、下表面距离单元结构上、下表面均要求大于自由空间中的 1/4 波长。文中单元模型的求解中心频率为 10 GHz，扫频范围为 5～15 GHz，自由空间的 1/4 波长为 7.5 mm，此处取空气盒子到模型边缘距离 da = 8.4376 mm。

18.2.2 超表面单元求解条件

超表面单元求解条件设置如下：

(1) 模型求解类型选择：模式驱动求解。

(2) 边界条件和激励设置：边界条件设置为 Coupled Boundary，即主从边界条件。

(3) 端口激励设置为 Floquet 端口，采用平面入射波进行激励。

(4) 求解频率设置：求解频率为 10 GHz，扫频范围为 5～15 GHz，扫频类型为插值扫频(Interpolating)。

18.3　超表面单元的建模

在 HFSS 中对超表面单元进行建模，主要分为以下几个步骤：新建工程设计、添加设计变量、创建模型、分配边界条件、设置端口激励以及进行求解设置等步骤。

18.3.1　新建工程设计

启动 HFSS 软件并新建工程。双击打开电脑桌面软件 ANSYS ELECTRONICS，软件运行后会新建一个工程文件 Project1，双击并重命名为 Metasurface_Unit。点击菜单栏并选择【Project】→【Insert HFSS Design】命令，这时，在左边工程树下就会新添入一个 HFSS Design1(DrivenModal)，双击并重命名为 Metasurface_Unit。这里使用默认的模式驱动求解类型，无须设置。

设置模型尺寸单位。打开菜单栏并选择【Modeler】→【Units】命令，在 Select unit 下拉框内选择 mm 作为单位，而后单击【OK】，完成模型尺寸单位设置并退出。

18.3.2　添加设计变量

在菜单栏中选择【HFSS】→【Design Properties】命令，点击【Add】按钮，弹出 Add Property 窗口，添加设计变量。在 Name 框内输入变量名称 p，Value 框内填入参数值并带上单位 7.3829 mm，而后点击【OK】按钮。使用同样的方法对变量 h、d、b、w 和 da 进行定义和赋值。最后单击 Property 对话框中的【OK】按钮，完成变量添加和赋值工作。

18.3.3　创建模型

1. 创建介质层

(1) 单击 HFSS 工具栏上的 ▭ 按钮，任意创建一个长方体，新创建的长方体会自动添加在三维模型窗口 Solids 历史操作树下，系统默认名称为 Box1。

(2) 双击 Box1，打开模型属性窗口，如图 18.3.1 所示，将窗口中的 Name 与 Value 对应的 Box1 更名为 Sub；点击 Color 处的颜色块设置介质层颜色为橘黄色，点击 Transparency 处的数字按钮，在弹出的对话框中输入 0～1 的数值，设置不透明度；在 Material 下拉栏里点击 Edit 选项，弹出 Select Definition 窗口，点击下方【Add Material】按钮，弹出对话框如图 18.3.2 所示。

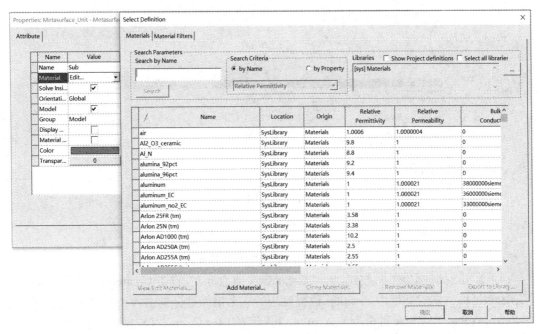

图 18.3.1　介质层属性设置

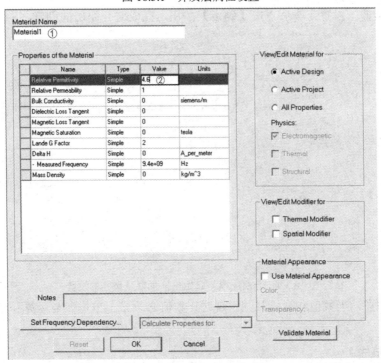

图 18.3.2　介质层材料属性设置 1

　　(3) 在该对话框中的①处给材料命名为 Material 1，在②处输入自定义的相对介电常数数值 4.6，点击下方【OK】按钮，弹出对话框如图 18.3.3 所示，在材料列表中出现 Material 1 材料，选中并点击右下角的【确定】按钮，完成对介质层材料的属性设置。

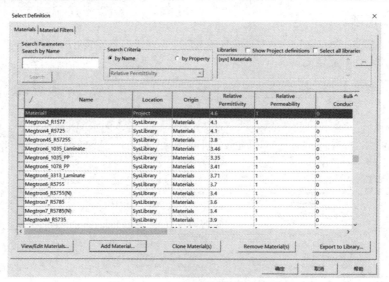

图 18.3.3　介质层材料属性设置 2

（4）单击 Sub 左边的 ⊞ 按钮，出现 CreateBox 节点分支，双击 CreateBox，出现图 18.3.4 所示的对话框。在对话框中 Position 位置对应的三个坐标处分别输入 –p/2、–p/2、0 mm，在 Xsize、YSize 和 ZSize 处分别输入 p、p、h，代表以(-p/2, -p/2, 0)为起点，分别沿 X、Y、Z 正轴延伸长度为 p、p、h(作为模型的长、宽、高)；若延伸长度为负值，则代表沿轴的相反方向进行延伸。设置完毕后点击【确定】按钮，完成对介质层的创建。

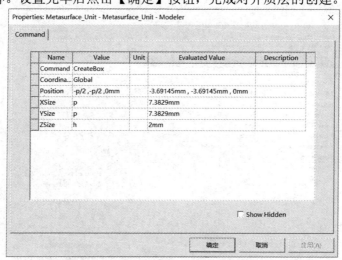

图 18.3.4　介质层模型起始坐标位置及尺寸的设置

此处应注意，当数值和变量共同出现时，数值必须带上单位参与运算和使用，下面不再赘述。

2. 创建贴片 1

创建贴片 1 需要用到 Boolean 运算，分为三个步骤。

（1）单击 HFSS 工具栏上的 ■ 按钮，任意创建一个矩形，新创建的矩形会自动添加在三维模型窗口 Sheets 历史操作树下，系统默认名称为 Rectangle1，双击 Rectangle1 打开模型属性窗口，将窗口中的 Name 与 Value 对应的 Rectangle1 更名为 Patch1，然后点击【确定】完成对贴片 1 的属性设置。单击 Patch1 左边的 按钮，出现 CreateRectangle 节点分支，双击 CreateRectangle，在出现的窗口 Position 位置对应的三个坐标处分别输入 -p/2、-p/2、h，在 Xsize、YSize 处分别输入 p、p，点击【确定】按钮，完成对 Patch1 的位置尺寸设置。

(2) 点击工具栏上的 按钮，创建方法同矩形操作，产生 Circle1 节点以及分支 CreateCircle，双击 CreateCircle，在出现的窗口中分别输入坐标 0 mm、0 mm、h，在 Radius 对应框中输入 d，代表圆形贴片的半径，点击【确定】按钮，完成对圆形贴片的创建。

(3) 按住 Ctrl 键，同时单击选中 Patch1 和 Circle1，而后鼠标在模型空白处右击，选择【Edit】→【Boolean】→【Substract】命令，弹出如图 18.3.5 所示的对话框。在该对话框中，不勾选①处，点击【确定】按钮，在 Patch1 节点下出现新分支 Substrate。此时，完成了对贴片 1 的完整创建过程。

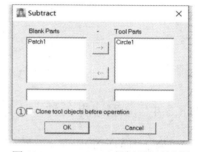

需要指出的是，在进行 Boolean 运算时系统默认的是以先选中的几何体作 Boolean 运算，减去后选中的几何体，故在按住 Ctrl 时，需要注意点选顺序，应先点选 Patch1，后点选 Circle1。

图 18.3.5　Boolean 减法运算对话框

3. 创建贴片 2

单击 HFSS 工具栏上的 按钮，任意创建一个矩形，新创建矩形名称为 Rectangle2，双击 Rectangle2 进入属性窗口，更名为 Patch2，然后点击【确定】按钮，完成贴片 2 的属性设置。

单击 Patch2 左边的 按钮，双击 CreateRectangle，在出现的窗口 Position 位置对应的三个坐标处分别输入 -b/2、-w/2、h，在 Xsize、YSize 处分别输入 b、w，点击【确定】按钮，完成对 Patch2 的位置尺寸设置。

4. 创建参考地

点击 按钮，创建新矩形并更名为 GND，然后点击【确定】按钮，完成对参考地的属性设置。

双击 CreateRectangle，在出现的窗口 Position 位置对应的三个坐标处分别输入 -p/2、-p/2、0 mm，在 Xsize、YSize 处分别输入 p、p，点击【确定】完成对 GND 的位置尺寸设置。

5. 创建空气盒子

创建空气盒子的操作方法同介质层创建的操作方法，将新创建的长方体 Box2 更名为 AirBox，双击 AirBox 打开模型属性窗口，点击 Transparency 处的数字按钮，在弹出的对话框中输入 0.8，设置不透明度；在 Material 列表框的下拉栏里点击 Edit 选项，在材料菜单栏下找到 Air 材料，然后点击【确定】按钮，完成对 AirBox 的属性设置。

双击 CreateBox，如图 18.3.6 所示，在对话框中 Position 位置对应的三个坐标处分别输入 -p/2、-p/2 和 -da，在 Xsize、YSize 和 ZSize 处分别输入 p、p 和 2*da + h。

设置完毕后点击【确定】按钮，完成对空气盒子的创建。

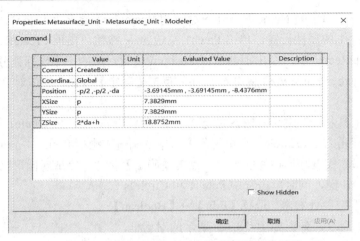

图 18.3.6 空气盒子起始坐标位置及尺寸的设置

18.3.4 分配边界条件

为了用单个单元仿真出阵列效果，空气盒子需要设置主从边界条件，单元贴片和参考地需要设置为理想电边界条件。

1. 分配理想边界条件

按住键盘上 Ctrl 键，同时，单击选中历史操作下的 Patch1、Patch2 和 GND，而后鼠标在模型空白处右击，选择【Assign Boundary】→【Perfect E】命令，在弹出的对话框 Infinite Ground Plane 处不勾选，点击【确定】按钮。如图 18.3.7 所示，此时 Sheets 下的 Unassigned 节点变成 Perfect E 节点，节点下包含 Patch1、Patch2 和 GND 三个节点，说明对单元贴片和参考地的边界条件已分配成功。

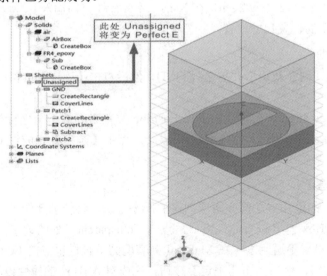

图 18.3.7 分配理想边界条件

2. 设置主从边界条件

主边界条件总是成对出现的，且在 X 轴和 Y 轴方向都需要设置。下面我们分别对 X

轴和 Y 轴的边界条件进行设置。在英文状态下，按下键盘上的快捷键 F，切换到面选择状态，鼠标点选空气盒子的前侧面，而后鼠标右击，选择【Assign Boundary】→【Coupled】→【Primary】命令，弹出如图 18.3.8 所示的对话框，设主边界名称为 Primary1。在 Coordinate System 选框中选择 NewVector，而后鼠标从被选择面的左下方顶点开始点击，沿着下边缘到被选择面的右下顶点，单击鼠标并形成矢量 U，同时矢量 V 也会自动形成。

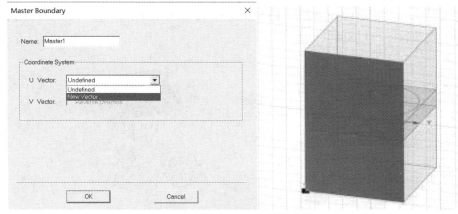

图 18.3.8　主边界设置

　　主、从边界条件的 U、V 方向都必须和被选择面的边同向共线，因此通过勾选 Reverse Direction 状态来保证同向共线条件。点击图 18.3.9 所示的被选中面的位置，按下键盘快捷键 B，则选中空气盒子的后侧面，同时矢量 V 也会自动形成，在弹出的页面点击【下一页】，再点击【确定】，完成 Primary1 对应的从边界的设置，如图 18.3.10 所示。主边界矢量 U、V 方向与从边界对应的矢量 U、V 方向分别同向，则此时沿 X 轴方向的主从边界条件设置完毕。

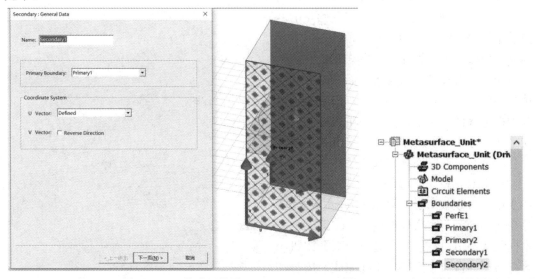

图 18.3.9　从边界设置　　　　　　　图 18.3.10　主、从边界设置显示界面

　　对 Y 方向的主从边界条件设置的操作过程同 X 轴方向的。值得注意的是，在进行从边界设置的时候，一定要选择对应的主边界条件进行匹配设置，这里不再做详细操作讲解。

　　所有主从边界条件设置完毕后，会在左侧工程菜单下显示，如图 18.3.10 所示。

18.3.5　设置端口激励

为了利用单个单元模拟周期性无限大阵列，空气盒子上表面需要设置为 Floquet 端口激励。

在英文状态下按下快捷键 F，切换到面选择状态，鼠标选中空气盒子的上表面，而后鼠标右击，选择【Assign Excitation】→【Floquet Port】命令，弹出如图 18.3.11 所示的对话框，设端口激励名称为 FloquetPort1。

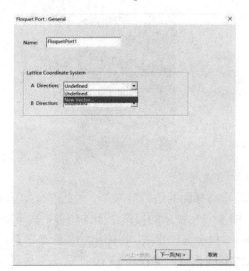
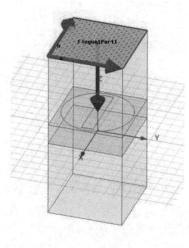

图 18.3.11　Floquet 端口设置

在 A 处下拉选项中选择 NewVector，而后鼠标从被选择面的左下方顶点开始点击，沿着下边缘到被选择面的右下顶点，单击鼠标并形成矢量 a。采用同样的操作，在 B 处下拉选项中选择 NewVector，而后鼠标从被选择面的左下方顶点开始点击，沿着左侧边缘到被选择面的左上顶点，单击鼠标并形成矢量 b。此时，形成的 a、b 矢量相互垂直，并且满足与被选择面同向共线条件。

点击对话框里的【下一页】，出现如图 18.3.12 所示的窗口，勾选 Deembed 复选框，并在其后的第一文本框内输入 da，第二个文本框默认不填，继续点击【下一页】按钮，再在出现的窗口中直接点击【完成】按钮，完成 Floquet 端口的设置。

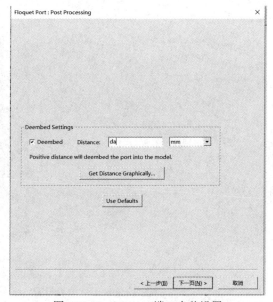

图 18.3.12　Floquet 端口内移设置

需要指出的是，在 Deembed 文本框内输入变量 da 的作用是为了将上表面的 Floquet 端口激励映射到单元体上表面，以此来消除因为激励源与上表面间的距离带来的相位差的影响。

18.3.6　求解设置

设置单元体的求解频率为 10 GHz，扫频范围为 5～15 GHz，扫频类型为插值扫频 (Interpolating)。设置求解频率的具体操作如下所述。

在左侧工程树下选择【Analysis】→【Advanced】命令，弹出对话框，如图 18.3.13 所示，在 Adaptive Solutions 对话框中的 Solution frequency 项选择 Single；在 Frequency 项输入求解频率数值 10，在单位下拉栏选择 GHz；在 Maximum Number of Passes(网格剖分最大迭代次数)项输入迭代次数数值 20，在 Maximum Delta S (收敛误差)项输入迭代次数数值 20。最后按 Enter 键确认，并弹出扫频设置窗口，如图 18.3.14 所示。在扫频设置窗口中，首先在 Sweep Type(扫频类型)下拉栏里选中 Interpolating(插值扫频)；然后鼠标单击 Linear Count 切换成 Linear Step，在 Start 对应下方文本框输入扫频初值 5 GHz，在 End 对应的下方文本框输入扫频终值 15 GHz，在最后一列的文本框输入扫频步长 0.01 GHz；最后点击【确定】按钮，完成对单元体的求解设置。

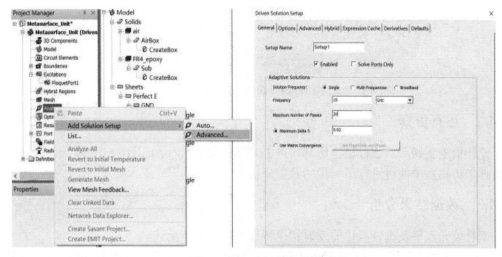

图 18.3.13　求解频率设置

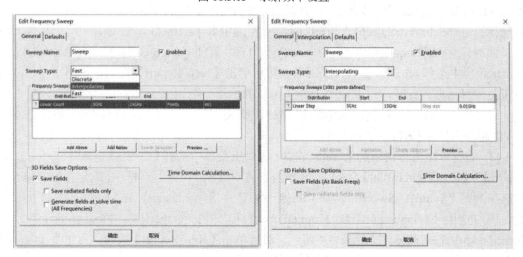

图 18.3.14　扫频设置

18.4　超表面单元的仿真分析

创建完成超表面单元模型之后，下面我们就开始对超表面单元进行模型仿真和相关参数指标的分析。为了确保模型建立的正确性，通常需要进行设计检查，确保设计的正确性和完整性。

18.4.1　设计的检查

进行设计检查时，点击菜单栏上的 HFSS 选项，选择 Validation Check，弹出窗口如图 18.4.1 所示，表示设计前期准备工作均正确。

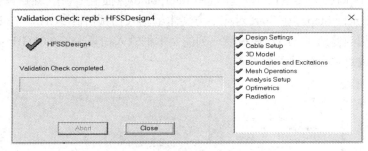

图 18.4.1　设计检查对话框

18.4.2　运行仿真

设计检查正确后，进行模型仿真。点击 HFSS 选项下的 Analyze All，单元模型开始进行仿真。仿真完毕便可进行下一步的数据分析。

18.4.3　数据结果分析

查看单元水平及垂直极化的反射相位特性的操作如下所述。

(1) 右键单击工程树下的 Results 节点，从弹出菜单中选择【Create Modal Solution Data Report】→【Rectangular Plot】命令，打开报告设置对话框。在该对话框中，确定左侧 Solution 项选择的是"Setup1；Sweep1"，在 Category 栏选中 S parameter，在 Quantity 中按住 Ctrl 键，同时选中 S(Floquetport1:1，FloquetPort1:1)和 S(Floquetport1:2，FloquetPort1:2)，在 Function 项中选择 arg，如图 18.4.2 所示。然后单击【New Report】按钮，再单击【Close】按钮关闭对话框。此时，生成如图 18.4.3 所示的扫频分析结果。

通过图 18.4.3 可以看到，单元在 10GHz 上交叉极化的反射相位具有 180°相位差，满足 PB 超表面单元条件。

(2) 右键单击工程树下的 Results 节点，从弹出菜单中选择【Create Modal Solution Data Report】→【Rectangular Plot】命令，打开报告设置对话框。在该对话框中，确定左侧 Solution 项选择的是"Setup1；Sweep1"，在 Category 栏选中 S parameter，在 Quantity 中按住 Ctrl 键，同时选中 S(Floquetport1:1，FloquetPort1:1)和 S(Floquetport1:2，FloquetPort1:2)，在 Function 项中选择 mag，如图 18.4.4 所示，然后单击【New Report】按钮，再单击【Close】按钮关闭对话框。此时，生成如图 18.4.5 所示的扫频分析结果。

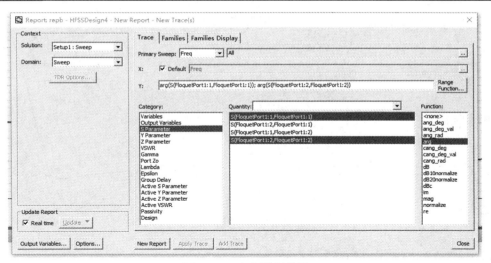

图 18.4.2　扫频分析设置

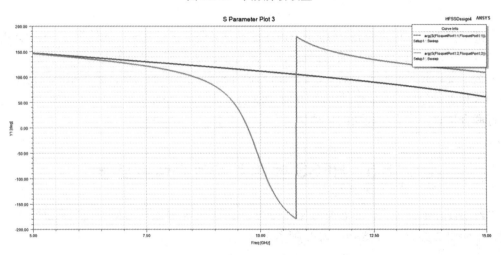

图 18.4.3　扫频分析结果

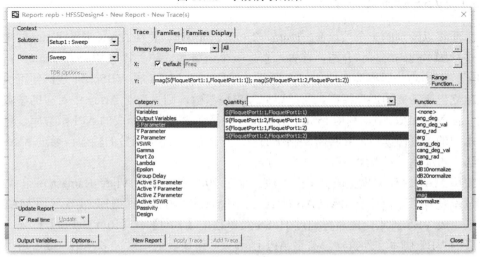

图 18.4.4　扫频分析设置

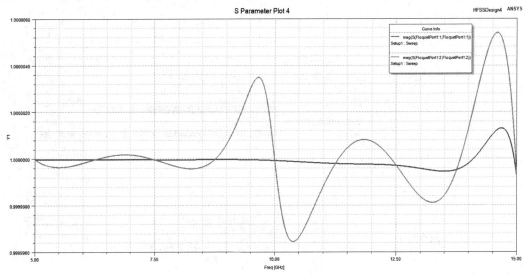

图 18.4.5　扫频分析结果

通过图 18.4.5 可以看到，单元在 10 GHz 上交叉极化的反射幅度均约为 1，说明入射电磁波几乎全部被以相同极化的形式反射出去(大于 1 的部分为软件仿真误差导致)。

为了实现超表面功能，需要根据所需相位补偿绘制超表面阵列。为了精准便捷地对超表面阵列进行建模，本章通过借助 HFSS 脚本工具和利用 MATLAB 编写的 API 函数工具，进行联合仿真，实现超表面的自动建模。

18.5　HFSS 脚本文件的介绍与使用

在 HFSS 中建模时，需要重复操作步骤，使用 VBS 脚本工具是一种快速又高效的方式。下面将详细介绍 HFSS 中 VBS 脚本工具。

18.5.1　VBS 脚本文件介绍

下面将以绘制的一个顶点在(-1 mm, -2 mm, 2 mm)处、宽为 2 mm、长为 4 mm 的矩形为例，进行脚本代码编写和介绍。首先，新建一个记事本，并命名为 VbsRectangle，格式为“.vbs”，其内容代码编写如图 18.5.1 所示。运行完图 18.5.1 的 VBScript 代码便可快速准确地建立出所需要的矩形模型。若是要修改模型参数，则只需对 Array 中对应的参数进行修改。在 MATLAB 中，利用 fprintf 函数和一些循环语句定义而成的 API 函数库，可以实现脚本中的重复性读写，并将需要操作的参数作为所用 API 函数的输入，通过 MATLAB 编程语言自动完成对 VBS 脚本文件的写入。

使用 MATLAB 编程生成脚本的方法，早在 2004 年，名为 Vijay Ramasami 和 Woody 的前辈就发布了一套基于 MATLAB 的 HFSS-MATLAB 的 API 函数库，实现了用 MATLAB 程序来生成 VBS 脚本，之后再通过 HFSS 菜单栏中【Tool】→【Run Script】选项，选择所生成的 VBS 脚本文件执行。关于 API 函数库，这里我们不做过多介绍，读者可以直接到网站下载由 Woody 前辈写好的 API 函数库。为了方便读者熟悉相关操作代码和自行编写所需要的代码，下面我们以上例的矩形模型为例，对 hfssRectangle.m 文件进行解释，代码如图 18.5.2 和图 18.5.3 所示。

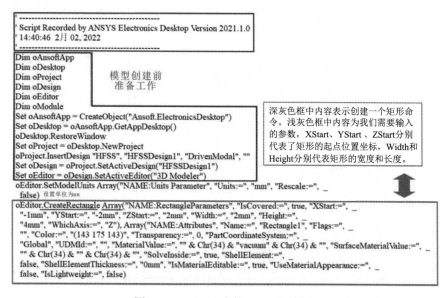

图 18.5.1　HFSS 中的 VBS 脚本介绍

```
function hfssRectangle(fid, Name, Axis, Start, Width, Height, Units)
    定义函数HFSSRectangle中的变量分别为 脚本文件、矩形命名、法向量、
    起始点坐标矩阵、长度、宽度及单位
Transparency = 0.5;
    定义透明度为0.5

    Start = reshape(Start, length(Start), 1);
    if iscell(Start)
        1;
    else
        Start = mat2cell(Start, [1, 1, 1], 1);
    end

% Preamble.
fprintf(fid, '\n');
fprintf(fid, 'oEditor.CreateRectangle _\n');

% Rectangle Parameters.
fprintf(fid, 'Array("NAME:RectangleParameters", _\n');
fprintf(fid, '"IsCovered:=", true, _\n');
if isnumeric(Start{1,1})
    fprintf(fid, '"XStart:=", "%f%s", _\n', Start{1,1}, Units);
else
    fprintf(fid, '"XStart:=", "%s", _\n', Start{1,1});
end
if isnumeric(Start{2,1})
    fprintf(fid, '"YStart:=", "%f%s", _\n', Start{2,1}, Units);
else
    fprintf(fid, '"YStart:=", "%s", _\n', Start{2,1});
end
if isnumeric(Start{3,1})
    fprintf(fid, '"ZStart:=", "%f%s", _\n', Start{3,1}, Units);
else
    fprintf(fid, '"ZStart:=", "%s", _\n', Start{3,1});
end
```

初始化设置
起始点坐标
矩阵向量化

判断是数值型还是变量型，
进行相应的不加单位和附加单位处理

图 18.5.2　hfssRectangle.m 代码 1

```
if isnumeric(Width)
    fprintf(fid, '"Width:=", "%f%s", _\n', Width, Units);
else
    fprintf(fid, '"Width:=", "%s", _\n', Width);
end

if isnumeric(Height)
    fprintf(fid, '"Height:=", "%f%s", _\n', Height, Units);
else
        fprintf(fid, '"Height:=", "%s", _\n', Height);
end
```

判断是数值型还是变量型，
进行相应的加单位和附加单位处理

```
fprintf(fid, '"WhichAxis:=", "%s") _\n', upper(Axis));

% Rectangle Attributes.
fprintf(fid, 'Array("NAME:Attributes", _\n');
fprintf(fid, '"Name:=", "%s", _\n', Name);
fprintf(fid, '"Flags:=", "", _\n');
fprintf(fid, '"Color:=", "(132 132 193)", _\n');
fprintf(fid, '"Transparency:=", %d, _\n', Transparency);
fprintf(fid, '"PartCoordinateSystem:=", "Global", _\n');
fprintf(fid, '"MaterialName:=", "vacuum", _\n');
fprintf(fid, '"SolveInside:=", true)\n');
```

利用 fprintf 函数的写入功能将 HFSS 脚本中的语句写入，从而实现对 HFSS 脚本的编写功能。同时可以实现对输入变量的参数化过程。

图 18.5.3　hfssRectangle.m 代码 2

18.5.2　VBS 脚本文件的编写

下面我们再利用 MATLAB 对上例中的矩形建模进行复现。MATLAB 编程代码及注释如下所示。

```
clear all clc;                        %初始化程序
%% 添加 API 函数库所在路径，用以调用其中的函数
addpath('E:\HFSS\hfssapi\3dmodeler\');
addpath('E:\HFSS\hfssapi\general\');
%% 写脚本前的准备工作
fileName = 'Rectangle';
tmpScriptFile = ['E:\HFSS\hfssVbsResources\', fileName, '.vbs'];
%为写好的 VBS 脚本命名以及添加储存路径
fid = fopen(tmpScriptFile, 'wt');
% fopen 函数可以用来新建一个脚本文件，
% 'wt' 表示以文本模式打开文件，可写，覆盖原有内容
hfssNewProject(fid);                  %创建一个新的工程
hfssInsertDesign(fid, fileName);      %并插入一个新的设计
a = 2; b = 4; h = 2;                  %输入变量初始值
units = 'mm';                         %变量单位
hfssaddVar(fid, 'a', a, units);       %设定矩形宽度为 a(带单位)
```

```
hfssaddVar(fid, 'b', b, units);              %设定矩形长度为 b(带单位)
hfssaddVar(fid, 'h', h, units);              %设定矩形所在空间平面高度为 h(带单位)
Start_Position = [-a/2, -b/2, h];            %起始点坐标矩阵
%% 调用 API 函数库 hfssRectangle 函数进行脚本编写
hfssRectangle(fid, fileName, 'Z', Start_Position, 'a', 'b', units);
fclose(fid);                                 %关闭及存储写好的 VBS 脚本文件
```

运行上述代码之后，会在设置的路径位置中出现一个后缀名为 ".vbs" 的脚本文件 "Rectangle.vbs"，双击该脚本文件，便会进行自动建模。

18.5.3　MATLAB 编程生成 VBS 脚本

通过 MATLAB 代码，调用 API 函数，可以快速高效地完成重复性建模工作。为此我们接下来利用这种 MATLAB 调用 API 函数库的方式来新建具有重复相似性步骤的超表面模型。本章以模数为 1、周期为 p 的单层 M × N 结构反射型超表面为例，以圆极化平面波为激励源，其 MATLAB 中的代码编写如下所示。

```
%% 目标：用于建立涡旋特性的 metasurface.
clc,clear all;
addpath('E:\HFSS\hfssapi\3dmodeler\');
addpath('E:\HFSS\hfssapi\boundary\');
addpath('E:\HFSS\hfssapi\analysis\');
addpath('E:\HFSS\hfssapi\general\');
addpath('E:\HFSS\API-master\');
%%%% 以上 5 个 "addpath" 函数是为了调用 API 函数库进行 VBS 文本编写
%% 建模所需变量
bo = 1.0547;     M = 8;     N = 8;
arraynum = M*N;                     %超表面阵列单元总数
h = 2;                              %超表面厚度
p = 7*bo;                           %单元周期
b = 5.8*bo;   w = 1.1*bo;   d = 6.5*bo;
da = 8*bo;
ob_h = 30;                          %观测高度
units = 'mm';                       %单位
%% 此段为计算不同模式阵列相位分布(squar_loop)。
a = ones(N, M);                     %矩阵 a 为输出的相位矩阵
l = 1;                              %想要的 OAM 模
k = 1/2;
for m = 1:M
    for n = 1:N
      a(n, m) = -l.*(angle(m-0.5-M/2+1*j*(N/2-n+0.5))/pi*180);
```

```
        if a(n, m) < 0
            a(n, m) = a(n, m)+360;
        end
    end
end
a = k*a;    a = rem(a, 360);
```

%% 脚本开始准备

```
fileName = ['Ultra_Metasurface', num2str(M), '_', num2str(N)];
tmpScriptFile = ['E:\HFSS\hfssVbsResources\', fileName, '.vbs'];
```

%VBS 脚本命名及保存路径

```
fid = fopen(tmpScriptFile, 'wt');           %'wt'表示以文本模式打开
```

%文件，可写，覆盖原有内容

```
hfssNewProject(fid);                        %创建一个新的工程
hfssInsertDesign(fid,fileName);             %插入一个新的设计
```

%%   所需的变量

```
hfssaddVar(fid, 'bo', bo, units);    hfssaddVar(fid, 'da', da, units);
hfssaddVar(fid, 'p', p, units);      hfssaddVar(fid, 'h', h, units);
hfssaddVar(fid, 'b', b, units);      hfssaddVar(fid, 'd',d, units);
hfssaddVar(fid, 'w', w, units);      hfssaddVar(fid, 'M', M, []);
hfssaddVar(fid, 'N', N, []);          hfssaddVar(fid, 'ob_h', ob_h, units);
squareloopName = cell(arraynum, 1);
squareloopName1 = cell(arraynum, 1);
squarecircle = cell(arraynum, 1);
for n = 1:N
  for m = 1:M
    i = M*(m-1)+n;
```

%%%% 添加相对坐标系位置及命名

```
    CSName = ['CS', num2str(i)];         %相对坐标系的命名
Origin = {['(', num2str(m), '-(M+1)/2)*p'], ['((N+1)/2-', num2str(n), ')*p'], '0'};
```

%相对坐标的原点坐标

```
    XAxisVec = [1 0 0];                  %相对坐标系的 X 轴方向
    YAxisVec = [0 1 0];                  %相对坐标系的 Y 轴方向
    hfssCreateRelativeCS(fid, CSName, Origin, XAxisVec, YAxisVec, units);
```

%在 VBS 脚本中创立相对坐标系

```
    hfssSetWCS(fid, CSName);             %以创建的相对坐标系为当前使用坐标系
    squareloopName{i} = ['squareloop_', num2str(i)];
    squareloopName1{i} = ['squareloop1_', num2str(i)];
    Start_squareloop = {'-p/2', '-p/2', 'h'};
    hfssRectangle(fid, squareloopName{i}, 'Z', Start_squareloop, 'p', 'p', units);
```

```
squarecircle{i} = ['squarecircle_', num2str(i)];
Start_circle = {0, 0, 'h'};
hfssCircle(fid,squarecircle{i}, 'Z', Start_circle, 'd/2', units);
hfssSubtract(fid,squareloopName{i}, squarecircle{i});
Start_squareloop1 = {'-b/2', '-w/2', 'h'};
hfssRectangle(fid, squareloopName1{i}, 'Z', Start_squareloop1, 'b', 'w', units);
Patch{1, 1} = squareloopName1{i};
hfssRotate(fid, Patch, 'Z', a(n, m));
hfssSetWCS(fid, 'Global');
    end
end
fclose(fid);
```

18.6　超表面建模仿真

利用 MATLAB 编程生成的 VBS 脚本文件，打开 HFSS，然后双击生成的 VBS 脚本，运行后可以看出，模数为 1 的超表面俯视图如图 18.6.1 所示。

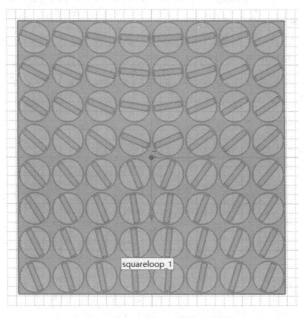

图 18.6.1　利用 VBS 生成的超表面贴片

1. 创建介质层和参考地

按照 18.3 节中的方法步骤建模，将所有贴片合并到 squareloop_1 工程树下，并重命名为 Patch。以 XOY 平面为基准建立一个底部中心在坐标原点处，底面边长为 M × p，高度为 h 的长方体作为介质层，并重新命名为 Sub，材料属性设置为自定义的 Material 1。再以 XOY 平面为基准建立一个中心在坐标原点处，边长为 M × p 的参考地，重命名为 GND。

2. 创建空盒子

按照 18.3 节中的方法步骤创建空气盒子。建立一个以(-p*M/2-da，-p*N/2-da，-da)为起始点坐标，长、宽、高分别为 p*M + 2*da、p*N + 2*da、h + 8*da 的盒子，并重命名为 AirBox，材料属性默认为 vacuum。特别需要注意的是，超表面的空气盒子不能按照超表面单元建模，空气盒子侧壁不能紧贴单元侧面。

3. 设置边界条件

按照 18.3 节中的方法步骤设置边界条件。将 Patch 和 GND 边界条件均设置为 Perfect E；将 AirBox 空气盒子边界条件设置为 Radiation。其步骤是：首先单击选中历史操作下的 AirBox，然后鼠标在模型空白处右击，选择【Assign Boundary】→【Radiation】命令，则边界分配完毕。

4. 创建观测面

按照第 18.3 节中的方法步骤，在空气盒子上表面和超表面的上层表面之间建立一个观测面。在本例中，建立一个以(-p*M/2, -p*N/2, Ob_h)为起始点坐标，长、宽分别为 p*M、p*N 的平面为观测面，并重新命名为 "Ob_Plane"。

5. 设置平面入射波激励源

在英文状态下按下键盘上的快捷键 F，切换到面选择状态，鼠标点选空气盒子的上表面，然后选择【Assign Excitation】→【Incident Wave】→【Plane Wave】命令，出现对话框，其名称为 IncPWave1。

点击【下一页】按钮，弹出如图 18.6.2 所示的对话框，Eo Vector 选框代表了入射波的极化方向，本例使用默认的 X 极化方向，k Direction 选框代表了入射波的传播方向。超表面在 xoy 平面上，激励源在 Z 轴正半轴，因此将 k Direction 中的 Z 选框内的数值改为 -1，表示入射波沿 Z 轴负轴传播，打向超表面。

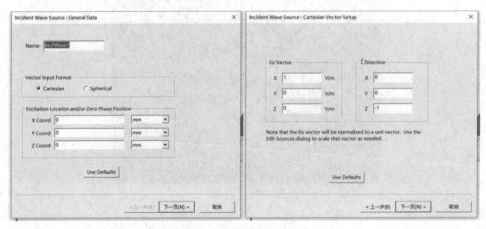

图 18.6.2　平面波激励源设置 1、2

继续点击【下一页】按钮，弹出的对话框如图 18.6.3 所示，选择 Elliptically Polarized 选项，表示入射波极化方式为椭圆极化(圆极化为椭圆极化的一种特殊形式)；在 Polarization Angle 右侧框内输入 90，在其右侧单位下拉框选择 deg，表示极化相位差为 90°；在 Polarization Ratio 右侧框内输入 1，表示极化轴比为 1，此处设置完毕表示设置的极化形式是圆极化。

最后点击【完成】按钮，则圆极化平面入射波激励设置完毕。

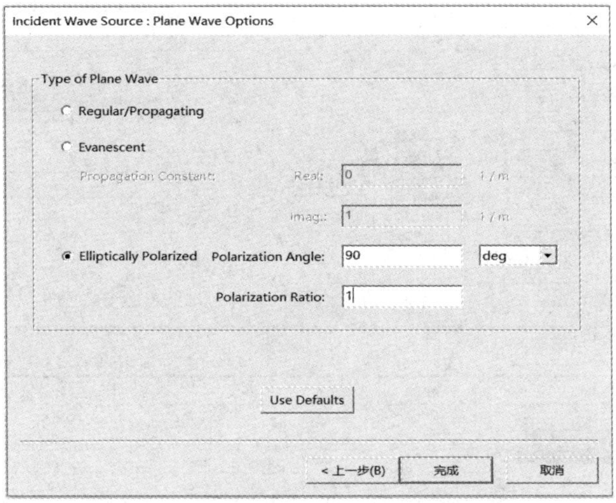

图 18.6.3　平面波激励源设置 3

6. 求解频率设置

按照前文的方法步骤将超表面的求解频率设置为 10 GHz，Maximum Number of Passes 设置为 20，Maximum Delta Energy 设置为 0.1；最后按 Enter 键进行确认。此时，超表面求解频率设置完毕。

至此，超表面建模仿真已经完成。

18.7　超表面导出场以及数据后处理

在 HFSS 中通过 FieldOverlays 功能可以绘制出超表面的电磁场分布图，但是为了更加细致美观地查看场数据，我们可以借助 HFSS 的场导出功能和 MATLAB 具有图像数据优化的特点，对超表面数据进行后处理。

18.7.1　HFSS 电场数据导出

要从 HFSS 中导出电场数据，首先需要确定导出电场的范围。本例中的电场范围的长度和宽度即为对应的 "Ob_Plane" 观测面的长度。打开 HFSS 软件，在左侧工程树下选择【FieldOverlays】→【Calculator】命令。

选项弹出对话框，如图 18.7.1 所示，首先点击①处的 Quality 选择 E，而后在②处点击 Smooth，此时在③处出现 CVc 格式的 Smooth 函数，点击 Export 按钮，弹出对话框。如图 18.7.2 所示，点击 "Output file name" 右侧的 □ 按钮，选择自己需要存储的 fld 格式文件位置，再选中④处的 Calculate grid points 和⑤处的 Cartesian。在⑥处的第一行框内分别输入 −29.5316、29.5316、0.295316，即所取值采样点 201 个；第二行框内分别输入 −29.5316、29.5316、0.295316，即所取值采样点 201 个；第三行框内分别输入 10、45、5，即所取值采样点 8 个，单位均为mm。此处网格分割是为了后续在 MATLAB 处理中生成 $201 \times 201 \times 8$ 的三维电场数据矩阵。最后点击【OK】按钮。等待沙漏状鼠标变成箭头状时，则表示电场数据导出完成。

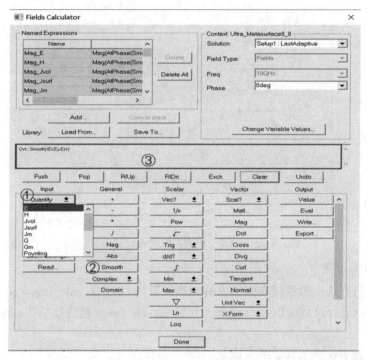

图 18.7.1　场计算器导出设置

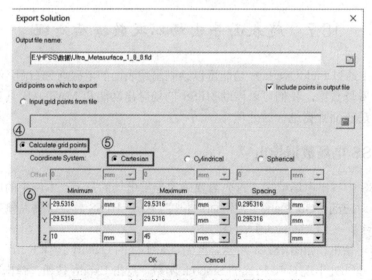

图 18.7.2　电场数据存储及电场范围数据取样

18.7.2　MATLAB 数据后处理

HFSS 中导出的数据共有九列，1、2、3 列分别代表电场取样点的 X、Y、Z 轴的三个坐标；第 4 和 5、6 和 7、8 和 9 列分别代表取样点 Ex、Ey、Ez 三个场分量的实部和虚部值。通过 MATLAB 软件可以从 "Ultra_Metasurface1_8_8 .fld" 中的 9 列数据中分别提取出 Ex、Ey 和 Ez 三个复矩阵，本例中只关注 Ex 和 Ey 两个分量。最后，进行傅里叶变换便可求得我们需要查看的场幅度和相位图像。其代码如下所示：

```
%%%%此程序为从 HFSS 导出场数据中获得幅度相位数据文件
%%%%并进行采样模态谱图绘制
clc, clf, close all;
E1 = importdata('E:\HFSS\数据\Ultra_Metasurface_1_8_8.fld');
%导入矢量电场 CVC 类型
%%以下的部分代码是用来将数据文件转化为矩阵
E = E1.data;
[MM, NN] = size(E);    %读出导入矩阵的大小(9 行，mm*nn 列)
mm = 201;    %行维数，即为 x 轴方向电场取样点数
nn = 201;    %列维数，即为 y 轴方向电场取样点数
oo = 8;        %页维数，即为 z 轴方向电场取样层数
efftotal = ones(1, oo);    efftotal1 = ones(1, oo);    Ex = zeros( mm, nn, oo);    Ey = zeros(mm, nn, oo);
for p = 1: mm
    for q=1:nn
        y = 8*(q-1)+1+ mm*oo*(p-1);
        Ex(p, q, :) = E(y:y+7, 4)+1j.*E(y:y+7, 5);
        %用于导入 x 方向电场数据
        Ey(p, q, :) = E(y:y+7, 6)+1j.*E(y:y+7, 7);
        %用于导入 y 方向电场数据
    end
end
%% 提取圆极化：
El = zeros(mm, nn, oo);    Er = zeros(mm, nn, oo);
t = 1/sqrt(2)*[1, -1j; 1, 1j];    %t 为转换矩阵
for p = 1: mm
    for q = 1:nn
        for o=1:oo
            El(p,q,o) = 1/sqrt(2)*( Ex(p,q,o)-1j*Ey(p, q, o));
            Er(p,q,o) = 1/sqrt(2)*( Ex(p,q,o)+1j*Ey(p, q, o));
            %线极化变圆计划
        end
    end
end
%% 获得矩阵形式的幅度相位分布
phase_x = angle(Ex)/pi*180;    phase_y = angle(Ey)/pi*180;
```

```
phase_l = angle(El)/pi*180;    phase_r = angle(Er)/pi*180;
mag_E = sqrt(abs(Ex).^2+abs(Ey).^2);            %总电场幅度
mag_El = abs(El); mag_Er = abs(Er);
AX = linspace(-0.4,0.4,201);    AY = linspace(-0.4, 0.4, 201);
n_mag_A1 = ones(oo, 15);                         %归一化 Al 幅值
n_mag_B1 = ones(oo, 15);                         %归一化 Bl 幅值
for o = 1:oo
maxvalue = max(max(mag_El(:, :, o)));            %求出幅度最大值
centre = 101;              %由剖分的网格步长和网格大小以及数量，确定的网格中心点
[row, col] = find(maxvalue==mag_El(:, :, o));    %求出幅度最大值位置
s_R = sqrt((row-centre).^2+(col-centre).^2);
if s_R > 100
     s_R = 100;
end
s_N = 100;                                        %傅里叶变换点数
dtheta = 2*pi/s_N;
s_theta = dtheta:dtheta:2*pi;
%角度分布数组，注意此处，表示从 dtheta 度开始取样，以 dtheta 为取样间隔
s_x = s_R.* cos(s_theta);                          %阵元坐标 x 轴数组
s_y = s_R.* sin (s_theta);                         %阵元坐标 y 轴数组
% %以下是用来计算坐标的
s_x = s_x+centre;    s_y = s_y+centre;
%centre = 101 是原始场观察截面的中心点
s_x = round(s_x); s_y = round(s_y);
%四舍五入取整数
N_mode = 15;                                       %模态谱点数
A = ones(1, N_mode);                               %左旋分量模态谱
B = ones(1, N_mode);                               %右旋分量模态谱
for k = 1:N_mode
    mode = 0+0*1j;
    mode1 = 0+0*1j;
    for i = 1:s_N
        mode = mode+dtheta*El(s_x(i), s_y(i), o)*exp(-1j*(k-8)*s_theta(i));
        mode1 = mode1+dtheta*Er(s_x(i), s_y(i), o)*exp(-1j*(k-8)*s_theta(i));
    end
    A(k) = mode;
    B(k) = mode1;
end
%%%%模态谱分量归一化
```

```matlab
mag_A = abs(A); mag_B = abs(B);
n_mag_A = mag_A/max(mag_A); n_mag_B = mag_B/max(mag_B);
eff = 1/(sum(n_mag_A)+sum(n_mag_B));    eff1 = 1/(n_mag_B(8)+1);
efftotal(o) = eff;
efftotal1(o) = eff1;
n_mag_A1(o, :) = n_mag_A;
n_mag_B1(o, :) = n_mag_B;
end
a=max(efftotal1);
%%% 绘图
o = 6;
figure(1)                  %OAM 谱
subplot(2, 3, 1)
stem(-7:7, n_mag_A1(o, :));
xlabel('l');    ylabel('LH(l=1)');
title('magnitude part')
subplot(2, 3, 2)
stem(-7:7, n_mag_B1(o, :));
ylim([0 1])
xlabel('l');   ylabel('RH(l=1)');
title('magnitude part')
maxcbar = 2;
%%% 画左旋右旋幅度和相位图
subplot(2, 3, 3)
imagesc(AX, AY, mag_El(:, :, o))
colormap(jet)
axis xy;                  %调整坐标轴
colorbar
xlabel('x-axis (m)', 'Fontname', 'Times New Roman', 'FontSize', 8)
ylabel('y-axis (m)', 'Fontname', 'Times New Roman', 'FontSize', 8)
zlabel('z-axis (m)', 'Fontname', 'Times New Roman', 'FontSize', 8)
set(gca,'FontName', 'TimesNewRoman', 'FontSize', 16, 'LineWidth', 1, 'FontWeight', 'bold')
title('LH\_E-field intensity')
h = colorbar;
set(h, 'FontName', 'Times New Roman', 'FontSize',16, 'FontWeight', 'bold')
caxis([0, maxcbar]);
subplot(2, 3, 4)
imagesc(AX, AY, phase_l(:, :, o))
colormap(hsv)
```

```
axis xy;          %调正坐标轴
colorbar;
xlabel('x-axis (m)', 'Fontname', 'Times New Roman', 'FontSize', 8)
ylabel('y-axis (m)', 'Fontname', 'Times New Roman', 'FontSize', 8)
zlabel('z-axis (m)', 'Fontname', 'Times New Roman', 'FontSize', 8)
set(gca,'FontName', 'TimesNewRoman', 'FontSize', 16, 'LineWidth', 1, 'FontWeight', 'bold')
title('LH\_E-field phase')
hh = colorbar;
set(hh, 'FontName', 'Times New Roman', 'FontSize', 16, 'FontWeight', 'bold')
set(get(hh, 'Title'), 'string', 'Phase (deg)');
subplot(2, 3, 5)
imagesc(AX, AY, mag_Er(:, :, o))
colorbar;
colormap(jet)
axis xy;     %调整坐标轴
xlabel('x-axis (m)', 'Fontname', 'Times New Roman', 'FontSize', 8)
ylabel('y-axis (m)', 'Fontname', 'Times New Roman', 'FontSize', 8)
zlabel('z-axis (m)', 'Fontname', 'Times New Roman', 'FontSize', 8)
set(gca, 'FontName', 'TimesNewRoman', 'FontSize', 16, 'LineWidth', 1, 'FontWeight', 'bold')
title('RH\_E-field intensity')
h = colorbar;
set(h, 'FontName', 'Times New Roman', 'FontSize', 16, 'FontWeight', 'bold')
caxis([0, maxcbar]);
subplot(2, 3, 6)
imagesc(AX, AY, phase_r(:, :, o))
colormap(hsv)
colorbar;
xlabel('x-axis (m)', 'Fontname', 'Times New Roman', 'FontSize', 8)
ylabel('y-axis (m)', 'Fontname', 'Times New Roman', 'FontSize', 8)
zlabel('z-axis (m)', 'Fontname', 'Times New Roman', 'FontSize', 8)
set(gca, 'FontName', 'TimesNewRoman', 'FontSize', 16, 'LineWidth', 1, 'FontWeight', 'bold')
title('RH\_E-field phase')
hh = colorbar;
set(hh, 'FontName', 'Times New Roman', 'FontSize', 16, 'FontWeight', 'bold')
set(get(hh, 'Title'), 'string', 'Phase (deg)');
```

待 MATLAB 进程窗口进度条读取完毕后，便完成了超表面导出场的数据后处理工作。同时，生成了模数为 1 的超表面左旋(LH)和右旋(RH)OAM 模态谱图、左旋电场幅度 (LH_E-field intensity)和相位图(LH_E-field phase)、右旋电场幅度(RH_E-field intensity)和相位图(RH_E-field phase)，其图像如图 18.7.3～图 18.7.5 所示。

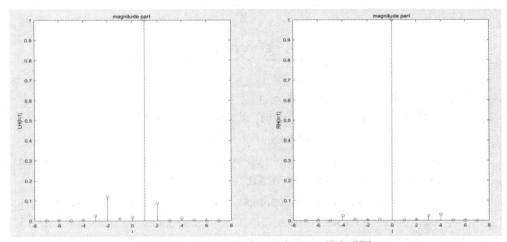

图 18.7.3　超表面左旋和右旋 OAM 模态谱图

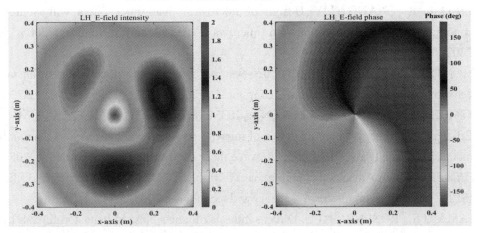

图 18.7.4　左旋电场幅度和相位图

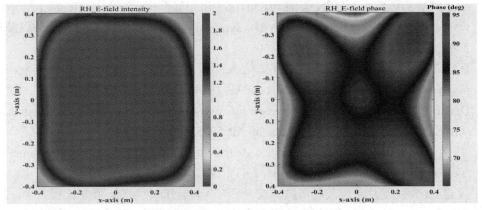

图 18.7.5　右旋电场幅度和相位图

从结果可以看到，该阵列的散射场是模式为 1 的左旋涡旋电磁波。图 18.7.3 显示了涡旋电磁波的模式纯度，可以看到在模式为 1 的横坐标上其具有最大分量，其余模式分量较少。图 18.7.4 显示了左旋电场的幅度和相位，可以看到其幅度具有涡旋电磁波特有的能量中空现象，且相位具有涡旋特性。

参 考 文 献

[1] 金建铭. 电磁场有限元方法[M]. 西安. 西安电子科技大学出版社，1998.

[2] 梁昌洪，谢拥军，官伯然. 简明微波[M]. 北京：高等教育出版社，2006.

[3] COHN S B. Direct coupled cavity filters[J]. Proc. IRE, 1957，45：187-196.

[4] WILLIAMS A E. A Four-cavity elliptic waveguide filter[J]. IEEE Transactions on microwave theory and techniques, 1970, MTT-18(12): 1109-1114.

[5] HONG J S ，LANCASTER M J. Couplings of microstrip square open-loop resonators for cross-coupled planar microwave filters[J]. IEEE Transactions on microwave theory and techniques, 1996, 44(12): 2099-2109.

[6] LIAO C K, CHANG C Y. Design of microstrip quadruplet filters with source-load coupling[J]. IEEE Transactions on microwave theory and techniques, 2005, 53(7): 2302-2308.

[7] MONTEJO-GARAI J R. Synthesis of N-even order symmetric filters with N transmission zeros by means of source-load cross coupling[J]. Electron. Lett., 2000, 36(3): 232-233.

[8] GARCÍA-LAMPÉREZ A, LLORENTE-ROMANO S, SALAZAR-PALMA M, et al. Efficient electromagnetic optimization of microwave filters and multiplexers using rational models[J]. IEEE Transactions on microwave theory and techniques, 2004, 52(2): 208-521.

[9] CAMERON R. J. Advanced coupling matrix synthesis techniques for microwave filters[J]. IEEE Transactions on microwave theory and techniques, 2003, 51(1): 1-10.

[10] AMARI S，ROSENBERG U. Direct synthesis of a new class of bandstop filters[J]. IEEE Transactions on microwave theory and techniques, 2004, 52(2): 607-616.

[11] KOLMAKOV Y A, SAVIN A M, VENDIK I B. Quasi-elliptic two pole microstrip filter with source-load coupling, MSMW'04 Symposium Proceedings[J]. Kharkov, Ukraine, 2004, 695-696.

[12] DANIEL J P. Mutual coupling between antennas for emission or reception-application to passive active dipoles[J]. IEEE Trans. on AP, 1974, 22(2): 347-349.

[13] DANIEL J P. Mutual coupling between antennas-optimization of transistor parameters in active antenna design[J]. IEEE Trans. on AP, 1975, 23(4): 513-516.

[14] JEDLICKA R P, CARVER M T. Measured mutual coupling between microstrip antennas[J]. IEEE Trans. on AP, 1981, 29(1): 147-149.

[15] 周建. 小型化基片集成波导可调滤波器研究与设计[D]. 西安：武警工程大学，2016.

[16] 吴奕霖. 小型可重构超宽带平面滤波器的研究与设计[D]. 西安：西安电子科技大学，2018.

[17] 段晓曦. 多层基片集成波导滤波器的小型化研究[D]. 西安：武警工程大学，2015.

[18] ZHANG Z, YANG N, WU K. 5- GHz bandpass filter demonstration using quarter-mode substrate integrated waveguide cavity for wireless systems[C]// International Conference

on Radio & Wireless Symposium. IEEE Press, 2009.

[19]　程飞. 可重构滤波器的实现及应用研究[D]. 西安：西安电子科技大学，2016.

[20]　LAI Q，FUMEAUX C，HONG W，et al. Characterization of the Propagation Properties of the Half-Mode Substrate Integrated Waveguide[J]. IEEE Transactions on Microwave Theory and Techniques, 2009, 57(8): 1996-2004.

[21]　CHI P L，YANG T，TSAI T Y . A Fully Tunable Two-Pole Bandpass Filter[J]. IEEE Microwave and Wireless Components Letters, 2015, 25(5): 292-294.

[22]　LAN B，GUO C，DING J . A fully tunable two-pole bandpass filter with wide tuning range based on half mode substrate integrated waveguide[J]. Microwave and Optical Technology Letters, 2018, 60(4): 865-870.

[23]　YANG T, REBEIZ G M . Tunable 1.25～2.1 GHz 4-Pole Bandpass Filter With Intrinsic Transmission Zero Tuning[J]. IEEE Transactions on Microwave Theory & Techniques, 2015, 63(5): 1569-1578.

[24]　KUMAR A， PATHAK N P. Varactor-incorporated bandpass filter with reconfigurable frequency and bandwidth[J]. Microwave and Optical Technology Letters, 2017, 59(8): 2083-2089.

[25]　ZHANG G, XU Y, WANG X. Compact Tunable Bandpass Filter With Wide Tuning Range of Centre Frequency and Bandwidth Using Short Coupled Lines[J]. IEEE Access, 2018, 6: 2962-2969.

[26]　KINGSLY S. KANAGASABAI M, ALSATH MGN, et al. Compact Frequency and Bandwidth Tunable Bandpass–Bandstop Microstrip Filter[J]. IEEE Microwave and Wireless Components Letters, 2018, 28(9): 786-788.

[27]　FENG W, CHE W, ZHANG Y. Wideband filtering crossover using dual-mode ring resonator [J]. Electronics Letters, 2016, 52(7):541-542.

[28]　CHEN F C，LI R S，QIU J M，et al. Sharp-Rejection Wideband Bandstop Filter Using Stepped Impedance Resonators[J]. IEEE Transactions on Components, Packaging and Manufacturing Technology, 2017, 7(3): 444-449.

[29]　李伟. 基于新型多模谐振器的宽带带通滤波器研究[D]. 西安：西安电子科技大学，2017.

[30]　ALBURAIKAN A，AQEELI M，HUANG X，et al. Miniaturized via-less ultra-wideband bandpass filter based on CRLH-TL unit cell.[C]// Microwave Conference. IEEE, 2014.

[31]　KUMAR S，GUPTA R D，PARIHAR M S. Multiple Band Notched Filter Using C-Shaped and E-Shaped Resonator for UWB Applications[J]. IEEE Microwave and Wireless Components Letters, 2016: 1-3.

[32]　YANG L，CHOI W W，TAM K W，et al. Novel Wideband Bandpass Filter with Dual Notched Bands Using Stub-Loaded Resonators[J]. IEEE Microwave and Wireless Components Letters, 2017, 27(1): 25-27.

[33]　HAQ T, RUAN C, ZHANG X，et al.Low cost and compact wideband microwave notch filter based on miniaturized complementary metaresonator[J]. Appl. Phys. A, 2019, 125:

662.

[34]   CHUN Y H，SHAMAN H . Switchable embedded notch structure for UWB bandpass filter[J]. IEEE Microwave & Wireless Components Letters, 2008, 18(9): 590-592.

[35]   ZHANG Z, CHEN L, WU A, et al. A compact tunable bandpass filter with tunable transmission zeros in the pass band adopting a nested open ring resonator. Int J RF Microw C. E. , 2018: e21417.

[36]   MARAGHEH S S，DOUSTI M，DOLATSHAHI M， et al. A novel dual-band tunable notch filter with controllable center frequencies and bandwidths[J]. AEU - International Journal of Electronics and Communications, 2018, 88: 70-77.

[37]   LAN B, QU Y, GUO C, et al. A fully reconfigurable bandpass-to-notch filter with wide bandwidth tuning range based on external quality factor tuning and multiple-mode resonator. Microw Opt Technol Lett. 2019: 1–6.

[38]   JIN C，SHEN Z. Compact Triple-Mode Filter Based on Quarter-Mode Substrate Integrated Waveguide[J]. IEEE Transactions on Microwave Theory and Techniques, 2014, 62(1): 37-45.

[39]   POZAR D M. Microwave Engineering[M]. 3rd ed. New York, NY, USA: Wiley, 2005.

[40]   ZUO K, ZHU Y, XIE W, et al. A novel miniaturized quarter mode substrate integrate waveguide tunable filter[J]. IEICE Electronics Express, 2018: 15.20180013.

[41]   NAEEM U, KHAN M B, SHAFIQUE M F. Design of compact dual-mode dual-band SIW filter with independent tuning capability[J]. Microwave and Optical Technology Letters, 2018, 60(1): 178-182.

[42]   CHI P L, YANG T, TSAI T Y. A fully tunable two-pole bandpass filter[J]. IEEE Microwave and Wireless Components Letters, 2015, 25(5): 292-294.

[43]   ZHOU H M, ZHANG Q S, LIAN J, et al. A lumped equivalent circuit model for symmetrical T-shaped microstrip magnetoelectric tunable microwave filters[J]. IEEE Transactions on Magnetics, 2016, 52(10): 1-9.